Denis Jung

# Neuartiges Bauteilkonzept quasistatisch-resonanter 2D-Mikroscanner für die Zielanwendung ultrakompakter Laserprojektionsdisplays



TUDpress

Denis Jung

# Neuartiges Bauteilkonzept quasistatisch-resonanter 2D-Mikroscanner für die Zielanwendung ultrakompakter Laserprojektionsdisplays

TUDpress
2012

Die vorliegende Arbeit wurde von der Fakultät Elektrotechnik und Informationstechnik der Technischen Universität Dresden als Dissertation genehmigt.

Gutachter:
Prof. Dr.-Ing. habil. Jürgen Czarske
Prof. Dr.-Ing. Hubert Lakner
Prof. Dr.-Ing. habil. Gerald Gerlach

Bibliografische Information der Deutschen Nationalbibliothek
Die Deutsche Nationalbibliothek verzeichnet diese Publikation in der Deutschen Nationalbibliografie; detaillierte bibliografische Daten sind im Internet über http://dnb.d-nb.de abrufbar.

Bibliographic information published by the Deutsche Nationalbibliothek
The Deutsche Nationalbibliothek lists this publication in the Deutsche Nationalbibliografie; detailed bibliographic data are available in the Internet at
http://dnb.d-nb.de.

ISBN 978-3-942710-70-1


Verlag der Wissenschaften GmbH
Bergstr. 70 | D-01069 Dresden
Tel.: 0351/47 96 97 20 | Fax: 0351/47 96 08 19
http://www.tudpress.de


Gesetzt vom Autor.
Printed in Germany.

TECHNISCHE UNIVERSITÄT DRESDEN

# Neuartiges Bauteilkonzept quasistatisch-resonanter 2D-Mikroscanner für die Zielanwendung ultrakompakter Laserprojektionsdisplays

**Denis Jung**

der Fakultät Elektrotechnik und Informationstechnik der Technischen Universität Dresden zur Erlangung des akademischen Grades

**Doktoringenieur**
**(Dr.-Ing.)**

genehmigte Dissertation

Vorsitzender: Prof. Dr.-Ing. habil. Jürgen Czarske
Gutachter: Prof. Dr.-Ing. Hubert Lakner
Prof. Dr.-Ing. habil. Gerald Gerlach

Verteidigung: 30.03.2012

# Inhaltsverzeichnis


**Verzeichnis der Formelzeichen** **V**

**Verzeichnis der Abkürzungen** **IX**

**Abstract** **XI**

**1 Einführung und Zielstellung** **1**

**2 Stand der Technik bei Mikroscannern** **7**

2.1 Mikroscanner für Projektionsdisplays . . . . . 7

2.2 Elektrostatisch-resonante Fraunhofer-IPMS-Mikroscanner . . . . . 9

2.2.1 Elektrostatische Kräfte und Momente . . . . . 9

2.2.2 Spiegelschwingung . . . . . 10

2.2.3 Fertigungsprozess *AME75* . . . . . 13

2.3 Elektrostatisch-quasistatische Kippspiegelaktoren . . . . . 15

2.3.1 Aufbau und Funktionsweise . . . . . 15

2.3.2 Ausführungsbeispiele vertikaler Kammelektroden und deren Fertigung . . . . . 16

**3 Bauteilkonzept: quasistatisch-resonanter 2D-Mikroscanner** **21**

3.1 Antriebskonzept . . . . . 21

3.2 Fertigungskonzept . . . . . 22

3.3 Festkörpermechanismen für die Fertigung vertikaler Elektroden . . . . . 22

**4 Modellbildung und Simulation** **25**

4.1 Einführung wesentlicher Modellierungstechniken . . . . . 26

4.1.1 Finite-Elemente-Methode . . . . . 27

4.1.2 Netzwerkmodellierung . . . . . 27

4.1.3 Reduktion physikalischer Feldprobleme an Elektrodenfingern auf Flächenpaarinteraktionen 29
4.2 Materialeigenschaften von Silizium . . . . . 32
4.2.1 Elastomechanische Eigenschaften . . . . . 32
4.2.2 Bruchmechanische Eigenschaften . . . . . 34
4.2.3 Elektrische Eigenschaften . . . . . 35
4.3 Elektrostatische Domäne . . . . . 35
4.3.1 Analytische Kapazitätsmodelle . . . . . 36
4.3.2 Finite-Elemente-Modell . . . . . 37
4.3.3 Verteiltes 3D-Plattenkondensatormodell . . . . . 38
4.3.4 3D-Hybridmodell . . . . . 39
4.4 Fluidmechanische Domäne . . . . . 40
4.4.1 Relevante dimensionslose Kennzahlen und Randbedingungen . . . . . 41
4.4.2 Dämpfungsmechanismen der Spiegelstruktur . . . . . 42
4.4.3 Dämpfungsmechanismen der Elektrodenstruktur . . . . . 43
4.5 Mechanische Domäne . . . . . 47
4.5.1 Verformung schlanker Träger rechteckigen Querschnitts . . . . . 48
4.5.2 Verformung von Festkörpermechaniken unter statischer Last . . . . . 52
4.5.3 Schwingungsverhalten von Spiegelstrukturen . . . . . 57
4.6 Elektromechanische Wechselwirkung . . . . . 59
4.6.1 Pull-In trapezförmiger Elektrodenfinger . . . . . 61
4.6.2 Verformung der Spiegelstruktur aufgrund elektrostatischer Antriebskräfte . . . . . 62
4.7 Modellierung der dynamischen Spiegelverkippung . . . . . 63
4.7.1 Dynamisches Makromodell . . . . . 63
4.7.2 Dynamisches Verhaltensmodell . . . . . 65
4.7.3 Analytische Näherungslösungen für eine linearisierte Spiegelschwingung . . . . . 66
4.8 Modellvalidierung . . . . . 70
4.8.1 AVC- und SVC-Teststrukturen . . . . . 71
4.8.2 Statisches Bauteilverhalten . . . . . 72
4.8.3 Dynamisches Bauteilverhalten . . . . . 73

**5 Eigenschaften vertikaler Kammantriebe 77**
5.1 Elektrostatische Eigenschaften von Elektrodengrundtypen . . . . . 77
5.1.1 Elektrostatisches Antriebsmoment . . . . . 78
5.1.2 Parasitäre elektrostatische Kräfte . . . . . 79
5.2 Elektromechanischer Pull-In von X- und Y-Antrieben . . . . . 80

**6 Technologie & Fertigung** **83**

6.1 Besonderheiten bei der Spiegel-Wafer-Fertigung mit dem AME75-Prozess . . . . . 83

6.2 Deckel-Wafer-Fertigung . . . . . 85

6.3 Adhäsives Waferbonden mittels Benzocyclobuten . . . . . 87

6.3.1 Benzocyclobuten-Wafer-Bondprozess . . . . . 88

6.3.2 Bondvorversuche an polierten Silizium-Wafern . . . . . 88

6.3.3 Ergebnisse beim Bonden von Deckel- und Spiegel-Wafern . . . . . 88

**7 Spiegel-Designs und charakteristische Eigenschaften** **91**

7.1 Designs mit CAVC-Antrieb . . . . . 92

7.2 Designs mit SVC-Antrieb . . . . . 95

7.3 Einordnung und Diskussion der erzielten Ergebnisse . . . . . 97

**8 Positionssteuerung und -Regelung** **99**

8.1 Exakte Linearisierung . . . . . 99

8.2 Linearisierung mittels invertierter Gleichgewichtskennlinie . . . . . 101

8.3 Positionssteuerung . . . . . 101

8.4 Positionsregelung . . . . . 104

8.4.1 Heuristische Differenzregelung (HD) . . . . . 104

8.4.2 Heuristische Geschwindigkeitsregelung (HG) . . . . . 107

8.4.3 Kompensationsregler mit Linearisierung des Streckeneingangs . . . . . 109

8.5 Folgeverhalten ausgewählter Regelungskonzepte . . . . . 109

**9 Zusammenfassung und Ausblick** **117**

**Abbildungsverzeichnis** **121**

**Tabellenverzeichnis** **127**

**Literaturverzeichnis** **129**

**Anhang** **135**

**A Bildaufbau im Sägezahn-Sinus Scan-Modus** **135**

**B Mathematischer Anhang** **139**

B.1 Koordinatentransformationen . . . 139

B.1.1 Aktive Drehung . . . 139

B.1.2 Passive Drehung . . . 139

B.1.3 Elementare Drehungen im $R^3$ . . . 139

B.1.4 Drehmatrizen des 3D-Träger-Elements . . . 140

B.2 Flächenträgheitsmomente . . . 140

B.2.1 Axiales Flächenträgheitsmoment . . . 140

B.2.2 Axiales Flächenträgheitsmoment bei rechteckiger Fläche . . . 141

B.2.3 Polares Flächenträgheitsmoment . . . 141

B.3 Massenträgheitsmoment . . . 141

B.3.1 Massenträgheitsmoment ausgewählter Plattengeometrien . . . 142

B.4 Geometrie . . . 142

B.4.1 Flächenschwerpunkt $S_k$ der Projektionsfläche $A_k$ . . . 142

B.4.2 Mittlerer Flächenabstand $d_k$ der Projektionsfläche $A_k$ . . . 142

B.5 Gütekriterien . . . 142

B.5.1 Einschwingzeit $T_{\text{ein}}$ . . . 142

B.5.2 Quadratische Regelfläche ISE . . . 143

B.5.3 Stellenergie SE . . . 143

# Verzeichnis der Formelzeichen

## Skalare Größen

| | |
|---|---|
| A,$A_{k,i}$ | Flächeninhalt, Projektionsfläche |
| $a_{k,i}$ | Fläche |
| b | Breite |
| C | Kapazität |
| $C_{\mathrm{FEM}}$,$C_{\mathrm{PC}}$ | Kapazität berechnet mit FEM, Plattenkondensatormodell |
| $C_{\mathrm{hom}}$,$C_{\mathrm{hom}}$ | Teilkapazität aus homogenem, inhomogenem E-Feldanteil |
| $C_{\mathrm{t}}$ | Torsionssteifigkeit |
| c | Schallgeschwindigkeit |
| $c_{i,j}$ | Steifigkeitskoeffizienten |
| $c_{\mathrm{w}}$ | Widerstandsbeiwert |
| d, $\bar{d}$ | Dämpfungskonstante, gemittelt |
| $d_{\mathrm{ctr}}$ | Reglerparameter |
| $d_{\mathrm{m}}$ | mittlerer Moleküldurchmesser |
| $dQ$ | Ladungsänderung |
| $dU$ | Änderung der elektrischen Spannung |
| E,$E_{xx}$ | Elastizitätsmodul, in Richtung-(xx) |
| $EQ$,$EQ^{-1}$ | elektromechanische Gleichgewichtsfunktion, Umkehrfunktion von EQ |
| e | Regelabweichung |
| $e_{k,f}$ | Eckpunkt |
| F, $F_z$,$F_{\mathrm{el}}$ | Kraft, Querkraft, elektrostatische Kraft |
| f | Frequenz, Funktion, Flächenindex |
| $f_{\mathrm{ref}}$,$f_{\mathrm{lin}}$ | Bildwiederholrate, Wiederholrate des linearen Scans |
| $f_{\sqcap}$ | Pulsfrequenz |
| $f_{\mathrm{st}}$ | maximale Oszillationsfrequenz bei stationärem Fluid |
| $f_0$, $f_d$ | ungedämpfte, gedämpfte Eigenfrequenz |
| G,$\bar{G}$,$G_{xy}$,$G_{xz}$ | Schubmodul, mittleres Schubmodul, in (xy-),(xz)-Richtung |
| h, $h_{rsr}$,$h_{Si}$ | Schichtdicke, einer Rasierklinge, eines Silizium-Substrats |
| I | Schnittpunkt |
| $I_{\mathrm{p}}$,$I_{x,y}$,$I_{x,z}$ | Flächenträgheitsmoment: polar, bezüglich y-, z-Achse |
| i | Index |
| J | Massenträgheitsmoment |
| j | Index |
| $K_{\mathrm{k}}$ | *Knudsen*-Zahl |

| | |
|---|---|
| k | Flächenpaarindex |
| k, $k_{el}$,$k_{ges}$ | Federsteifigkeit, elektrische, Gesamtfedersteifigkeit |
| $k_x$,$k_y$,$k_z$ | Federsteifigkeit bei Verschiebung entlang x-, y-, z-Achse |
| $k_{rx}$,$k_{ry}$,$k_{rz}$ | Federsteifigkeit bei Drehung um x-, y-, z-Achse |
| $k_s$,$k_{sz}$,$k_\Delta$ | Service-Faktor, bei Sägezahn-, Dreieckscan |
| $L_c$ | charakteristische Weglänge |
| l,$l_F$,$l_{off}$ | Länge, Elektrodenlänge, Abstand Elektrodenbasis-Kippachse |
| $l_{eff}$,$l_b$ | effektive Länge, Länge eines trodierten Stabes mit verringerter Querschnittsverwölbung |
| $l_c$ | Überlappungslänge |
| M,$M_B$,$M_y$ | Moment, Biegemoment, um y-Achse |
| m | Masse |
| $M_W$,$M_{W,Cou}$,$M_{W,Poi}$ | fluidisches Widerstandsmoment bei, *Couette*-Strömung, *Poiseuille*-Strömung |
| n | Ordnung |
| $p_i$ | Polstelle einer Differentialgleichung |
| Q | Ladung |
| $R_{lh}$ | Aspektverhältnis Länge-zu-Höhe |
| $R_e$ | *Reynolds*-Zahl |
| r, $r_s$, $r_{prim}$ | Radius, Abstand Flächenschwerpunkt, eines Flächenprimitivs |
| $S_f$ | Skalierungsfaktor der Kapazität |
| $s_k$ | Skalierungsfaktor eines Vektors |
| s | Skalierung |
| s | Laplace-Transformierte |
| s | elastische Koeffizienten |
| $s_{pi}$ | Abstand bei elektromechanischem Pull-In |
| T | Periodendauer |
| $T_{lin}$,$T_{lin,ist}$,$T_{lin,soll}$ | Periodendauer der linearen Scanphase, der Strecke, des Sollwertsignals |
| t | Zeit |
| $t_{ein}$ | Einschwingdauer |
| $t_s$,$t_d$ | Service-Zeit, Pflicht-Zeit |
| U | elektrische Spannung |
| $U_{pi}$ | Elektrodenspannung bei elektromechanischem Pull-In |
| u, $u_x$,$u_y$,$u_z$ | Verschiebung, in x-,y-,z-Richtung |
| u | maximale Fluidgeschwindigkeit |
| v | Geschwindigkeit |
| $W_m$ | mechanische Arbeit |
| $w$ | Biegelinie |
| w,$\bar{w}$,$w_0$,$w_1$ | Elektrodenbreite, mittlere, der Basis, der Spitze |
| $\alpha$ | Drehung um x-Achse |
| $\beta$ | Drehung um y-Achse |
| $\Delta C$ | Kapazitätsänderung |
| $\delta$ | Abklingkonstante, Näherungsparameter |
| $\varepsilon$, $\varepsilon_0$ | elektrische Permeabilität |
| $\varepsilon$,$\varepsilon_{xx}$ | Dehnung, in (xx)-Richtung |
| $\eta$, $\eta_{eff}$ | Dynamische Viskosität, effektive Dynamische Viskosität |

| | |
|---|---|
| $\gamma$ | Drehung um z-Achse |
| $\gamma$ | Oberflächenenergie |
| $\mu$ | Potentialgröße |
| $\nu$ | *Poisson*-Zahl, Stellgröße |
| $\lambda$ | Wellenlänge, Flussgröße, Eigenwert |
| $\Pi$ | Kreiszahl |
| $\Theta, \Theta_{max}, \Theta_{min}$ | Kippwinkel des Spiegels, maximal, minimal |
| $\Theta_{EQ}, \Theta_{ist}, \Theta_{soll}$ | Kippwinkel im elektromechanischen Gleichgewicht, ist, soll |
| $\Theta_{pi}$ | Kippwinkel bei Pull-In |
| $\Theta_{steu}$ | Steuerwinkel |
| $\hat{\Theta}$ | Winkel-Amplitude der Spiegelschwingung |
| $\Theta_{AVC}$ | Vorverkippungswinkel stationärer Elektroden |
| $\Theta_{krit}$ | Kippwinkel bei dem die Elektrodenfinger gerade noch im Eingriff |
| $\Theta_{rel}$ | Relativwinkel stationäre-bewegte Elektrode |
| $\rho$ | Dichte |
| $\sigma$, $\sigma_{xx}$ | Materialspannung, in (xx)-Richtung |
| $\tau, \tau_{xy}, \tau_{xz}$ | Scherspannung, in (xy)-, (xz)-Richtung |
| $\Omega_0, \Omega_d, \Omega_R$ | Kreisfrequenz ungedämpft, gedämpft, während der Rücklaufphase |
| $\xi$ | Korrekturfaktor |

# Vektoren und Pseudovektoren

| | |
|---|---|
| $\vec{E}$ | elektrischer Feldvektor |
| $\vec{e}_{k,f}$ | Eckpunkt-Vektor |
| $\vec{F}, \vec{F}_{el}$ | Kraftvektor, elektrostatisch |
| $\vec{j}$ | Stromdichtevektor |
| $\vec{O}$ | Ursprungsvektor |
| $\vec{P}$ | Punktvektor |
| $\vec{Q}$ | Lastvektor |
| $\vec{q}$ | Vektor generalisierter Koordinaten, Zustandsvektor |
| $\vec{r}$ | Ortsvektor |
| $\vec{v}$ | Geschwindigkeitsvektor |

# Matrizen und Tensoren

| | |
|---|---|
| $\mathbf{D}$ | Dämpfungsmatrix |
| $\mathbf{K}$ | Steifigkeitsmatrix |
| $\mathbf{M}$ | Massenmatrix |
| $\mathbf{R}_{gl}, \mathbf{R}_{gl}^{T}$ | Drehmatrix, globales zu lokalem Koordinatensystem, transponiert |

# Verzeichnis der Abkürzungen

| Abkürzung | Beschreibung |
|---|---|
| AME75 | Actuator-MEMS-75-micrometer; *Fraunhofer-IPMS*-Fertigungsprozess zur Herstellung resonanter Mikroscanner |
| AVC | Angular Vertical Comb, abgewinkelte vertikale Kammelektroden |
| AVF | Angular Vertical Finger; Elektrodenfinger eines AVC |
| BSOI | Bonded Silicon on Insulator; Mehrschichtiges Substrat mit Schichtfolge Silizium-Siliziumdioxid-Silizium |
| CAVC | Centered Angular Vertical Comb; abgewinkelte vertikale Kammelektroden mit Radialzentrierung |
| CAVF | Centered Angular Vertical Finger; Elektrodenfinger eines CAVC |
| DGL | Differentialgleichung |
| DRIE | Deep Reactive Ion Etch; Tiefes Reaktives Ionenätzen |
| EQInv | Streckenlinearisierung über die inverse elektromechanische Gleichgewichtskennlinie |
| ExLin | Exakte Linearisierung |
| FEM | Finite-Elemente-Methode |
| FMD-System | Feder-Masse-Dämpfer-System |
| IMtk | IPMS MEMS Toolkit |
| ICPRIE | Inductively Coupled Plasma Reactive Ion Etching; Induktiv gekoppeltes Plasma RIE |
| IPMS | Institut für Photonische Mikrosysteme; Fraunhofer Gesellschaft, Dresden |
| ISE | Integral of Squared Value of Error; quadratische Regelfläche |
| HD | Heuristische Differenzregelung |
| HG | Heuristische Geschwindigkeitsregelung |
| KR | Kompensationsregler |
| MATLAB$^{TM}$ | Matrix Laboratory; Software der Fa. The MathWorks$^{TM}$ |
| LA | Langsame Achse eines 2D-Mikroscanners |
| MEMS | Micro-Electro-Mechanical-System; Mikroelektromechanisches System |
| MS | Mikroscanner |
| MOEMS | Micro-Opto-Electro-Mechanical-System; Mikrooptoelektromechanisches System |
| PE | Plasma Etch; Plasmaätzen |
| PD-Regler | lineares Regelglied mit proportionalem und differenzierendem Anteil |
| PSD | Positionssensitiver Detektor; hier eine PIN-Diode |
| PT1 | proportionales zeitinvariantes Verzögerungsglied 1-ter Ordnung |
| PT2 | proportionales zeitinvariantes Verzögerungsglied 2-ter Ordnung |

| | |
|---|---|
| PVD | Physical Vapour Deposition; Physikalische Gasphasenabscheidung |
| REM | Rasterelektronenmikroskop |
| RIE | Reactive Ion Etch; Reaktives Ionenätzen |
| SBM | Solid Body Mechanism; Festkörpermechanismus |
| SE | Stellenergie |
| SNA | Schnelle Achse eines 2D-Mikroscanners |
| SOI | Silicon on Insulator; Silizium auf einem Isolator |
| SVC | Staggered Vertical Comb; vertikaler Kammantrieb mit geschichteten Elektroden |
| SVF | Staggered Vertical Finger; Elektrodenfinger eines SVC |
| TEOS | Thetraethylorthosilicat, Siliziumdioxid-Precursor für thermischen Oxidationsprozess |
| TO | Mit thermischem Siliziumdioxid beschichteter Graben |
| TR | DRIE geätzter Graben |
| TFT | Thin Film Transistor Liquid Crystal Display; Dünnfilmtransistor-Flüssigkristalldisplay |
| WXGA | Wide eXtended Graphics Array; Grafik Standard |
| X-Antrieb | Kammkonfiguration mit x-förmigem Querschnitt |
| Y-Antrieb | Kammkonfiguration mit y-förmigem Querschnitt |

# Abstract

This doctoral thesis reports a new concept of electrostatic 1D- and 2D-micro-scanning-mirrors. The core component of the device concept is a slow scanning axis with vertical out-of-plane comb-drives that enables large quasi-static mechanic deflection at comparably low driving voltages. Applications of 1D-raster-scanning and beam-steering can be addressed. As an option the device can be equipped with a monolithically integrated gimbal-mounted second scan axis with planar out-of-plane comb-drives. The two-dimensional MEMS scanning device shows potential for use in ultra-compact high resolution laser projection displays.

The device concept is realized with a new back end processing technology building on top of the product proven Fraunhofer IPMS MEMS process AME75. This process enables the manufacturing of vertical combs from planar scanner substrates. Solid-body-mechanisms are used to translate planar electrode geometries into their final vertical electrode geometry. A functionalized bonding process utilizing Benzocyclobutene as an adhesive layer completes the manufacturing procedure by fixing the transformed geometries into position. The new device concept is highly flexible. Different kinds of vertical combs (e.g. staggered and angular) can be realized without changing the process flow.

Advances in modelling vertical-comb-drives are made. New macro- and micro models are introduced for investigation of static and dynamic electro-mechanical and fluidic device properties. Calculating three-dimensional electro-mechanical pull-in-behaviour with a network model becomes possible. Existing modelling strategies for dynamic device properties are enhanced with new accurate fluidic damping models. Calculation of large-stroke-solid-body-mechanism-deformations by means of a lumped mechanical network-model is made possible with a new beam element that takes into account nonlinear kinematic effects.

Also different kinds of controlling schemes are developed and investigated theoretically to enable sawtooth or triangle shaped scan-trajectories of the quasi-static scanning axis. For this purpose a new heuristic velocity closed-loop-controller with exact linearization of the nonlinear system is proposed.

First demonstrator devices are presented: a) quasi-static 1D-scanners with 4 mm mirror diameter, a natural frequency of 140 Hz-165 Hz and 7.4°-7.5° mechanical tilt angle at 110 V for beam steering and b) quasi-static / resonant 2D-scanners with a 23.3 kHz fast scanning axis enabling 2D raster scanning. The 2D-demonstrators show potential for projection displays with HTDV-resolution at 10-Hz-slow-axis-linear-scan and QVGA-resolution at 60 Hz. Theoretical investigations show that existing 2D-demonstrators are easily adaptable in design to reach SVGA-resolution at 60 Hz frame rate.

# Kapitel 1

# Einführung und Zielstellung

Der Nobelpreisträger und Physiker *R. Feynman* stellte in seinem berühmten Vortrag *There's Plenty of Room at the Bottom* 1959 bei einem Treffen der *American Physical Society* eine Idee vor, die für viele technologische Entwicklungen der letzten Jahrzehnte wegweisend war. Von der Miniaturisierung technischer Systeme bis in den atomaren Maßstab versprach er sich das Durchbrechen physikalischer Grenzen makroskopischer Systeme (z.B. optische Auflösung in der Mikroskopie) und die massive Parallelisierung technischer Prozesse auf kleinstem Raum, so dass damit eine enorme Steigerung der Leistungsdichte und Leistung technischer Systeme möglich wäre. Mit der Serienfertigung siliziumbasierter Transistoren durch *Fairchild Industries* 1958 entstand die Mikroelektronik-Branche, die diese Grundideen als erste übernahm und bei der Fertigung elektrischer Schaltkreise umsetzte. Heute ist die Mikroelektronik-Industrie in der Lage, Strukturen im zweistelligen Nanometerbereich kommerziell zu fertigen. Durch Miniaturisierung und Integration mechanischer Funktionen in elektronische Bauteile (z.B. Drucksensor) entwickelte sich aus ihr ab 1970 die Mikrosystemtechnik, die neben Mikroelektromechanischen Systemen (MEMS), heute auch Mikrooptoelektromechanische Systeme (MOEMS) umfasst. Zur Fertigung werden üblicherweise planartechnische Prozesse, die der Mikroelektronik entstammen, angewendet. Diese sind als Abfolge der Grundprozesse Schichtabscheidung, Lithographie und Strukturierung aufgebaut.

Die Mikrotechnik-Branche wächst seit dem Jahr 2004 um jährlich ca. 16%. Zu diesem überdurchschnittlichen Wachstum tragen methodische und technologische Innovationen bei der Entwicklung und Fertigung von MOEMS, die Integration neuer Funktionalitäten in Baugruppen und Zielapplikationen (z.B. Mobiltelefon mit integrierter Kamera) ebenso wie Skalierungseffekte [1] bei der Herstellung bei. Der Weltmarkt für optische Mikrosysteme umfasst bereits heute ein Marktvolumen von mehreren Milliarden Dollar [2]. Ein Ende der aufgezeigten Entwicklungen ist zurzeit nicht absehbar. Schätzungen gehen davon aus, dass das Marktsegment der Projektionsdisplays im Jahr 2010 rund 50% des MOEMS-Marktes umfasst hat [3]. Zu den wichtigsten Bauteilen dieses Marktsegments gehören Flächenlichtmodulatoren (engl.: Spacial Light Modulator, SLM) und Mikroscanner (MS). Hierbei wird der Markt für Videoprojektoren im gewerblichen Bereich sowie im Heimkino und Multimedia-Segment durch Systeme dominiert, die auf SLMs basieren. Mit der Entwicklung des DMD (engl.: Digital Micromirror Device) genannten Flächenlichtmodulators nimmt *Texas Instruments* (TI) in diesem Segment eine führende Position ein. Im Segment ultraportabler Projektionsdisplays, das sich gerade erst zur Marktreife entwickelt, zeichnet sich jedoch ein anderer Trend ab. So haben Unternehmen wie *Microvision Inc.* oder die Firma *Lemoptix* auf Mikroscannern basierte RGB-Laserprojektionsmodule vorgestellt und mit dem Markteintritt begonnen. Wichtige Anwendungen sind alleinstehende und integrierte ultra-kompakte Laserprojektionsdisplays. Diese können z.B. in Mobiltelefonen,

Fotokameras, Note- und Netbooks (siehe Abb. 1.1), sowie am Kopf tragbaren visuellen Ausgabegeräten[1 2] oder in Anzeigeelementen im Automotive-Bereich[3] eingesetzt werden.

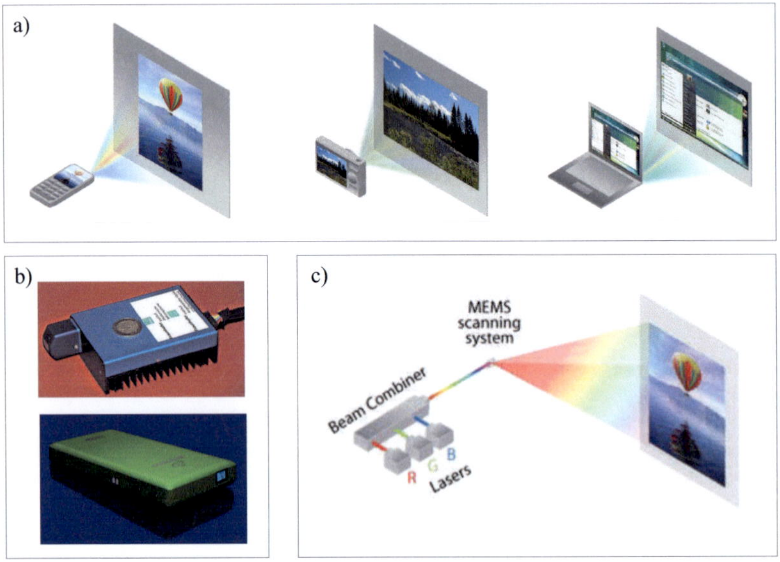


Abbildung 1.1: a) Anwendungsbeispiele der Fa. *Lemoptix* für integrierte ultra kompakte Laserprojektionsdisplays [4], b) oben, am *Fraunhofer IPMS* gefertigter Demonstrator eines RGB-Laserprojektors und unten, der *Showwx* RGB-Laserprojektor der Fa. *Microvision Inc.* c) schematische Darstellung des optischen Moduls der Fa.*Lemoptix* [4]

Für die Anwendung ultrakompakter Laserprojektoren kommen neben Flächenlichtmodulatoren, die systembedingt viel Bauraum benötigen, auch 2D-Mikroscanner, die einen geringeren Formfaktor besitzen, zum Einsatz. Bei einem 2D-Mikroscanner handelt es sich um einen mikrotechnisch gefertigten Spiegel, der dynamisch um zwei orthogonal zueinander stehende Achsen verkippbar ist. Der 2D-Mikroscanner führt, bei einem Laserprojektionsdisplay den zeitlich in der Intensität modulierten roten, grünen und blauen Laserstrahl streifend, in einem periodisch wiederkehrenden Linienmuster über die Projektionsfläche. Abb. 1.1 zeigt exemplarisch einen elektrostatisch-resonanten 2D Mikroscanner, der am *Fraunhofer Institut für Photonische Mikrosysteme* (*IPMS*) entwickelt wurde.

Für den Einsatz von 2D-Mikroscannern in miniaturisierten Laserprojektionsdisplays sprechen der geringe Formfaktor der MOEMS-Komponente bzw. des photonischen Moduls und deren vergleichsweise niedrige Leistungsaufnahme. Die Entwicklung geeigneter 2D-Mikroscanner ist hierbei durch einige Herausforderungen gekennzeichnet. Aktuell verfügbare Systeme können die hohen Anforderungen der Zielapplikation nicht vollständig

[1] Head Mounted Display, HMD
[2] z.B. als virtuelles Retinaldisplay (VRD) in Brillen integriert
[3] engl.: Head Up Display, HUD

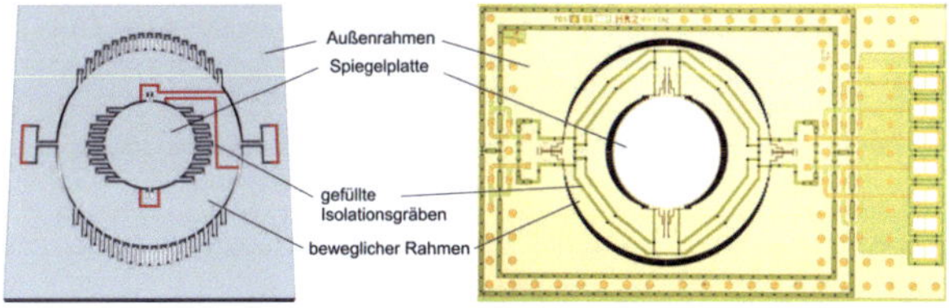


Abbildung 1.2: a) Schematische Darstellung eines am *Fraunhofer IPMS* gefertigten 2D-Mikroscanners und b) Foto eines elektrostatisch resonanten 2D-Mikroscanners [5]

erfüllen. So muss, um das entsprechende Projektionsmodul mit der MEMS-Scaneinheit in aktuelle Smartphone-Modelle integrieren zu können, der Formfaktor des Moduls in mindestens einer Dimension weniger als 7 mm betragen. Um von alternativen Displaytechnologien[4] bekannte Grafikstandards (SVGA bzw. HDTV) zu erreichen, müssen gleichzeitig die grafische Bildauflösung und der Bildkontrast aktueller MEMS-Scanner verbessert werden. Hierzu sind 2D-Mikroscanner erforderlich, die ein Projektionsmuster mit hoher Linienanzahl und Dichte erzeugen. Um die für den menschlichen Betrachter als störend empfundene Wahrnehmung von Bildflimmern zu vermeiden, sollte die Bildwiederholrate 60 Hz nicht unterschreiten [6]. Die Scanfrequenz der langsamer schwingenden Spiegelachse, die nachfolgend *langsame Achse* (LA) genannt wird, entspricht hierbei der Bildwiederholrate. Um die für den SVGA- Grafikstandard erforderliche Anzahl von Bildzeilen zu projizieren, muss die Scanbewegung auf der *schnellen Achse* (SNA) hochfrequent mit ca. 24 kHz ausgeführt werden [7, 8, 9]. Gleichzeitig erfordert ein hoher Kontrast des Bildes die Vermeidung von Beugungseffekten. Hierzu sind einerseits große Spiegeldurchmesser ($>=$ 1 mm) und große mechanische Ablenkwinkel ($>= 7^\circ$) notwendig [7, 8, 9]. Andererseits muss die dynamische Deformation des Spiegels aufgrund von Trägheitskräften klein gehalten werden. Jedoch steigt die dynamische Deformation mit Vergrößerung der Spiegelplatte, des Auslenkwinkels und der Scanfrequenz an. Aus diesem Grund ist es notwendig, die optischen Eigenschaften des MEMS-Scanners zu optimieren und die Scanfrequenz der SNA so gering wie möglich zu halten.

Der Antrieb der Scanachsen hat in mehrfacher Hinsicht Einfluss auf die optischen Eigenschaften des Gesamtsystems. So wird der maximale Ablenkwinkel des Spiegels und damit der Kontrast der im Scanbereich geschriebenen Projektionslinien durch das verfügbare Antriebsmoment begrenzt. Außerdem bestimmt der zeitliche Verlauf der Scanbewegung das Projektionsmuster und damit die Auflösung des projizierten Bildes. Hierbei sind, aufgrund des Zusammenhanges mit der dynamischen Deformation respektive des resultierenden Kontrastverlustes, Projektionsmuster für den Bildaufbau zu bevorzugen, die mit möglichst geringen Scanfrequenzen realisiert werden können. Entsprechend muss zwischen quasistatisch, resonant und quasistatisch-resonant angetriebenen 2D-Mikroscannern unterschieden werden. Quasistatische Mikroscanner erlauben innerhalb physikalischer Grenzen eine Steuerung der Spiegelbewegung [10]. Um einen großen quasistatischen Ablenkwinkel zu erreichen, müssen quasistatischen Antriebe niederfrequent ausgelegt werden. Sie sind entsprechend auf niedrige Scanfrequenzen limitiert, ermöglichen jedoch lineares Scannen des Bildfeldes und damit einen zeilenweisen Bildaufbau. Resonante 2D-Mikroscanner auf der anderen Seite können auch bei sehr hohen Frequenzen große Ablenkwinkel erreichen. Der zeitliche Verlauf der Scanbewegung ist bei diesen jedoch durch den resonanten Betrieb festgelegt. Aufgrund einer harmonischen Scanbewegung auf beiden Scanner-Achsen ergibt sich eine sogenannte *Lissajous*-Figur [9]. Eine *Lissajous*-Figur weist eine inhomogene Liniendichte im Bildfeld auf. Daher erfordern resonant betriebene 2D-Mikroscanner höhere Scanfrequenzen auf der schnellen Achse als quasistatische 2D-Mikroscanner. Bei hybrid betriebenen Systemen

[4] z.B. TFT-LCD, DMD

kann ein quasistatischer Antrieb der langsamen Achse zur Realisierung eines linearen Scans[5] während des Bildaufbaus genutzt werden. Bei genügend hoher Scanfrequenz auf der schnellen, resonant betriebenen Achse werden in einem Teilbereich des Bildfeldes näherungsweise parallele Linien geschrieben [11]. So können Projektionsmuster erzeugt werden die in Scanrichtung der quasistatischen Achse eine homogene Liniendichte aufweisen. Die Scanfrequenz der schnellen Scan-Achse des Spiegels wird dadurch im Vergleich zu doppelt resonant arbeitenden 2D-Mikroscannern reduziert. Die Folge ist eine Verringerung der dynamischen Spiegel-Deformation und eine Verbesserung des Bildkontrastes.

Quasistatisch-resonante 2D-Mikroscanner mit Eignung für die Zielanwendung sind derzeit nur mit elektromagnetischen Antrieben verfügbar [11, 4]. Vorteile bekannter Scanner mit magnetischem Antrieb liegen in der Realisierbarkeit verhältnismäßig großer quasistatischer Ablenkwinkel. Nachteilig wirkt sich jedoch aus, dass die hierzu erforderlichen magnetischen Feldstärken technisch nur durch den Einsatz von Permanentmagneten erzielbar sind. Der Formfaktor des 2D-Mikroscanners wird dadurch signifikant erhöht. Die aus dem elektromagnetischen Arbeitsprinzip resultierende, relativ hohe Leistungsaufnahme (>1 mW) ist für ultra-portable Anwendungen ebenfalls als Nachteil zu betrachten. Eine vielversprechende Alternative können elektrostatische Antriebe auf Basis abgewinkelter (engl.: Angular Vertical Comb, AVC) und geschichteter (engl.: Staggered Vertical Comb, SVC) vertikaler Kammantriebe darstellen. Zum derzeitigen Zeitpunkt sind jedoch keine geeigneten Bauteilkonzepte für quasistatisch-resonante 2D-Mikroscanner verfügbar. Dies hat vielfältige Gründe. Die Zielapplikation erfordert, dass die MEMS-Scanner-Komponente kostengünstig in großen Stückzahlen und guter Reproduzierbarkeit gefertigt werden kann. Während diese Forderung für elektrostatisch-resonante Antriebe, z.B durch die am *Fraunhofer IPMS* mit dem *AME75*-Prozess gefertigten MEMS-Scanner, erfüllt wird, eignen sich die nach dem aktuellen Stand der Technik vorgestellten Verfahren zur Fertigung vertikaler Kammantriebe nicht. Darüber hinaus ist die mechanische Auslenkung bei existierenden Antriebskonzepten im quasistatischen Betrieb zu gering. Ausnahmen, wie die in [12, 13, 10] vorgestellten Bauteile sind jedoch für einen hochfrequenten Scan der schnellen Achse, unter anderem wegen des verwendeten Gestängeantriebs, nicht geeignet. Vertikale Kammantriebe zeichnen sich außerdem durch eine hohe Komplexität und nichtlineare Antriebscharakteristik aus. Dies erschwert den Entwurf und die Regelung des Antriebs erheblich. Aktuelle Literaturbeispiele vertikaler Kammantriebe beschränken sich daher im Wesentlichen auf Aussagen zur Technologie und zum statischen elektromechanischen Antriebsverhalten der technisch genutzten Spiegel-Kippmode. Wesentliche Eigenschaften des Bauelements wie parasitäre elektromechanische Effekte[6], fluidische Dämpfung und dynamisches Antwortverhalten der quasistatischen Antriebsstrecke bleiben bei der Modellierung unberücksichtigt. Eine Optimierung der Bauteileigenschaften im Entwurfsprozess ist daher nur schwer möglich. Ein ähnliches Bild ergibt sich für die Steuerung und Regelung vertikaler Kammantriebe. Regelungskonzepte für quasistatisch-elektrostatische Antriebe sind kaum existent und existierende Ansätze, wie beispielsweise die in [10] beschriebenen, aufgrund der geringen Leistungsfähigkeit für die Zielanwendung nicht akzeptabel.

Aus den Anforderungen der Zielanwendung hoch miniaturisierter RGB-Laserprojektoren und unter Berücksichtigung des Entwicklungsstands von Wissenschaft und Technik bei quasistatisch-resonant betriebenen 2D-Mikroscannern, leitet sich die Zielstellung dieser Arbeit ab. Sie untergliedert sich in die folgenden Teilziele:

1. Entwicklung eines neuartigen Bauteilkonzeptes für Mikroscanner mit elektrostatisch-quasistatischem Antrieb. Das Vorsehen einer Entwurfs- und Technologie-Option, so dass durch monolithische Integration einer kardanisch angeordneten, elektrostatisch-resonanten Antriebsachse 2D-MEMS-Scanner für die Zielapplikation ultrakompakter Laserprojektoren gefertigt werden können.

[5] z.B. durch eine sägezahnförmige Scanbewegung

[6] z.B. elektromechanischer Pull-In

2. Erweiterung der Modellierungs- und Entwurfsmethodik zur Beschreibung und Auslegung der wesentlichen statischen und dynamischen Eigenschaften des neuartigen Antriebskonzeptes.

3. Bauteilauslegung für niederfrequentes, quasistatisches Scannen <= 100 Hz bei Ablenkwinkeln von ca. $\pm 7^\circ$ und Antriebsspannungen <= 200 V.

4. Entwicklung eines geeigneten Fertigungsverfahrens auf Basis des für resonante Mikroscanner entwickelten und qualifizierten *Fraunhofer-IPMS-AME75*-Prozesses.

5. Nachweis der technologischen Machbarkeit durch Fertigung von Demonstratoren und deren experimentelle Charakterisierung.

6. Erarbeitung der Grundlagen für lineares Scannen der quasistatischen Antriebsachse im geregelten Betrieb.

Die vorliegende Dissertationsschrift ist wie folgt aufgebaut:

**Kapitel 2** gibt einen Überblick über den Stand der Technik bei Mikroscannern, die für die Anwendung der Projektionsdisplays entwickelt wurden.

In **Kapitel 3** wird das neuartige Bauteilkonzept eines elektrostatisch, quasistatisch-resonanten 2D-Mikroscanners vorgestellt und das auf existierender *IPMS*-Scannertechnologie aufbauende Fertigungsprinzip erläutert. Hierbei wird insbesondere auf die Bedeutung von Festkörpermechanismen für die Fertigung vertikaler Kammantriebe aus planartechnisch prozessierten Substraten über einen Wafer-Bondprozess eingegangen.

In **Kapitel 4** werden Modelle erarbeitet, die die wesentlichen physikalischen Eigenschaften des 2D-Mikroscanners abbilden. Die Modellierung konzentriert sich hierbei auf den elektrostatisch-quasistatischen Antrieb der langsamen Achse[7]. Anhand von Testrukturen, die speziell für diesen Zweck gefertigt wurden, werden die Modelle am Ende des Kapitels validiert.

Die wesentlichen Eigenschaften vertikaler Kammantriebe werden in **Kapitel 5** theoretisch untersucht. Hierbei liegt der Fokus auf den geometriebedingten elektrostatischen Eigenschaften von Elektrodengrundtypen sowie aus deren Anordnung an der Antriebsachse sich ergebenden elektromechanischen Eigenschaften.

Die Fertigungstechnologie und damit erzielte Fertigungsergebnisse werden in **Kapitel 6** präsentiert.

**Kapitel 7** fasst die charakteristischen Eigenschaften der gefertigten Demonstratoren zusammen und stellt diese den theoretischen Untersuchungen gegenüber.

In **Kapitel 8** wird die Regel- und Steuerbarkeit des quasistatischen Antriebs theoretisch untersucht. Hierzu werden die Ergebnisse der Bauteil-Charakterisierung mit denen der Modellierung zum Aufbau eines realistischen Streckenmodells der quasistatischen Antriebsachse verknüpft. Für die Modellstrecke werden dann verschiedene Steuer- und Regelungskonzepte erarbeitet und das Übertragungsverhalten des geschlossenen Regelkreises in Bezug auf Erfordernisse der Zielanwendung untersucht und diskutiert.

In **Kapitel 9** werden die erzielten Ergebnisse zusammengefasst und dem ursprünglichen Aufgabenkomplex gegenübergestellt; die Ergebnisse dieser Arbeit dann für die Formulierung weiterführender Fragen und Aufgabenstellungen genutzt und ein Ausblick auf relevante zukünftige Forschungsthemen und Aufgaben gegeben.

[7] Die für resonante *Fraunhofer-IPMS* -Mikroscanner entwickelte Fertigungstechnologie wurde umfangreich in [14, 5, 15] beschrieben.

# Kapitel 2

# Stand der Technik bei Mikroscannern

Nachfolgend wird ein Überblick über den Stand der Technik bei Mikroscannern gegeben. Der Fokus liegt auf Bauteilen, die für die Zielanwendung der Laserprojektionsdisplays entwickelt wurden. Abschnitt 2.1 fasst die wesentlichen Referenzen zusammen. Das in dieser Arbeit beschriebene neuartige Bauteilkonzept eines 2D-Mikroscanners mit einer resonanten und einer quasistatischen Antriebsachse setzt auf einer Mikroscanner-Technologie auf, die für elektrostatisch-resonante Mikroscanner am *Fraunhofer IPMS* entwickelt wurde. Aus diesem Grund werden in Abschnitt 2.2 die Funktionsweise, Aufbau und Fertigung resonanter *Fraunhofer-IPMS*-Mikroscanner näher erläutert. Die Funktionsweise elektrostatisch-quasistatischer Kippspiegelaktoren, sowie für diese Arbeit relevante Umsetzungsbeispiele aus der Literatur, sind in Abschnitt 2.3 zusammengefasst.

## 2.1 Mikroscanner für Projektionsdisplays

Die Zielanwendung der Laserprojektionsdisplays erfordert die Lichtablenkung um zwei orthogonal stehende Kippachsen. Soll die Ablenkung mit einer MEMS-Scaneinheit erfolgen, so kann diese aus zwei 1D-Bauelementen hybrid oder monolithisch als 2D-Mikroscanner aufgebaut werden. Prinzipiell ermöglicht ein hybrider Aufbau eine getrennte Optimierung der Scannermechanik und Antriebseinheiten. So können ohne technologische Einschränkungen für beide Achsen unterschiedliche Antriebskonzepte realisiert werden. Vorteilhaft ist hierbei auch, dass die Scanachsen mechanisch entkoppelt sind, so dass die Spiegelschwingungen der einzelnen Scanachsen mechanisch nicht aufeinander übersprechen können.

*Sanders* et al. [16] haben einen elektrostatisch-resonanten 1D-Mikroscanner mit 1 mm Spiegeldurchmesser, und einer mechanischen Auslenkung von $\pm 10^\circ$ zum Aufbau eines Projektionsdisplays mit SVGA-Grafikstandard (800x600 Bildpunkte) beschrieben. Die Scanfrequenz des Spiegels beträgt ca. 23.5 kHz. Der Spiegel ist über X-förmige Versteifungsstrukturen an einem äußeren Rahmen, der planare Kammelektroden trägt, aufgehängt. Der steif ausgelegte, frei schwingende äußere Rahmen, stützt sich über weiche Träger, die an die Torsionsfedern angekoppelt sind, im Substrat ab. Auf diese Weise kann die dynamische Deformation des Spiegels gering gehalten werden. Der Spiegel wird volumenmikromechanisch durch einen mehrstufigen Vorder- und Rückseiten-DRIE-Prozess (engl.: Deep Reactive Ion Etching) auf einem SOI-Wafer (engl.: Silicon on Insulator) gefertigt.

Ein von der Spiegelaufhängung her ähnliches Konzept haben *Ko* et al. [17] präsentiert. Im Gegensatz zum vorher beschriebenen Mikroscanner verfügt dieses System jedoch über vertikale Kammantriebe. Diese sind planparallel, ober- und unterhalb der Spiegelebene, als SVC implementiert. Der Antrieb des Scanners erfolgt resonant. Der durch *Ko* et al. beschriebene 1D-Mikroscanner mit 1 mm Spiegeldurchmesser erreicht bei ca. 24.5 kHz eine optische Strahlablenkung von 32°. Mit Hilfe einer zweiten, orthogonal ausgerichteten Scannereinheit konnten die Autoren ein Projektionsdisplay mit XGA-Grafikstandard (1024x768 Bildpunkte) realisieren. Die Fertigung des 1D-Mikroscanners erfolgt unter hohem technologischem Aufwand. Die Scannermechanik wird hierbei volumenmikromechanisch auf einem SOI-Substrat gefertigt und dieses auf ein Pyrex-Substrat anodisch gebondet. Die stationären vertikalen Elektroden werden durch ICPRIE in einem Silizium-Substrat geätzt. Das Siliziumsubstrat wird anschließend anodisch auf ein Pyrex-Substrat gebondet. Nach der Vereinzelung des SOI- und Silizium-Substrats in einzelne Segmente, werden je ein Silizium-Deckelsegment und ein SOI-Bodensegment zueinander ausgerichtet und mit der Flip-Chip-Methode gebondet.

Mitarbeiter des *EPFL*[1] und der Firma *Lemoptix* haben auf elektromagnetisch angetriebenen 1D-Mikroscannern basierte Laserprojektionsmodule mit QVGA (320x240 Bildpunkte) und VGA (640x480 Bildpunkte) vorgestellt. Der Antrieb der 1D-Mikroscanner besteht aus einer auf dem beweglichen Spiegel angebrachten, stromdurchflossenen Spule und einem unter dem Spiegel befestigten externen Permanentmagneten. Hierbei wird der Spiegel der schnellen Achse resonant bei 17.5 kHz [18] bzw. 19.5 kHz [19] betrieben. Der Spiegel der langsamen Achse des QVGA-Moduls wird resonant betrieben, der des VGA-Moduls quasistatisch. Die langsame Achse des VGA-Moduls führt eine sägezahnförmige Scanbewegung bei 50 Hz Wiederholrate aus. Das Volumen der beschriebenen photonischen Module liegt bei ca. 3 $cm^3$.

MEMS-Scannereinheiten mit hybrider Realisierung der zwei Scanachsen durch zwei 1D-Bauelemente besitzen jedoch konzeptionelle Nachteile. Hierzu gehören der hohe Aufwand bei der präzisen Ausrichtung der Scannereinheiten zueinander, ein erhöhter Formfaktor und optische Verluste [16] im Strahlengang. Diese können durch einen monolithischen Aufbau vermieden werden.

Die Firma *Microvision* hat einen 2D-Mikroscanner mit elektromagnetischem Antrieb entwickelt [20]. In den bewegten Rahmen des kardanisch aufgehängten Spiegels ist eine Spule integriert. In Kombination mit einem Permanentmagneten lässt sich auf diese Weise die langsame Achse des Spiegelrahmens quasistatisch auslenken, während die in diesem aufgehängte schnelle Achse durch hochfrequent überlagerte Antriebsmomente zur resonanten Schwingung angeregt werden kann. Basierend auf diesem bimagnetischen 2D-Mikroscanner hat die Firma *Microvsion* ein Laserprojektionsmodul *PicoP* vorgestellt, dass einen WVGA-Grafikstandard mit 848x480 Bildpunkten erzielt. Die Bildwiederholrate des Moduls liegt bei 60 Hz. Erste auf dieser MEMS-Scannertechnologie aufbauende Produkte, wie der ultrakompakte Laserprojektor *Showwx* bzw. *Showwx+* sind käuflich verfügbar. Der *Showwx* ist als Zusatzgerät konzipiert, dass über entsprechende Schnittstellen mit verschiedensten mobilen Endgeräten verbunden werden kann. Entsprechend sind in den verschiedenen *Showwx*-Versionen außer dem photonischen Modul auch die Treiberelektronik, die Schnittstelle zu mobilen Endgeräten und ein Akkumulator integriert. Die Abmessungen des Geräts liegen mit einer Dicke von 14 mm und einer Breite von 60 mm leicht über denen aktueller Mobiltelefone.

*Wolter* et al. [21] haben einen miniaturisierten Laserprojektor mit einem doppelt elektrostatisch-resonant arbeitenden 2D-Mikroscanner präsentiert, der die Spezifikationen des VGA-Standards bei einer Bildwiederholrate von 60 Hz erfüllt. Als MEMS-Scanner kommt ein Bauteil des *Fraunhofer IPMS* zum Einsatz. *Klose* [15] hat den Entwurfsraum der zugrunde liegenden Mikroscannertechnologie modelliert. Demnach können Mikroscanner gefertigt werden, die den SVGA-Grafikstandard (800x600 Bildpunkte) darstellen, nicht jedoch den höher auflösenden HDTV-Grafikstandard. Dabei ist die durch hochfrequente Schwingung der schnellen Achse verursachte dynamische Deformation des Spiegels der limitierende Faktor. Bei gleicher Auflösung muss die Scanfrequenz doppelt

[1] Electronics Laboratories Lausanne

resonanter 2D-Mikroscanner gegenüber hybriden quasistatisch-resonanten Scannern um ca. den Faktor $\pi$ erhöht werden (vergleiche [21] mit Anhang A). Die maximale erzielbare Auflösung wird daher durch das Antriebsprinzip der langsamen Achse eingeschränkt.

## 2.2 Elektrostatisch-resonante Fraunhofer-IPMS-Mikroscanner

Nachfolgend werden der Aufbau und die Funktionsweise elektrostatisch-resonanter *Fraunhofer-IPMS*-Mikroscanner näher beschrieben. Sie können als 1D- bzw. als 2D-Mikroscanner ausgeführt werden. Ein 2D-Mikroscanner entsteht durch kardanische Anordnung zweier 1D-Kippspiegelaktoren (siehe Abb. 1.2). Die einzelnen mechanischen Strukturelemente des Kippspiegelaktors werden auf einem BSOI-Substrat (engl.: Bonded Silicon on Insulator) in der mechanischen Funktionsschicht aus einkristallinem Silizium gefertigt und durch DRIE vertikaler Gräben freigesetzt.

Die Grundstruktur eines Kippspiegelaktors besteht aus einer Spiegelplatte, die über Torsionsfederelemente in einem Rahmen verankert ist. Der schematische Aufbau eines resonanten *Fraunhofer-IPMS*-1D-Mikrospiegelaktors ist in Abb. 2.1 gezeigt. Die Spiegelmechanik und die am Spiegel angebrachten Kammelektroden sind durch Gräben

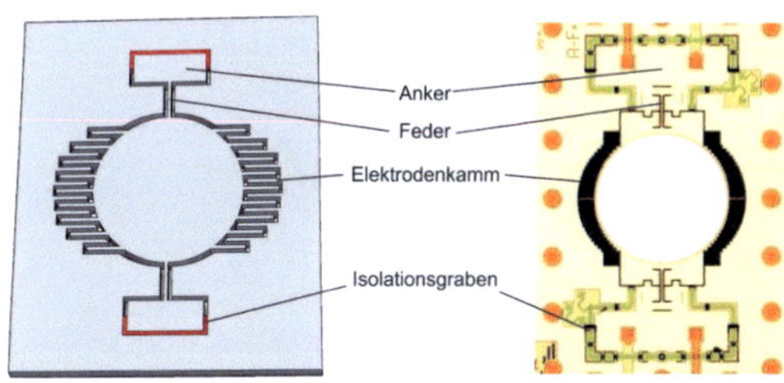


Abbildung 2.1: a) Schematische Darstellung eines 1D-Mikroscanners und b) Ausschnitt eines Chip-Fotos nach [5]

in der frei stehenden Funktionsschicht des BSOI-Substrats ausgebildet. Elektrische Potentiale werden in dieser durch offene Gräben getrennt. An Stellen, an denen eine stoffschlüssige Verbindung notwendig ist, sind diese mit $SiO_2$ verfüllt. Die einzelnen Potentialgebiete des Mikroscanners können über Aluminium-Leitbahnen, die mit $SiO_2$ abisoliert sind, kontaktiert bzw. überbrückt werden.

### 2.2.1 Elektrostatische Kräfte und Momente

Das bei den resonanten *Fraunhofer-IPMS*-Mikroscannern zur Anregung der resonanten mechanischen Schwingung genutzte elektrostatische Antriebsprinzip geht auf den *Coulomb*-Effekt zurück. Dieser beschreibt, die wechselwirkende Anziehung zweier, durch einen Abstand getrennter elektrischer Elementarladungen. Durch die Unterbringung gegenpoliger Ladungen auf einem flexibel gelagerten Elektrodenpaar kann die gegenseitige Anziehung der Elektroden als Antrieb genutzt werden. Im Falle der resonanten *Fraunhofer-IPMS*-Mikroscanner sind die elektrostatischen Antriebe als planare Kammelektroden (siehe Abb. 2.1) ausgeführt.

Die auf die Elektrodenanordnung wirkende und aus der Summe der elementaren *Coulomb*-Kräfte resultierende elektrostatische Kraft $\vec{F}_{el}$ lässt sich mit Hilfe der Kapazität $C$ darstellen. Über die elementaren Zusammenhänge

$$d\vec{F}_{el} = \vec{E}dQ, \tag{2.1}$$

$$\vec{E} = \frac{dU}{d\vec{q}} \tag{2.2}$$

und

$$dQ = CdU \tag{2.3}$$

folgt bei konstanter Elektrodenspannung $U$:

$$\vec{F}_{\mathrm{el}} = \frac{1}{2} \cdot \frac{dCU^2}{d\vec{q}}. \tag{2.4}$$

Hierbei ist $Q$ die Ladung der Kondensatorflächen mit Kapazität $C$, $\vec{E}$ der elektrische Feldvektor des umgebenden Feldraums, $U$ die elektrische Spannung zwischen den Elektrodenflächen und $\vec{q}$ der Vektor der Elektrodenverschiebung.

Es ist zu beachten, dass im dreidimensionalen Raum, drei translatorische und drei rotatorische Elementarverschiebungen möglich sind. Entsprechend handelt es sich nach Gl. 2.4 für jene Komponenten von $\vec{F}_{\mathrm{el}}$ um Momente, für die die entsprechende Komponente von $\vec{q}$ eine Rotationsverschiebung darstellt. Für die planparallelen Elek-

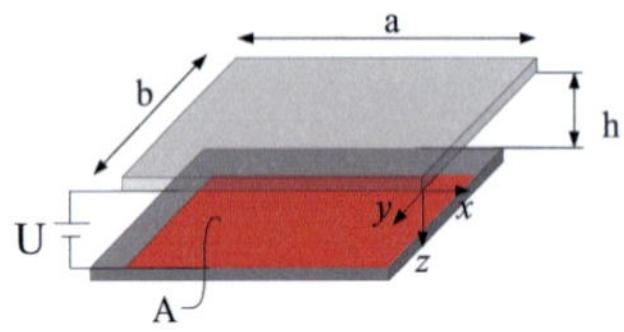


Abbildung 2.2: Schema einer Plattenkondensatorkonfiguration

troden eines Plattenkondesators, mit der rechteckigen Projektionsfläche $A = (a-x) \cdot (b-y)$ kann die Kapazität $C$ des Plattenkondensators, unter der Voraussetzung, dass der Elektrodenabstand $d = h - z$ gegenüber $A$ klein ist, mit guter Näherung durch

$$C(x,y,z) = \varepsilon \cdot \frac{A}{d} = \varepsilon \frac{(a-x) \cdot (b-y)}{h-z} \tag{2.5}$$

angegeben werden. Unter Berücksichtigung der elementaren, translatorischen Verschiebungen lauten die Komponenten der elektrostatischen Kraft $\vec{F}_{\mathrm{el}}$ für den in Abb. 2.2 gezeigten Plattenkondensator:

$$\vec{F}_{\mathrm{el}} = \frac{1}{2} \cdot \nabla CU^2 = \frac{\varepsilon}{2} \cdot \begin{pmatrix} -\frac{(b-y)}{(h-z)} \\ -\frac{(a-x)}{(h-z)} \\ \frac{(a-x)\cdot(b-y)}{(h-z)^2} \end{pmatrix} \cdot U^2. \tag{2.6}$$

## 2.2.2 Spiegelschwingung

Die über Torsionsfedern gelagerte und fluidisch gedämpfte Spiegelmasse stellt ein schwingfähiges mechanisches System dar. Dieses wird durch elektrostatische Elektrodenkräfte zu einer resonanten Schwingung angeregt. Die resultierende Spiegelverkippung, die um die Längsachse der Federaufhängungen erfolgt, wird mit dem Kippwinkel $\Theta$, die Amplitude der resonanten Spiegelschwingung mit $\hat{\Theta}$ ausgedrückt.

**Differentialgleichung der Spiegelkippbewegung:** Wird für kleine mechanische Auslenkwinkel von linearen Zusammenhängen für die Federkennlinie und die Dämpfung ausgegangen, so lässt sich die Bewegungsgleichung der Spiegelkippbewegung schreiben als:

$$J\ddot{\Theta} + \bar{d}\dot{\Theta} + k\Theta = M_{\mathrm{el}}(\Theta, U). \tag{2.7}$$

Die Massenträgheit des Spiegels wird durch das Massenträgheitsmoment $J$ ausgedrückt. $\bar{d}$ ist die gemittelte fluidische Dämpfungskonstante und $k$ die Torsionsfedersteifigkeit der Federelemente. Sind das Dämpfungs- und Antriebsmoment gegenüber dem Feder- und Trägheitsmoment vernachlässigbar, so ergibt sich die Näherungslösung für Gl. 2.7 in Form einer harmonischen Schwingung:

$$\Theta(t) = \hat{\Theta} \cdot \sin(\Omega_0 \cdot t + \alpha) \tag{2.8}$$

mit

$$\Omega_0 = \sqrt{\frac{k}{J}}. \tag{2.9}$$

Das elektrostatische Antriebsmoment $M_{el}$ kann entsprechend Gl. 2.4 beschrieben werden. Die Kapazität der Kammelektroden und somit $M_{el}(\Theta)$, sind nichtlineare Funktionen der Auslenkung $\Theta$, so dass sich Gl. 2.7 nur in wenigen Sonderfällen geschlossen analytisch lösen lässt. Die maximale Kapazität ergibt sich für $C_{\max} = C(\Theta = 0)$. Das elektrostatische Moment wirkt stets in Richtung größer werdender Kapazität. Für $|\Theta| > 0$ nimmt die Kapazität ab und es resultiert ein zur Ruhelage rücktreibendes elektrostatisches Moment und somit ist $M_{\mathrm{el}}(0) = 0$.

**Elektrostatische Energieeinkopplung:** Bleibt die Antriebsspannung während einer Schwingungsperiode mit Amplitude $\hat{\Theta}$ eingeschaltet, so wird in den Auslenkungsintervallen $[\hat{\Theta}, 0]$ und $[-\hat{\Theta}, 0]$ jeweils die elektrische Energie $\Delta E$ in Form mechanischer Arbeit in das System eingekoppelt. In den Auslenkungsintervallen $[0, \hat{\Theta}]$ und $[0, -\hat{\Theta}]$ wird diese mit

$$\Delta C = C(0) - C(\pm\hat{\Theta}), \tag{2.10}$$

$$\Delta E = \Delta C U^2 \tag{2.11}$$

wieder ausgekoppelt.

**Resonante Schwingung und Betriebsmodi:** Um dem System ein Maximum an mechanischer Energie zuzuführen, muss die Antriebsspannung mit der Spiegelspannung so synchronisiert werden, dass für $[0, \hat{\Theta}]$ und $[0, -\hat{\Theta}]$ die Elektrodenspannung $U = 0$ und damit $M_{el} = 0$ ist. Es wird dann von einem **Closed-loop**-Betriebsmodus gesprochen. Es ergibt sich, wie in Abb. 2.3 gezeigt, für die Steuerspannung eine Schaltfrequenz $f_{\sqcap}$, die der doppelten Schwingungsfrequenz des Spiegels entspricht. Der Spiegel schwingt mit der mechanischen Eigenfrequenz der Spiegelkippmode $f_0 = \sqrt{\frac{k}{J}}$. Eine solche Synchronisation kann z.B. durch kapazitive, optische oder piezoresistive Detektierung des Nulldurchgangs erfolgen.

Da im idealsymmetrischen System das elektrostatische Moment in der Ruhelage verschwindet, muss bei den bisherigen Betrachtung zur Erklärung der resonanten Energieeinkopplung angenommen werden, dass der Spiegel bereits aus seiner Ruhelage ausgelenkt wurde bzw. schwingt. Tatsächlich reichen jedoch kleinste Unsymmetrien, die z. B. in der Lithographie entstehen, um das System bei geeignetem Frequenzverhältnis von Spiegelfrequenz zu Antriebsfrequenz im synchronisierten Betrieb anschwingen zu lassen.

Eine weitere Möglichkeit der Schwingungsanregung ohne Synchronisierung der Schaltfrequenz wurde durch *Ataman* [22, 23, 24] und *Klose* [15] theoretisch untersucht. Werden der Kapazitätsverlauf mit einem Polynom

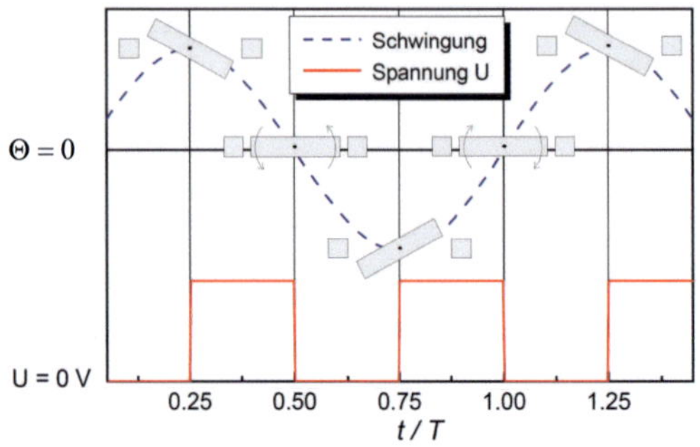


Abbildung 2.3: Spiegelschwingung und synchronisierte Elektrodenspannung nach [5]

dritter Ordnung und die Steuerspannung mit einem Kosinus angenähert, kann Gl. 2.7 in eine nichtlineare *Mathieu*-Gleichung überführt werden [15]. Wird die nichtlineare *Mathieu*-Gleichung linearisiert, so ergeben sich im Rahmen der *Floquet*-Theorie [25] für bestimmte Parameterkombinationen Instabilitäten in der mechanischen Ruhelage [22, 23, 24]. Mit diesen als *parametrische Resonanz* bezeichneten Instabilitäten lässt sich das Anschwingverhalten erklären. Es kommt spontan zur Schwingung. Bei dieser Art der unsynchronisierten Anregung lassen sich die Schwingungsfrequenz und die Amplitude in einem begrenzten Bereich einstellen. Man spricht von einem *Open-loop*-Betriebsmodus. Eine weitere wesentliche Eigenschaft open-loop betriebener resonanter Mikroscanner ist die *Hysterese* [14]. Sie beschreibt die Richtungsabhängigkeit der frequenzabhängigen Amplitude beim Durchlaufen eines Frequenzbandes. Die Hysterese konnte durch *Klose* [15] durch Umformung der nichtlinearen *Mathieu*-Gleichung mit Hilfe der *zwei-Zeiten-Methode* durch die *Floquet*-Theorie [25] erklärt werden.

**Schwingungsamplitude im eingeschwungenen Zustand:** Im eingeschwungenen Zustand wird die Amplitude $\hat{\Theta}$ durch die Dämpfung begrenzt. Die zweimal pro Periode zugeführte Antriebsenergie $\Delta E$ wird also vollständig durch die Dämpfungsarbeit $W_d$ dissipiert. Es ergibt sich aus der Energiebilanz einer Schwingungsperiode:

$$2\Delta E + W_{\mathrm{d}} = 0, \tag{2.12}$$

$$2\Delta C U_{\sqcap}^2 - 2\bar{d}\int_{-\hat{\Theta}}^{+\hat{\Theta}} \dot{\Theta} d\Theta = 0. \tag{2.13}$$

Wird eine periodische Schwingung nach Gl. 2.8 angesetzt, so lautet die Winkelgeschwindigkeit mit $\alpha = 0$ ohne Beschränkung der Allgemeinheit $\dot{\Theta} = \hat{\Theta}\Omega_d \cdot \cos(\Omega_d t)$. Durch Substitution mit $d\Theta = \dot{\Theta}dt$ und Anpassung der Integrationsgrenzen $[-\hat{\Theta}, \hat{\Theta}]$ mit der Periode $T = \frac{2\pi}{\Omega_d}$ hin zu $[-T/4, T/4]$ ergibt sich durch Integration und anschließendes Umstellen nach der Schwingungsamplitude:

$$\hat{\Theta} = \sqrt{\frac{\Delta C}{\pi d \Omega_d}} \cdot U_{\sqcap}. \tag{2.14}$$

### 2.2.3 Fertigungsprozess *AME75*

Die Fertigung eines *Fraunhofer-IPMS*-Mikroscanners, wie er in Abb. 2.1 schematisch gezeigt ist, erfolgt in Oberflächenmikromechanik nach dem in Abb. 2.4 abgebildeten *AME75*[2]-Fertigungsprozess. Ausgangsmaterial für die

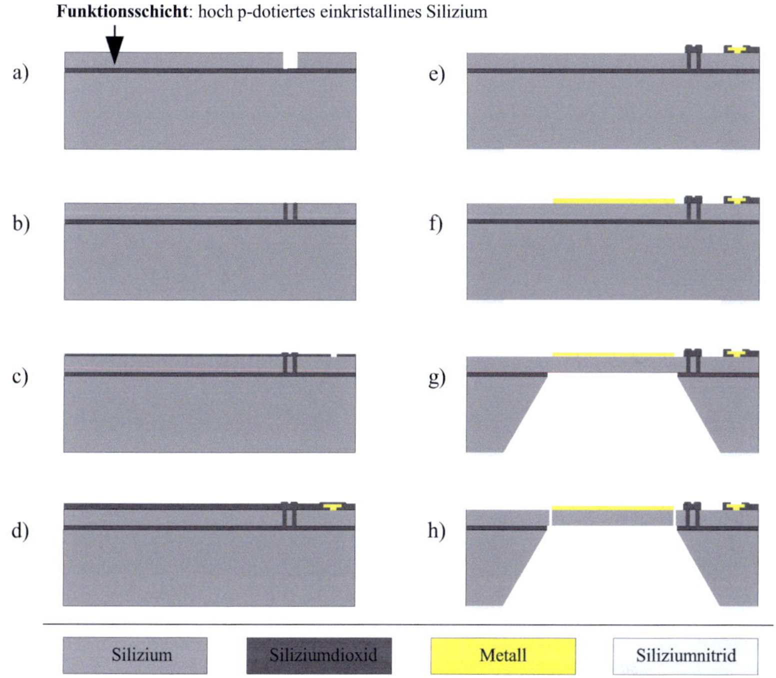


Abbildung 2.4: Prozessschema für die Fertigung resonanter Mikroscanner mit dem *AME75*-Prozess. a)-c) Fertigung vertikaler Siliziumdioxid-Mehrfachisolationsschichten. c)-e) Erzeugung metallischer Leitbahnen und der Bondpads, f) Aufbringen der Al-Verspiegelung, g) Ätzen der Rückseitengrube und h) Freisetzen der mechanischen Struktur.

Fertigung des resonanten Mikroscanners ist ein BSOI-Substrat mit einer hoch p-dotierten[3] Funktionsschicht aus einkristallinem Silizium. Die Waferoberfläche liegt parallel zur 100-Ebene der Orientierung des Silizium-Kristalls in der Funktionsschicht. Der Prozess beginnt mit der RIE-Ätzung der Justiermarken in die Funktionsschicht. Teilbild a) zeigt den Wafer nach der DRIE-Ätzung für die Herstellung gefüllter, ca. 1 $\mu$m breiter Isolationsgräben. Diese dienen zur Trennung der verschiedenen elektrischen Potentialgebiete auf dem Bauteil. Die Grabenstruktur wird zunächst lithographisch in eine vorher aufgebrachte Lackschicht übertragen. Aus dieser entsteht durch Ent-

[2] Aktor-Mechanisch-Elektrostatisch, 75 $\mu$m dicke Silizium-Funktionsschicht

[3] Wird benötigt um die Silizium-Funktionsschicht elektrisch leitfähig zu machen.

wicklung des Photolacks die Ätzmaske. Die DRIE-Ätzung wird auf der vergrabenen Oxidschicht gestoppt und die Lackmaske anschließend, wie auch die Reste der DRIE-Seitenwandpassivierung, im Sauerstoffplasma entfernt.

Über eine feuchte thermische Oxidation b) bei 960 $^{\circ}C$ wird auf der gesamten Waferoberfläche und den Seitenwänden eine 180 nm dicke $SiO_2$-Schicht erzeugt. Nun wird auf das Substrat eine LPCVD-Polysiliziumschicht aufgebracht, welche die Gräben verfüllt. Die Herstellung der Isolationsgräben wird durch chemisch-mechanisches Polieren (CMP) sowie mit einem Bad des Substrats in gepufferter HF-Lösung (BOE) zur Entfernung von Oxidresten auf der Substratoberfläche abgeschlossen.

In den Prozessphasen c)-e) werden metallische Leitbahnen und Bondpads erzeugt. Zunächst wird eine 650 nm dicke, undotierte dielektrische PE-USG Schicht abgeschieden, die die späteren Leitbahnen elektrisch vom Substrat trennt. Über geätzte Kontaktfenster im PE-USG können mit einer Metallisierung die darunter liegenden Potentialgebiete erschlossen werden. Im Prozesschritt e) wird auf der Vorderseite eine 1.2 $\mu$m dicke $AlSi_{1.0\%}Cu_{0.5\%}$-Schicht zur Erzeugung der Leitbahnen und darauf eine 40 nm dicke Antireflexionsschicht aus $TiN$ abgeschieden. Die Strukturierung der Leitbahnen erfolgt mit RIE und die Leitbahnen werden mit einer 400 nm dicken PE-USG-Schicht passiviert. Nicht benötigtes PE-USG wird anschließend mit RIE entfernt und die Bondpads werden freigelegt. Anschließend wird die Ätzung der Rückseitengrube vorbereitet. Zur Verringerung der Ätzdauer wird das rückseitige Silizium des BSOI mittels mechanischen Schleifens von 760 $\mu$m auf 430 $\mu$m abgedünnt. Der durch den Schleifprozess an der Oberfläche bis in eine Tiefe von 20 $\mu$m geschädigte Siliziumkristall wird durch eine Entspannungsätzung abgetragen und anschließend mittels CMP behandelt. Nun wird auf die Rückseite eine PE-USG-Hartmaske mit einer Schichtdicke von 750 nm abgeschieden. Zusätzlich wird die Rückseite mit einer 400 nm dicken PE-Nitrid-Schicht bedeckt.

Nach Abscheiden der Al-Verspiegelungsschicht f) auf die Vorderseite und deren nasschemische Strukturierung mit Fluorwasserstoffsäure (HF) kann mit der Freisetzung der Spiegelmechanik begonnen werden.

g) Auf der Vorderseite wird die Lackmaske für die DRIE-Strukturierung erzeugt und der Wafer anschließend für die TMAH-Ätzung der Rückseitengrube in eine Ätzdose eingebracht. Die Ätzung erfolgt mit einer 25-%-igen Ätzlösung bei 75 $^{\circ}C$. Die Ätzmaskenöffnung für die Rückseitengrube ist parallel der $\{110\}$-Ebenen des Silizium-Kristalls orientiert. Die $\{110\}$-Ebenen stehen senkrecht zur Oberfläche des Substrats, die in der (100)-Ebene liegt. Da in <111>-Richtung bei der TMAH-Ätzung eine deutlich höheren Ätzrate vorliegt als in <110>-Richtung, bilden sich während des Ätzvorgangs die $\{111\}$-Ebenen ab. Diese stehen unter einem Winkel von 54.7$^{\circ}$ zur (100)-Oberfläche. Mit einer Selektivität von 250 gegenüber thermischem Siliziumdioxid kommt die Ätzung der <111>-Richtung praktisch auf dem vergrabenen Oxid zum Stoppen. Das thermische Oxid wird in der Grube mittels BOE-Lösung entfernt.

Nun wird die Rückseite zur mechanischen Stabilisierung bei der DRIE-Ätzung mit einer 1 $\mu$m dicken Aluminiumschicht bedampft. Durch die DRIE-Ätzung können 2-20 $\mu$m tiefe Gräben in die 75 $\mu$m starke Oberseitensiliziumschicht geätzt werden. Die Ätzung stoppt auf der Rückseitenaluminiumschicht in der Grube bzw. außerhalb dieser auf der vergrabenen Oxidschicht. Zum Schutz der Vorderseite während der nasschemischen Entfernung des Rückseitenaluminiums wird die Vorderseite mit einer Lackschicht versehen. Nach Entfernung der Schutzlackschicht mit Aceton und anschließender Reinigung in Isopropanol ist die Wafer-Fertigung abgeschlossen und die Scheiben werden der Endkontrolle zugeführt.

Vor der Vereinzelung der Chips werden die Scheiben zum Schutz der empfindlichen mechanischen Strukturen und optische Oberflächen vor mechanischen Schäden und Verunreinigung auf der Vorderseite belackt. Die Scheiben werden mit der Rückseite auf Sägefolie aufgebracht und die Bauteile durch Sägen vereinzelt. Der entstehende

Sägeschlamm wird von der Lackoberfläche mit einem Wasserstrahl abgewaschen und die Scheibe nach dem Sägen mit einem Schwamm gereinigt. Anschließend wird der Schutzlack in einem Sauerstoffplasma entfernt.

## 2.3 Elektrostatisch-quasistatische Kippspiegelaktoren

### 2.3.1 Aufbau und Funktionsweise

Der strukturelle Aufbau elektrostatisch-quasistatischer Kippspiegelaktoren gleicht dem resonanter Kippspiegelaktoren. Unterschiede ergeben sich jedoch in Bezug auf die Ausformung der Antriebselektroden und gegebenenfalls durch die Anzahl elektrostatischer Antriebe pro Kippachse. Bei resonanten Kippspiegelaktoren mit planaren Kammelektroden wirkt das Antriebsmoment in Richtung der mechanischen Ruhelage (NN). Das bei Auslenkung auftretende mechanische Rückstellmoment kann nicht durch den Antrieb ausgeglichen werden, so dass keine quasistatische Auslenkung des Spiegels möglich ist. Für quasistatische Aktoren muss das Antriebsmoment daher aus der Ruhelage heraus wirken. Da elektrostatische Antriebskräfte und -momente stets in Richtung einer Kapazitätssteigerung wirken, müssen die Elektroden bei Verkippung des Spiegels und damit bei einer zur mechanischen Funktionsschicht senkrechten Bewegung der Elektroden, eine Erhöhung der Antriebskapazität zur Folge haben. Daher kommen **vertikale Elektroden** zum Einsatz, bei denen entweder die stationäre oder die bewegte Elektrode in der mechanischen Funktionsschicht liegt und die jeweils andere in einer Ebene, die durch Verkippung des Spiegels eine Erhöhung der Kapazität erzeugt.

Der Sachverhalt ist schematisch in Abb. 2.5 anhand eines Spiegelaktors mit Rückseitenelektrode dargestellt. Es wird deutlich, dass die Kraft- bzw. Momentenwirkung entsprechend der Elektrodenanordnung gerichtet ist. Soll

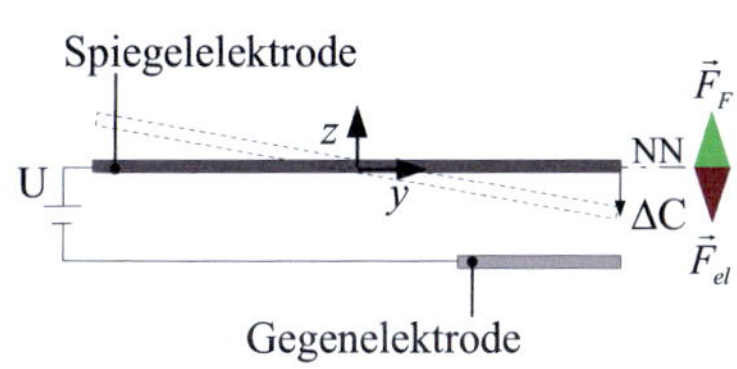


Abbildung 2.5: Grundschema einer quasistatischen Elektrodenkonfiguration

ein Kippspiegel also positiv und negativ verkippt werden, so ist eine zweite, separat ansteuerbare Elektrodenkonfiguration erforderlich, die in der zur ersten entgegengesetzten Richtung eine Kraftwirkung erzielt.

**Differentialgleichung elektrostatisch-quasistatischer Kippspiegelaktoren:** Die Differentialgleichung der Kippbewegung mit dem mechanischen Kippwinkel $\Theta$ kann unter Berücksichtigung der genannten Besonderheiten elektrostatisch-quasistatischer Kippspiegelaktoren analog zu Gl. 2.7 angegeben werden:

$$J\ddot{\Theta} + d\dot{\Theta} + k\Theta = M_{\mathrm{el},1}(\Theta, U_1) + M_{\mathrm{el},2}(\Theta, U_2). \tag{2.15}$$

Als Konvention wird in dieser Arbeit angenommen, dass der Index 1 des elektrostatischen Moments $M_{\mathrm{el},1}$ in mathematisch negative Richtung der Kippachse wirkt und der Index 2 in positive Richtung. $U_1$ und $U_2$ sind die zugehörigen elektrischen Spannungspotentiale.

**Quasistatischer Betriebsmodus:** Die elastischen Spiegelaufhängungen eines MEMS-Spiegels sorgen bei einer Auslenkung $\Theta$ für mechanische Rückstellmomente. Ein quasistatischer Mikroscanner ist in der Lage, diese durch ein elektrostatisches Gegenmoment auszugleichen. Ist das System eingeschwungen, also die durch eine Spannungsänderung angeregte Eigenschwingung des Systems abgeklungen ($\ddot{\Theta} = \dot{\Theta} = 0$), so bildet sich entsprechend Gl. 2.15 ein elektromechanisches Gleichgewicht. Das System wird als **quasistatisch** bezeichnet:

$$k\Theta = \frac{1}{2} \cdot \frac{dC}{d\Theta} \cdot U^2. \tag{2.16}$$

**Energieeinkopplung:** Zur Verkippung des Spiegels ist mechanische Arbeit $W_\mathrm{m}$ an den Federaufhängungen des Spiegels zu verrichten:

$$W_\mathrm{m} = k \cdot \int \Theta d\Theta = \frac{k(\Delta\Theta)^2}{2}. \tag{2.17}$$

Die aufzubringende Energie hängt quadratisch vom Auslenkwinkel $\Theta$ ab. Sie muss durch den Antrieb in Form elektrischer Energie $\Delta E$ zugeführt werden. Die durch Ladungsseparation mechanisch in einem Plattenkondensator gespeicherte elektrische Energie ist:

$$\Delta E = \frac{\Delta C U^2}{2}. \tag{2.18}$$

**Quasistatischer Auslenkwinkel bzw. (inverse-) / elektromechanische Gleichgewichtskennlinie:** Für den statischen Gleichgewichtszustand existiert eine feste Korrelation zwischen Auslenkwinkel $\Theta$ und der Antriebsspannung $U$, die aus dem am Spiegel wirkenden statischen Momentengleichgewicht Gl. 2.16 resultiert. Diese Korrelation wird durch die elektromechanische Gleichgewichtskennlinie (**EQ**),

$$\mathbf{EQ}(U) : \Theta_{EQ} = \frac{1}{2k} \cdot \frac{dC(\Theta_{EQ})}{d\Theta} \cdot U_{EQ}^2 \tag{2.19}$$

bzw. die inverse Elektromechanische Gleichgewichtskennlinie ($\mathbf{EQ}^{-1}$),

$$\mathbf{EQ}^{-1}(\Theta) : U_{EQ} = \sqrt{\frac{2k\Theta_{EQ}}{\frac{dC(\Theta_{EQ})}{d\Theta}}} \tag{2.20}$$

beschrieben. Vorausgesetzt, die Spiegelschwingung klingt schnell gegenüber der zeitlichen Änderung der Spannung ab, kann, wie aus Gl. 2.19 ersichtlich, ein beliebiger Auslenkungsverlauf quasistatisch durchfahren werden. Der entsprechende Spannungsverlauf lässt sich dann aus $\mathbf{EQ}^{-1}$ ermitteln. Anderenfalls ergibt sich die Schwingung des System durch Lösung der Differentialgleichung 2.15. Zur Einstellung eines bestimmten zeitlichen Auslenkungsverlaufs müssen dann Methoden der Regelung zum Einsatz gebracht werden, die die Steuerspannung in Abhängigkeit vom Sollwinkel $\Theta_{soll}$ so anpassen, dass der Kippspiegel bei Spannungsänderung nicht überschwingt.

### 2.3.2 Ausführungsbeispiele vertikaler Kammelektroden und deren Fertigung

Im Vergleich zu Vorder- bzw. Rückseitenelektroden bieten vertikale Kammantriebe einige Vorteile. So wird einerseits die Kippbewegung des Spiegels nicht baulich durch die Elektroden eingeschränkt. Andererseits können die Elektroden näher zueinander angeordnet werden, was bei großen Auslenkwinkeln zu geringeren Antriebsspannungen führt [26]. Zusätzlich wird durch die kammförmige Mäandrierung der senkrecht stehenden Elektrodenflächen die absolute Fläche und damit die Kapazität um den Faktor 10-20 [14] erhöht, was die erforderliche Antriebsspannung weiter absenkt. Zur Realisierung des quasistatischen Kippspiegelaktors kommen daher in dieser Arbeit ausschließlich vertikale Kammelektroden in Form von SVC[4]- und AVC[5]-Antrieben zum Einsatz. Die kleinste Einheit der periodischen Mäanderstruktur wird als **Elektrodenfinger** bezeichnet. In der Literatur finden sich verschiedene Realisierungsbeispiele vertikaler Kammantriebe. Abb. 2.8 zeigt einige exemplarische Ausführungsformen für SVC- und AVC-Antriebe. Je nach Anordnung der vertikalen Elektrodenfinger an der Antriebsachse lassen sich

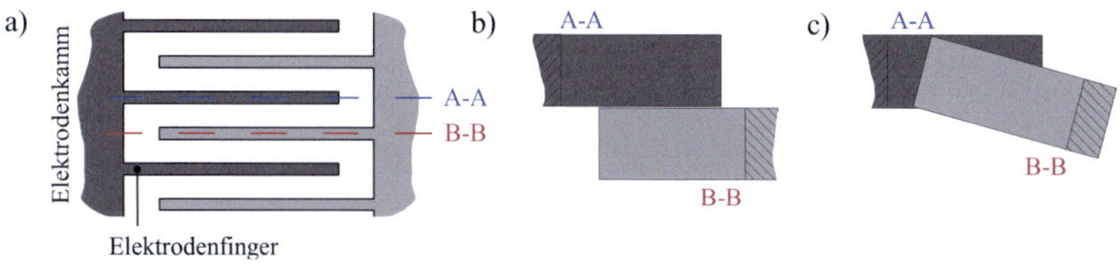


Abbildung 2.6: Schema a) eines Elektrodenkamms mit vertikal b) translatorisch verschobenen SVC- und c) abgewinkelten AVC-Gegenelektroden.

Antriebskonfigurationen, wie in Abb. 2.7 dargestellt, als x- oder y-Antriebe realisieren.

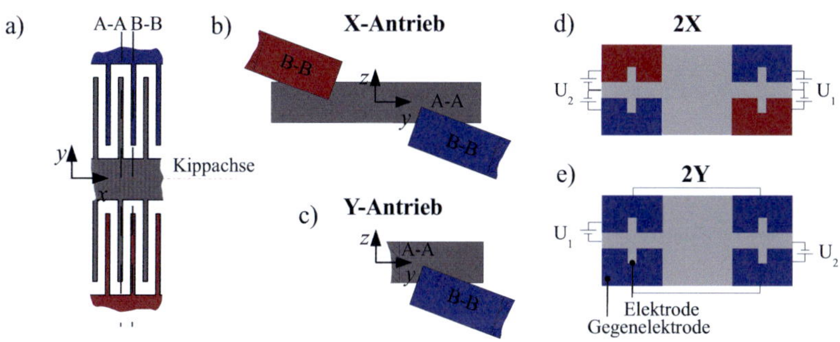


Abbildung 2.7: a) Schematische Darstellung eines Kammantriebs in der Aufsicht. Je nach Gestaltung kann dieser in Querschnitt ein b) x- bzw. c) y-Design aufweisen. Je nach Antriebsdesign ergibt sich für quasistatisch betriebene Spiegel mit zwei gegensinnig wirkenden Antrieben eine d) 2X- oder e) 2Y-Antriebskonfiguration.

*Carlen* et al. [27] fertigen SVC-Elektroden (siehe Abb. 2.8 a) und b)) in einer Kombination aus SOI-Volumenmikromechanik und Oberflächenmikromechanik. Hierzu wird auf einem SOI-Substrat zunächst ein Dünnschichtstapel aus Niedertemperatur-Siliziumoxid und Polysilizium aufgebracht. Darauf baut eine zweite mechanische Strukturebene auf, eine mittels LPCVD abgeschiedene Polysilizium-Schicht von 20 $\mu$m Dicke. Die Gräben zwischen statischen und bewegten Elektroden werden in einem DRIE-Schritt geätzt. Die Autoren erhalten so eine Selbstzentrierung von Elektrode und Gegenelektrode. In einem weiteren DRIE-Schritt wird Polysilizium in den Bereichen abgetragen, in denen die bewegten Elektrodenfinger liegen. Diese erhalten so eine geringere Höhe als

[4] engl.: staggered vertical comb
[5] engl.: angular vertical comb

die stationären Elektroden. Da mit DRIE geätzte Elektroden im Aspektverhältnis Grabenbreite zu Ätztiefe durch den Prozess beschränkt sind, hat die gleichzeitige Ätzung von Elektroden und Gegenelektroden zur Folge, dass das maximal erzielbare Aspektverhältnis für die Einzelelektroden reduziert wird. Zum Schluss wird durch eine Rückseitenätzung die mechanische Struktur freigesetzt. Ein ähnlicher Ansatz wird von *Hah* et al. [28] (Abb. 2.8

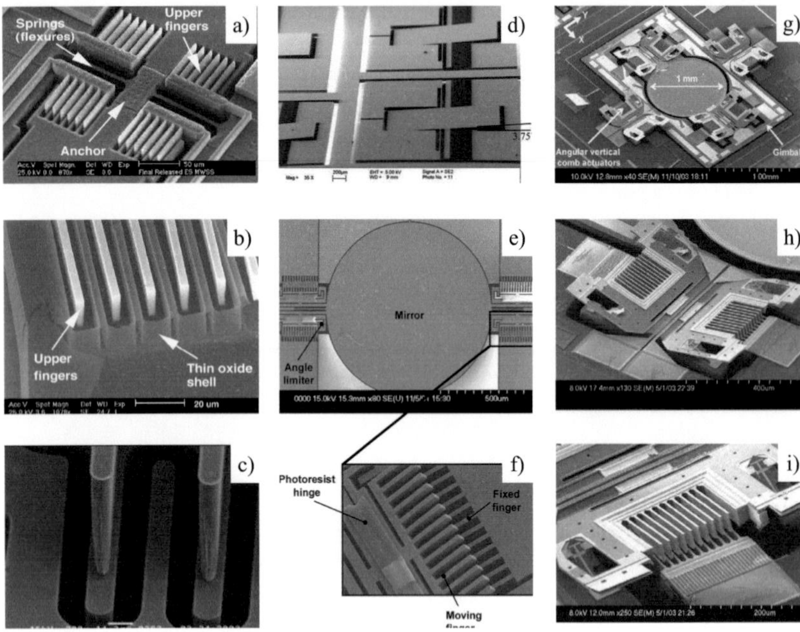


Abbildung 2.8: Auswahl an Mikrospiegeln mit vertikalen Kammantrieben. Technologiebeispiele für SVC- Antriebe in a)-b) [27], c) [28] und AVC-Antriebe in d) [29], e)-f) [30] so wie g)-i) [31] bzw. [32].

c)) verwendet. Die beiden zuletzt in Abb. 2.8 dargestellten Varianten beruhen auf Verfahren, die auf die Fertigung von SVC-Elektroden beschränkt sind. Da SVC-Elektroden bei starker Elektrodenverkippung, aufgrund der im Vergleich zu AVC-Elektroden schlechteren Elektrodenüberdeckung, geringere Antriebsmomente erzielen, stellt diese Einschränkung, in Bezug auf die durch die Zielanwendung geforderten großen Auslenkwinkel, einen prinzipiellen Nachteil dar.

Ein Ansatz zur Fertigung von AVC-Elektroden wird von *Kim* et al. [29] präsentiert. Durch Vorauslenkung der bewegten Elektroden und plastische Verformung der Torsionsfedern wird eine AVC-Konfiguration geschaffen (vgl. Abb. 2.8 d)). Zunächst werden Elektroden und Gegenelektroden gemeinsam volumenmikromechanisch auf einem SOI-Wafer gefertigt. Mit Hilfe eines Montagewafers, auf dem sich Stempelstrukturen befinden, werden auf dem Bauteil-Wafer die über Torsionselemente beweglich aufgehängten Spiegelektroden durch Ausrichtung und Zusammenpressen in einem Bondaligner vorausgelenkt. Zur Höheneinstellung der Auslenkung greifen speziell dafür vorgesehene Stempel durch Öffnung der Silizium-Funktionsschicht und stoppen auf dem darunter liegenden Siliziumdioxid. Die Auslenkung der Finger wird so über die relative, laterale Stempelposition und die Schichtdicke der mechanischen Funktionsschicht bestimmt. Damit ist die Auslenkung von lateralen Justageungenauigkeiten bei der Chip- zu Stempel-Wafer-Ausrichtung abhängig. In einem Ofen wird der Verbund auf 900 °C erhitzt und es kommt zu einer plastischen Deformation der Siliziumfedern. Die sehr hohen für die plastische Deformation der bewegten Siliziumelektroden erforderlichen Temperaturen machen das Verfahren für die Integration elektronischer Komponenten bzw. das Aufbringen hoch reflektierender Metall-Verspiegelungsschichten ungeeignet (siehe z.B. [33] und [34]).

*Fujino* et al. [35] (vgl. Abb.2.8 e)-f)) nutzen Benzocyclobuten-Streifen als plastisch deformierbare Scharniere zur Realisierung von AVC-Antrieben. Über einen Aufschmelzvorgang wird eine Materialspannung induziert, die in einer Kontraktion des Benzocyclobutenes (BCB) resultiert, so dass die bewegten Elektroden gegenüber der Spiegelebene verkippt werden. Die mechanischen Komponenten werden monolithisch in einem SOI-Substrat gefertigt und durch eine DRIE-Rückseitenätzung freigesetzt. Da mit einer über den Wafer verteilt schwankenden Schichtdicke gerechnet werden muss, erscheint die Reproduzierbarkeit einer definierten Elektrodenverkippung fraglich. Ebenfalls erscheinen vergleichsweise schwach dimensionierte BCB-Scharniere als tragende Elemente für eine hohe Anzahl an Lastwechseln ungeeignet und lassen Ermüdungserscheinungen vermuten.

Die durch *Piyawattanametha* et al. in [31] und [32] vorgestellten Technologien zur Fertigung von 2D-Kippsiegeln mit AVC-Antrieben (Abb. 2.8 g)-i)) sind auch nicht für die Zielanwendung miniaturisierter Laserprojektoren geeignet, da zur Fertigung unter anderem manuelle Fertigungsschritte erforderlich sind.

Ein auf mechanischer Vorauslenkung basierendes Verfahren zur Fertigung von vertikalen Kammelektroden wurde von *Sangwoo* et al. [36] vorgestellt. Die Fertigungsmethode erfordert das Vorhandensein von Rückseitenelektroden. Sie werden auf einem Glas-Deckelsubstrat gefertigt und durch anodisches Bonden auf der Rückseite des Silizium-Bauteilsubstrats aufgebracht. Die Rückseitenelektroden dienen zur elektrostatischen und vertikalen Vorauslenkung von Kammelektroden aus der mechanischen Fertigungsebene während des Bondvorgangs. Die Autoren zeigen in ihrer Arbeit jedoch nicht, wie die gefertigten Elektroden in einem mikromechanischen Aktor beispielsweise zur Verkippung eines Mikroscanners integriert werden können. Die in [36] gezeigten Strukturen sind zur Integration des hier vorgestellten Bauteilkonzepts eines elektrostatisch quasistaisch-resonanten 2D-Mikroscanners nicht geeignet. So ist einerseits der vertikale Hub der Kammelektroden mit 11.5 $\mu$m gegenüber der Dicke des Si-Substrats von 100 $\mu$m relativ gering, so dass Kammelektroden mit geringem vertikalen Aspektverhältnis entstehen. Andererseits besitzen die Festkörperlagerungen der Elektroden großflächige Ausdehnung, weshalb sie nicht nahe der Kippachse integriert werden können. Die genannten Eigenschaften führen bei Kippspiegelaktoren zu einer Begrenzung des quasistatischen Kippwinkels.

# Kapitel 3

# Bauteilkonzept: quasistatisch-resonanter 2D-Mikroscanner

Nachfolgend wird ein neuartiges Bauteilkonzept zur Fertigung elektrostatisch quasistatisch-resonanter 2D-Mikroscanner vorgestellt. Abschnitt 3.2 beschreibt ein neuartiges Fertigungsprinzip, dass mit einem dem *AME75*-Prozess nachgelagerten Prozess die Fertigung vertikaler Kammantriebe erlaubt. Auf diese Weise können hybride elektrostatisch-quasitatische 2D-Mikroscanner realisiert werden. Für die Umsetzung sind Festkörpermechanismen (**SBM**[1]) erforderlich, die es erlauben, durch präzise und definierte Vorauslenkung vormals planarer Elektroden und deren anschließende Fixierung, vertikale Elektroden zu formen. Die Funktionsweise und für diese Arbeit wesentlichen SBM-Grundtypen sind in Abschnitt 3.3 beschrieben.

## 3.1 Antriebskonzept

Das Antriebskonzept der in dieser Arbeit konzipierten 2D-Mikroscanner ist schematisch in Abb. 3.1 dargestellt. Für den Einsatz in miniaturisierten Laserprojektoren soll die schnelle Achse durch einen elektrostatisch-resonanten Antrieb zur Schwingung angeregt werden. Die langsame Achse wird elektrostatisch-quasistatisch betrieben. Die

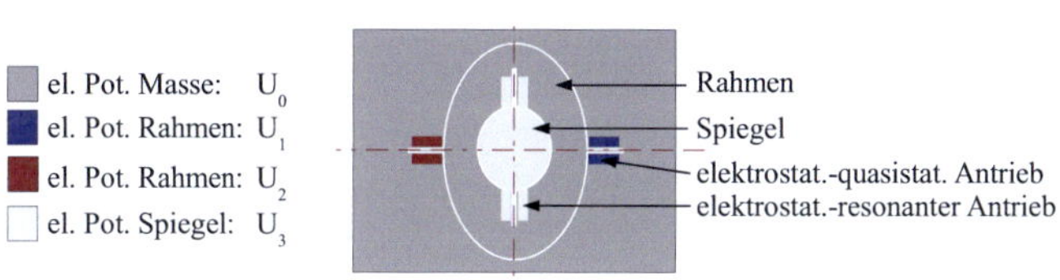


Abbildung 3.1: Schematische Darstellung des Bauteilkonzeptes eines elektrostatisch, quasistatisch-resonanten 2D-Mikroscanners

Rahmenachse erhält zwei einzeln ansteuerbare, entgegengesetzt gerichtete, quasistatische Antriebe. Dabei ist ein Antrieb für die Beschleunigung bzw. Verkippung des Rahmens in positive Richtung und der komplementäre Antrieb in negative Richtung zuständig. Das komplementäre Doppelantriebskonzept ist wie folgt motiviert:

[1] engl.: solid body mechanism

1. Bei quasistatischem Betrieb ist die verrichtete Arbeit nach Gl. 2.17 proportional zum Quadrat der Auslenkung. Bei gleicher verfügbarer Antriebsenergie kann bei einem symmetrisch zur mechanischen Ruhelage angeordneten Auslenkungsbereich im Vergleich zu einer einseitigen Auslenkung, nach Gl. 2.18 und Gl. 2.19, eine um den Faktor $\sqrt{2}$ vergrößerte Gesamtauslenkung erzielt werden. Bei gleichgroßer Gesamtauslenkung hingegen halbiert sich die erforderliche Antriebsenergie für einen symmetrisch zur mechanischen Ruhelage angeordneten Auslenkungsbereich. Somit ist es sinnvoll den Mikroscanner so zu entwerfen, dass der Auslenkungsbereich symmetrisch zur mechanischen Ruhelage angeordnet ist. Da sich die Wirkungsrichtung eines vertikalen Kammantriebs nicht umkehren lässt, werden zur technischen Realisierung zwei Kammantriebe mit entgegengesetzter Wirkungsrichtung benötigt.

2. Der zur Auslenkung gegensinnig wirkende Aktor kann bei Rückschwingen in die Ruhelage zusätzlich Energie einkoppeln und die Reaktionsgeschwindigkeit des Systems erhöhen.

3. Der quasistatisch angetriebene bewegte Spiegel-Rahmen kann in positive und negative Richtung beschleunigt werden und Überschwingen aktiv mittels Regelung reduziert werden.

## 3.2 Fertigungskonzept

Die volumenmikromechanische Fertigung resonanter *Fraunhofer-IPMS*-Mikroscanner ist in Abschnitt 2.2.3 beschrieben. Auf diesem Prozess basierend, kann, wie nachfolgend erläutert, das neuartige Bauteilkonzept für quasistatisch-resonante 2D-Mikroscanner, unter Verwendung geeigneter Deckelsubstrate, mit einem Post-Prozess realisiert werden.

Hierzu werden zwei Wafer separat gefertigt. Der erste Wafer enthält die Spiegelmechanik (**Spiegel-Wafer**). Der zweite Wafer ist als **Deckel-Wafer** konzipiert. Er enthält Aperturöffnungen und Stempelstrukturen. Die Mechanik des Spiegelwafers wird so ausgelegt, dass die stationären Elektroden der Rahmen-Achse über Festkörpermechanismen flexibel gelagert sind. Gleichzeitig wird die Funktionsschicht im Randbereich des Bauteils mit rechteckigen Öffnungen versehen, so dass Stempelstrukturen auf das darunter liegende Siliziumdioxid aufsetzen können.

Nach Abschluss der Einzelfertigung werden die beiden Wafer in einem Bond-Aligner ausgerichtet, aufeinandergepresst und über ein Bondverfahren fest miteinander verbunden. Durch das Aufeinanderpressen der Wafer drücken einzelne hierfür vorgesehene Stempel auf spezielle Bereiche der Festkörpermechanismen und lenken diese aus. Die Auslenkung setzt den Festkörpermechanismus in Gang und hebt die planar gefertigten, stationären Elektroden aus der Fertigungsebene. Die Führungstrajektorie ist dabei durch den Festkörpermechanismus definiert. Der Bondvorgang selbst fixiert Festkörpermechanismen und Elektroden in der zuvor ausgelenkten Position. Das Fertigungsprinzip ist schematisch in Abb. 3.2 dargestellt. Die Fertigung des Bauteils, insbesondere der Deckelwafer-Technologie, und der Bondprozess werden detailliert in Kap. 6 beschrieben.

## 3.3 Festkörpermechanismen für die Fertigung vertikaler Elektroden

Das in Abschnitt 3.2 beschriebene Fertigungsprinzip erfordert die Fertigung von Festkörpermechanismen. Die SBMs übernehmen einerseits die definierte und präzise Führung der stationären Elektroden während der Vorauslenkung und garantieren andererseits nach Fixierung durch den Wafer-Bond-Prozess ein feste Verankerung der stationären Elektroden. Im Rahmen der Getriebelehre werden diese Funktionen durch mechanische Getriebe bzw.

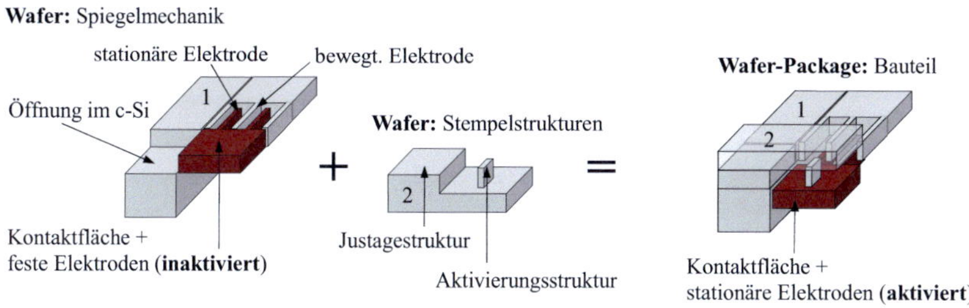


Abbildung 3.2: Schema zum Aufbau von Mikrospiegeln mit vertikalen Elektroden durch Bonden 2D-strukturierter Substrate

Mechanismen erfüllt. Hierbei werden als steif betrachtete Getriebeglieder (Hebel, Kurvenscheiben etc.) durch Drehgelenke verbunden. Eine einfaches Getriebeglied ist schematisch in Abb. 3.3 a) gezeigt. Die Trajektorie eines Getriebeglieds kann rein geometrisch beschrieben werden. Entsprechende Analyse- und Synthesemethoden werden durch die Getriebelehre bereitgestellt (siehe z.B. [37]).

Bei der volumenmikromechanischen Fertigung von Festkörpermechanismen ist die Herstellung freier Drehgelenke nicht möglich. Ein Dreh-Freiheitsgrad muss über die Flexibilität der Struktur selbst gegeben sein. Hierbei kann von einem Drehgelenk gesprochen werden, wenn die Verformungsenergie bzw. Weichheit einer Geometrie bei Verdrillung entlang einer Vorzugsachse gering gegenüber allen übrigen Verformungszuständen des selben Elements ist. Ein solches Festkörpergetriebeglied (Abb. 3.3 b)) zeigt eine ähnliche kinematische Übersetzung wie ein klassisches Getriebeglied.

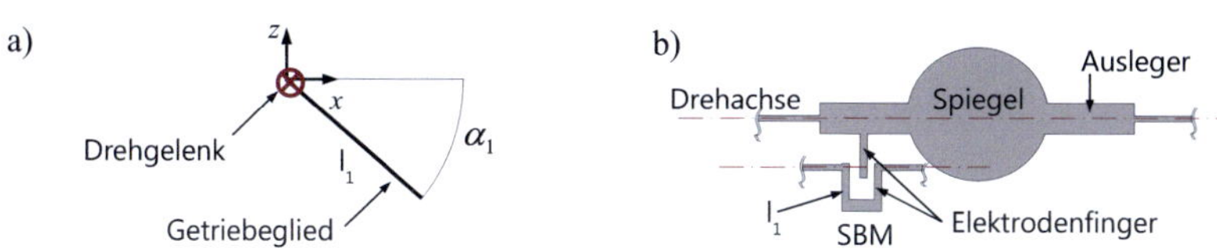


Abbildung 3.3: Schematische Darstellung eines Einzelgetriebeglieds mit Drehgelenk a) in Seitenansicht und b) in der Aufsicht als Festkörpermechanismus zur Auslenkung von stationären abgewinkelten Elektrodenkämmen (AVC) umgesetzt

Durch geschickte Anordnung eines einzelnen Getriebeglieds kann, wie in Abb. 3.3 b) gezeigt, eine planare Elektrode so ausgelenkt werden, dass eine abgewinkelte AVC-Elektrode entsteht. Auf diese Art erzielbare Elektrodengeometrien sind jedoch von ihrer Momentenwirkung nicht optimal. Da das Drehgelenk des Spiegels aus baulichen Gründen in der Regel parallel zur Kippachse des Spiegels liegen muss, lässt sich im ausgelenkten Zustand nur eine relativ geringe Überdeckung der stationären und bewegten Elektrodenflanken und damit eine geringe Kapazität erzielen.

Höhere Wirkungsgrade sind möglich, wenn die stationären Elektroden als zentrierte AVC-Elektroden (CAVC) um die Kippachse des Spiegels gedreht oder als SVC-Elektroden parallel zu den bewegten Elektroden angeordnet werden. Hierzu sind höhere Mechanismen erforderlich. Eine schematische Darstellung solcher höheren Mechanismen ist in Abb. 3.4 gezeigt. Beim Entwurf von Festkörpermechanismen muss außerdem berücksichtigt werden,

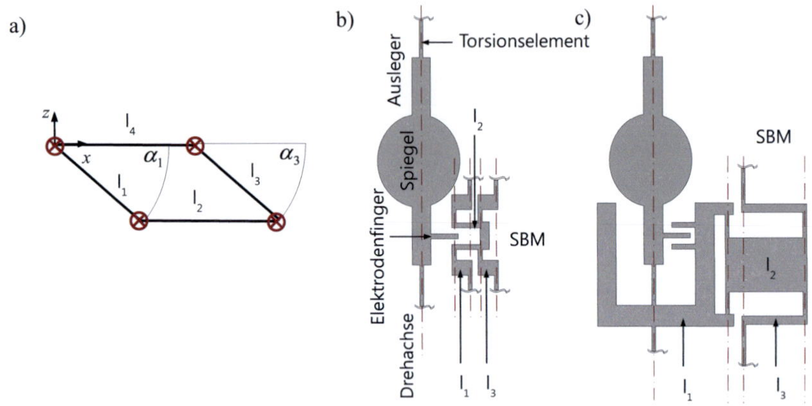


Abbildung 3.4: Schematische Darstellung eines Viergelenkmechanismus a) in Seitenansicht und in der Aufsicht als Festkörpermechanismus b) zur Erzeugung von geschichteten (SVC) und c) zentrisch abgewinkelten (CAVC) stationären Elektroden umgesetzt

dass die Ausbildung von Torsionsgelenken eine Ausdehnung senkrecht zur Bewegungsrichtung des Mechanismus erfordert. Getriebeglieder und Torsionsgelenke können aufgrund baulicher Überschneidungen oft nicht parallel, sondern müssen in Reihe angeordnet werden. Dadurch wird der Füllfaktor auf dem Wafer vermindert. Es ist daher sinnvoll, die Anzahl der benötigten Getriebeglieder und Torsionselemente möglichst gering zu halten. Bereits bei vier Getriebegliedern kann der Platzbedarf in der Größenordnung der Spiegelapertur liegen, weshalb Festkörpermechanismen mit mehr als vier elementaren Getriebegliedern unter dem Gesichtspunkt eines hohen Füllfaktors nicht empfehlenswert erscheinen.

# Kapitel 4

# Modellbildung und Simulation

Die Modellbildung ist ein Prozess zur abstrakten Abbildung realer Systeme. Durch analytische Untersuchungen der abstrakten Eigenschaften und virtuelle Experimente an einem Modell können Erkenntnisse über das reale Zielsystem gewonnen werden. Wird hierbei ein numerisches Verfahren zum Einsatz gebracht, so wird von einer Simulation gesprochen.

Der Einsatz der Modellbildung ermöglicht die Vorhersage wesentlicher Bauteileigenschaften und deren Synthese vor Beginn der Bauteilfertigung. Auf diese Weise können während des MEMS-Entwicklungsprozesses Iterationen bei der Fertigung reduziert bzw. vermieden und damit Ressourcen gespart werden.

Aufgrund der starken Heterogenität von MEMS-Strukturen, Wirkprinzipien, Materialien und Technologien ist ein einheitliches Vorgehen, wie aus anderen Ingenieursdisziplinen bekannt, oft nicht möglich. Entsprechend vielfältig sind die für MEMS-Bauteile verfügbaren Ansätze und Methoden. Die MEMS-Designer *Pelesko* und *Bernstein* [38] bezeichnen die Modellierung von MEMS daher als eine Kunst, die sich am besten anhand von Beispielen vermitteln lässt.

Der Fokus dieses Kapitels wurde auf Eigenschaften und Phänomene gelegt, die sich bei der Modellierung von quasistatischen Kippspiegelaktoren mit vertikalen Kammantrieben ergeben. Zur Beschreibung der resonanten Kippspiegelaktoren, die an der *SNA* der in dieser Arbeit vorgestellten 2D-Mikroscanner Verwendung finden, werden die Arbeiten von *Schenk* [14] und *Klose* [15] als Stand der Technik vorausgesetzt.

Vor dem eigentlichen Modellierungsprozess müssen zunächst die Zielstellung und die entsprechenden Randbedingungen geklärt, so wie die zu untersuchenden Größen festgelegt werden. Bei komplexen MEMS-Bauteilen kann es erforderlich sein, das Bauteil in eine funktionale bzw. strukturelle Hierarchie zu gliedern. Liegt beispielsweise das Augenmerk auf lokalen physikalischen Eigenschaften (z.B. Spannungsverteilung) einzelner Systemkomponenten, spricht man von der **Mikroebene**. Typisch ist der im Betrachtungsraum verteilte Charakter physikalischer Größen. Steht die Betrachtung der technischen Funktionalität bzw. des globalen Systemverhaltens im Vordergrund, so finden die Untersuchungen auf der **Makroebene** statt. Die Eigenschaften der Makroebene werden durch gemittelte Feldgrößen bzw. skalare Signalgrößen beschrieben. Je nach Modellkomplexität und struktureller Tiefe der Systemhierarchie sind die Grenzen fließend. Somit ist durch den Modellierer zunächst ein angemessener Detaillierungsgrad festzulegen. Entsprechend der Vorüberlegungen wird dann ein geeigneter Modellierungsansatz gewählt. Abschnitt 4.1 gibt eine Einführung in die für diese Arbeit wesentlichen Modellierungstechniken.

Der Entwurf valider Modelle erfordert die Kenntnis physikalischer Materialeigenschaften und Konstanten. Die mechanisch aktive Struktur der hier vorgestellten Mikroscanner wird monolithisch-volumenmikromechanisch in einkristallinem Silizium gefertigt. Die für die Modellbildung und Simulation wesentlichen Materialeigenschaften von Silizium sind in Abschnitt 4.2 beschrieben.

Auf die Spiegelstruktur wirken im Betrieb unterschiedliche Kräfte und Momente ein. Äußere Kräfte und Verschiebungen wirken an der Spiegelstruktur und führen zu deren elastomechanischer Verformung. Zur Verkippung des Mikroscanners werden beispielsweise elektrostatische Kammantriebe eingesetzt. Abschnitt 4.3 behandelt die Modellierung der auftretenden elektrostatischen Kräfte. Die Modellierung elastomechanischer Verformungs- und Schwingungseigenschaften wird in Abschnitt 4.5 beschrieben. Die Wirkung elektrostatischer Kräfte kann dabei nicht unabhängig von der mechanischen Strukturverformung des Mikroscanners betrachtet werden, da diese gekoppelt sind. Die wesentlichen elektromechanischen Wechselwirkungen werden in Abschnitt 4.6 beschrieben. Wechselwirkungen der bewegten Spiegelstruktur mit dem umgebenden Fluid werden in Abschnitt 4.4 besprochen. Abschnitt 4.7 fasst Modelle zur Beschreibung des dynamischen Bauteilverhaltens zusammen.

## 4.1 Einführung wesentlicher Modellierungstechniken

Statisches und dynamisches Verhalten elektrostatisch quasistatisch-resonanter Mikroscanner wird durch physikalische Felder (z.B. elektrisches Feld, Strömungsfeld, Spannungsverteilung etc.) beeinflusst. Feldprobleme dieser Art werden üblicherweise durch Modellierung auf der Mikroebene mit Hilfe von Methoden zur Lösung partieller Differentialgleichungen wie der Finite-Elemente-Methode (**FEM**) beschrieben. Bei der FEM wird der Feldraum in finite Elemente unterteilt, die über Knoten miteinander in Verbindung stehen. Die Anzahl der Elemente und Freiheitsgrade steigt mit der Komplexität bzw. der strukturellen Differenzierung des Feldraums stark an. Die so entstehenden Gleichungssysteme müssen jedoch mit vertretbarem Aufwand lösbar sein. Weiterhin müssen die Knotenverschiebungen im Feldraum stets klein gegenüber den Längenabmaßen der finiten Elemente bleiben, da es sonst zu Konvergenzproblemen bei der Lösung kommen kann.

Bei Mikrospiegeln mit vertikalen Kammantrieben sind diese Bedingungen in der Regel nicht erfüllt, so dass alternative Modellierungstechniken gefunden werden müssen. Eine Methode zur Modellierung des Mikroscanners besteht in Unterteilung des Gesamtsystem in Teilmodelle, die dann in einem Netzwerk (**Makromodell**) gekoppelt berechnet werden. Hierzu kommen Techniken der Netzwerkmodellierung (siehe Abschnitt 4.1.2) zum Einsatz. Der Vorteil der Netzwerkmodellierung gegenüber der Modellierung mittels partieller Differentialgleichungen besteht in der Mittelung von physikalischen Feldeigenschaften und deren konzentrierter Abbildung auf Knotenzustände. Hieraus resultieren eine signifikante Ordnungsreduktion der Systemfreiheitsgrade und der zu lösenden Gleichungen. Voraussetzung für dieses Vorgehen ist jedoch, dass Teile des Feldraums qualitativ bekannt, vernachlässigt oder durch Modelle niedrigerer Ordnung beschrieben werden können. Bei Mikrospiegeln mit vertikalen Kammantrieben müssen insbesondere elektrische Felder bzw. Strömungsfelder im Bereich der Elektrodenfinger vereinfacht werden. Unter bestimmten Voraussetzungen können die entsprechenden Feldverläufe im Bereich der Elektrodenfinger als apriori bekannt angegeben werden. Dies ist zum Beispiel der Fall, wenn Elektrodenflächen näherungsweise planparallel zueinander stehen und die orthogonale Projektion der Flächen groß gegenüber ihrem Abstand sind. Um diese Bereiche zu modellieren, muss die Flächenprojektion von Flächenpaaren, wie in Abschnitt 4.1.3 beschrieben, berechnet werden.

### 4.1.1 Finite-Elemente-Methode

Die Finite-Elemente-Methode (FEM) ist eine Methode zur Beschreibung von Feldproblemen. Diese werden mathematisch durch partielle Differentialgleichungen beschrieben. Der Lösungsansatz der FEM sieht die Strukturierung des Feldraums durch ein Netz finiter Elemente vor. Die finiten Elemente sind je nach Form (z.B. Quader, Thetraeder) über eine bestimmte Anzahl von Knoten mit ihren Nachbarn verbunden. Das entscheidende Merkmal der FEM ist die Diskretisierung des Feldraums in einzelne Elemente, die Verknüpfung der Elemente über Feldvektoren an Knotenpunkten und deren Annäherung durch Ansatzfunktionen, die das Feld im Elementvolumen beschreiben. Somit ist das Feld in einem Element apriori in Abhängigkeit der Knotenpotentiale bekannt. Die Lösung des Feldproblems geschieht in zwei iterativ zu wiederholenden Grundprozeduren. Erstens der Minimierung der Gleichungsfehler über ein entsprechendes Gradientenverfahren. Hierbei werden die Knotenpotentiale mit einer Startbelegung vorgegeben und so lange über das entsprechende Lösungsverfahren angepasst, bis der Gleichungsfehler ein bestimmtes Fehlerkriterium erfüllt. Zweitens, der Verfeinerung des Netzes, bis der Lösungsvektor des Feldes konvergiert.

Durch die mikroskopische Betrachtungsweise, bei der an jedem Punkt des verteilten Modells Kenntnis über entsprechende physikalische Felder besteht, wird die FEM den Methoden der Mikromodellierung zugeordnet. Sie wurde ursprünglich zur Beschreibung der statischen Zusammenhänge von Spannungen und Dehnungen in Festkörperkontinuen entwickelt. Hierbei können entweder die Spannungen vorgegeben und daraus die Dehnungen berechnet werden oder auf entgegengesetztem Weg die Spannungen aus den Dehnungen. Allgemein können jedoch beliebige physikalische und technische Zusammenhänge mittels FEM gelöst werden, sofern sie sich durch ein System partieller Differentialgleichungen beschreiben lassen.

Im Rahmen dieser Arbeit wird die FEM beispielsweise zur Berechnung der Verformung von Strukturelementen und entsprechend auftretenden Materialspannungen, zur Schwingungsanalyse und zur Berechnung elektrischer Felder von Elektrodenfingern bzw. der daraus resultierenden Kapazität verwendet. Für die Modellierung und Simulation wurde die kommerzielle Software ANSYS™[39] als Entwicklungsumgebung verwendet.

### 4.1.2 Netzwerkmodellierung

Die Netzwerk-Methodik wurde ursprünglich zur Beschreibung der dynamischen Eigenschaften elektrischer Schaltkreise eingeführt. Unter einem Netzwerk versteht man hierbei eine Struktur von Elementen, die an Knotenpunkten miteinander verbunden sind. Vorausgesetzt, ein System kann in ein Netz mit endlicher Anzahl von Elementen unterteilt werden, so können mit diesem auch komplexe physikalische und technische Systeme beschrieben werden. Entsprechende Netzwerke ergeben ein System differentialalgebraischer Gleichungen. Unter bestimmten Bedingungen lassen sich für magnetische, optische und mechanische Komponenten (Elemente) isomorphe Gleichungssysteme ausbilden, so dass verschiedene Domänen in Netzwerken gekoppelt und in analoger Weise behandelt werden können [40]. Eine Kopplung zwischen Domänen kann über einen Transformationsmechanismus für Potentialgrößen und Flussgrößen definiert werden [40]. Die Zustände der Netzwerkelemente sind durch die Zustände an den Knoten gegeben. Ein solches System ist als in den Knoten konzentriert zu betrachten und wird den Makromodellierungstechniken zugerechnet.

**Knotenregel:** Die mathematische Beschreibung von Netzwerken erfolgt im Rahmen der *Kirchhoff*schen Netzwerktheorie. Elemente des Netzes werden durch **Potentialgrößen** und **Flussgrößen** beschrieben. Eine Potentialgröße $\mu$ beschreibt einen Zustand an einem Knotenpunkt. Zwischen verschiedenen Knoten eines Elements kann sich demnach ein Potential ausbilden. Flussgrößen $\lambda$ beschreiben Zustände, die über ein Element erhalten bleiben, also durch dieses hindurch fließen. Flussgrößen sind über einen entsprechenden physikalischen Zusammenhang mit den Potentialgrößen korreliert, so dass sich diese aus den Potentialgrößen berechnen lassen. Das Gleichungssystem des Netzwerks wird mit Hilfe der **Maschen**- bzw. **Knoten**-Regel aufgestellt. Laut der Knotenregel ist die Summe aller Flussgrößen $\lambda$ an einem Knoten Null:

$$\sum \lambda = 0. \tag{4.1}$$

**Maschenregel:** Die Maschenregel erfordert, dass sich bei Umlauf einer Masche des Netzes an den Knoten abfallende Potentialdifferenzen $\mu$ zu Null addieren:

$$\sum \mu = 0. \tag{4.2}$$

Physikalische Randbedingungen können dem Netzwerk in Form von Potential- bzw. Flussquellen aufgeprägt werden.

**Beispiel: Statisches elektrisches Netz:** Abb. 4.1 a) zeigt schematisch ein einfaches, aus elektrischen Widerständen aufgebautes Leiternetz. Netze dieser Art können genutzt werden, um die Strom und Spannungsverteilung (z.B. Potentialverteilung einer Elektrodenstruktur) elektrischer Leiterstrukturen zu berechnen. Wird von einem

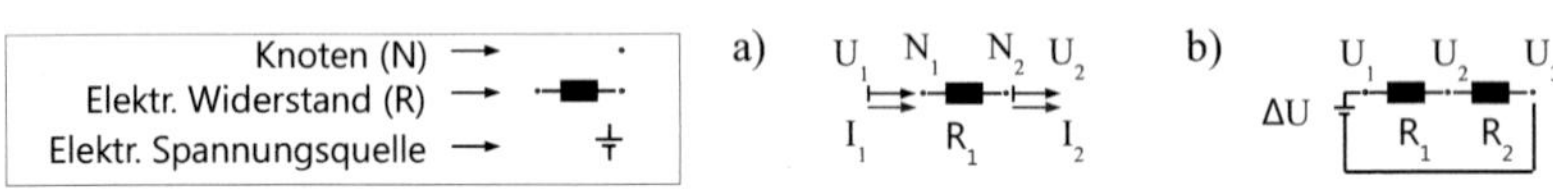


Abbildung 4.1: Schema eines statischen elektrischen Potentialnetzes

*Ohm*schen Widerstand ausgegangen, so ergibt sich der Zusammenhang zwischen der am Widerstand abfallenden Spannung $U$, dem Widerstand $R$ und dem durchfließenden Strom als $I = \frac{U}{R}$. Entsprechend der Kontinuitätsbedingung muss der an Knoten 1 in den Widerstand mit Index 1 hineinfließende Strom dem an Knoten 2 herausfließenden Strom entsprechen.

Über die an den Knoten $N_1$ und $N_2$ definierten Klemmen-Potentialen $U_1$ und $U_2$ lassen sich somit zwei Flussgleichungen aufstellen:

$$\begin{aligned} \frac{1}{R_1} \cdot (U_1 - U_2) = I_1, \\ \frac{1}{R_1} \cdot (U_1 - U_2) = I_2. \end{aligned} \tag{4.3}$$

Werden nun mehrere Widerstände in einem Netzwerk gekoppelt (Abb. 4.1 b)), so ist an den Knoten des Netzwerks die *Knotenregel* zu befolgen. Somit muss die Summe aller Ströme an einem Knoten Null ergeben. Für das Beispielnetz (z.B. Spannungsquelle) folgt das Gleichungssystem des Netzes:

$$\begin{pmatrix} l_1 & -l_1 & 0 \\ l_1 & -(l_1 + l_2) & -l_2 \\ 0 & l_2 & -l_2 \end{pmatrix} \cdot \begin{pmatrix} U_1 \\ U_2 \\ U_3 \end{pmatrix} = \begin{pmatrix} I_{11} \\ 0 \\ I_{23} \end{pmatrix}. \tag{4.4}$$

Hierbei wurde der elektrische Widerstand durch den Leitwert $1/R_i = l_i$ ersetzt. Das Gleichungssystem mit drei Gleichungen besitzt fünf Unbekannte; drei Potentialgrößen und zwei Flussgrößen. Das System ist demnach statisch unterbestimmt. Um eine eindeutige Lösung zu erhalten, müssen zwei Randbedingungen gewählt werden. Dies können entsprechend *Potential-* (elektr. Spannung) oder *Flussrandbedingungen* (elektr. Strom) sein.

**Anwendung bei der Modellierung von quasistatischen Mikroscannern:** Im Rahmen der vorliegenden Arbeit wird die Netzwerkmodellierungstechnik verwendet, beispielsweise zur Modellierung statischer Strukturverformungen auf Grund externer Strukturverschiebungen und zur Beschreibung elektromechanischer Wechselwirkungen. Sie kommt außerdem zur Schwingungsanalyse der Spiegelmechanik zum Einsatz.

**Entwicklungsumgebungen:** Für Modellierung und Simulation von Netzwerken wurden die kommerzielle mathematische Entwicklungsumgebung MATLAB$^{TM}$ [41] und die darauf basierte akademische Toolbox SUGAR 3.1 [42], [43] genutzt und den Anforderungen entsprechend erweitert.

### 4.1.3 Reduktion physikalischer Feldprobleme an Elektrodenfingern auf Flächenpaarinteraktionen

Beim Betrieb eines elektrostatischen Mikroscanners wirken zwischen der bewegten und stationären Elektrode Kräfte, die die Spiegeldynamik maßgeblich beeinflussen. Im stationären Betriebsfall bildet sich zwischen den Elektroden ein elektrisches Feld aus. Bei Vorhandensein eines umgebenden Fluids wirken außerdem fluidische Reibkräfte auf die Struktur ein und dämpfen die Bewegung. In beiden Fällen ist zur Beschreibung Kenntnis der Kraftwirkung zugrunde liegender physikalischer Felder erforderlich. Diese sind im Feldraum inhomogen und ändern sich je nach Stellung der Elektroden bei Spiegelverkippung. Aufgrund der Elektrodenfinger-Periodizität ist der Feldraum unterschiedlicher Elektrodenfinger qualitativ ähnlich. Der Kamm kann daher in Elektrodenfinger-Einheitszellen zerlegt werden. Durch parasitäre Bewegungen des Spiegels kann es jedoch zu unterschiedlichen Geometrien der Einheitszellen kommen, wodurch sich die Felder der einzelnen Einheitszellen quantitativ unterscheiden. Soll also ein vereinfachtes Modell der Kammelektroden gefunden werden, so müssen die wirkenden Kräfte für jede Elektrodenfinger-Einheitszelle einzeln berechnet werden. Hierbei zeigt sich, dass der Feldverlauf im Bereich gegenüberliegender und frei stehender Elektrodenflächen durch unterschiedliche analytische Modelle beschrieben werden kann. Die Elektroden-Einheitszelle wird daher in aufeinander abbildende Flächenpaare unterteilt. Zur Bestimmung der Feldkräfte muss die Flächenprojektion berechnet werden. Da die Projektion der Flächenpaare durch die Spiegelbewegung verändert wird und nicht geschlossenen analytisch angegeben werden kann, erfolgt die Berechnung algorithmisch.

#### Modell einer Elektrodenfinger-Einheitszelle

Vertikale Kammelektrodenkonfigurationen lassen sich in periodisch wiederkehrende Strukturen der Elektrodenfinger-Einheitszelle aufteilen. Eine Einheitszelle besteht aus einem beweglichen Elektrodenfinger und zwei halben stationären Elektrodenfingern, die diese umschließen. Abb. 4.2 a) zeigt die Einheitszelle mit den drei Flächenpaaren $a_{ij}$. Hierbei bezeichnet der Index $i = \{1,..,3\}$ ein Flächenpaar der Elektroden-Einheitszelle und Index $j = \{1,2\}$ eine zugehörige Einzelfläche.

#### Beschreibung von Flächenpaaren

Position und Lage eines Flächenpaares werden durch den Vektor generalisierter Koordinaten $\vec{q}_k$ ausgedrückt. Der Index $k$ bezeichnet ein konkretes Flächenpaar einer Elektrodenkonfiguration. Im globalen Koordinatensys-

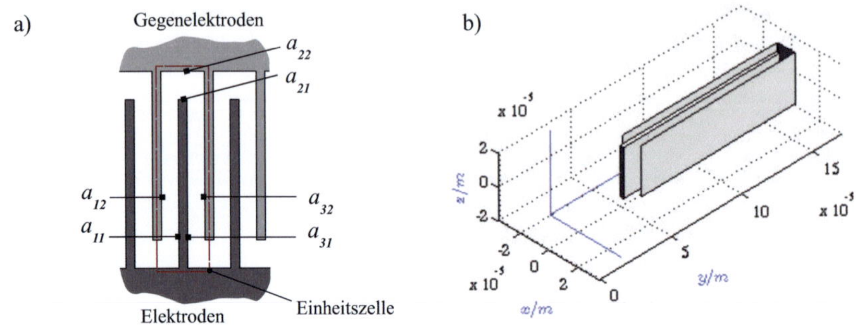


Abbildung 4.2: Schematische Aufsicht a) einer Kammelektrode mit periodischer Elektrodenfinger-Einheitszelle mit den Elektrodenflächen $a_{ij}$, b) 3D-Darstellung einer als MATLAB-Modell implementierten Elektroden-Einheitszelle

tem nimmt $\vec{q}_k$ die Form

$$\vec{q}_k = \begin{pmatrix} \vec{q}_{k,1} \\ \vec{q}_{k,2} \end{pmatrix}, \tag{4.5}$$

an.

$$\vec{q}_f = \begin{pmatrix} x_f \\ y_f \\ z_f \\ \alpha_f \\ \beta_f \\ \gamma_f \end{pmatrix}, \tag{4.6}$$

der Flächenindex $f = (1,2)$ bezeichnet die Fläche des Flächenpaares $k$. Der Vektor $\vec{q}_f$ beschreibt die zu dieser Fläche zugehörigen generalisierten Flächenkoordinaten. Die Spaltenelemente $1-3$ bezeichnen die Position des Flächenkoordinatensystems. Die Lage des Flächenkoodinatensystems wird über die Drehwinkel der Spaltenelemente $4-6$ angegeben. Die Ortskoordinate eines Punktes $\vec{P}$ auf der Fläche $a_{kf}$ wird im globalen Koordinatensystem wie in Abb. 4.3 a) gezeigt durch

$$\vec{P} = \vec{o} + \mathbf{R}\vec{p}' \tag{4.7}$$

beschrieben. Der Ursprungsvektor $\vec{o}$ des Flächekoordinatensystems ist:

$$\vec{o} = \begin{pmatrix} x_f \\ y_f \\ z_f \end{pmatrix}. \tag{4.8}$$

Die Drehung des lokalen Koordinatensystems wird durch die Drehmatrix $\mathbf{R} = \mathbf{R}_z(\gamma_f)\mathbf{R}_y(\beta_f)\mathbf{R}_x(\alpha_f)$ beschrieben (siehe Anhang B.1.3). Die Fläche ist über ihre geometrischen Abmessungen $L$ und $W$ im lokalen Koordinatensystem eindeutig definiert.

#### Algorithmische Berechnung der Projektion $A_k$

Bezeichnet $E_{k,f}$ die Ebene, in der die Kondensatorfläche $a_{k,f}$ liegt, so bezeichnet $p_{12} : E_{k,2} \rightarrow E_{k,1}$ die orthogonale Projektion der Ebene 2 auf Ebene 1. Die Projektion $p_{12}$ ist definiert, so dass für $p_{12}(a_{k,2}) \in E_{k,1}$ die Bedingung

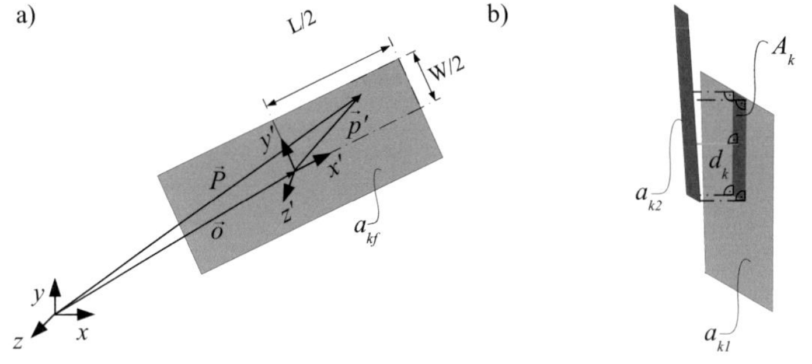


Abbildung 4.3: a) 3D-Elektrodenfläche, b) Projektion assoziierter Elektrodenflächen

$a_{k,2} - p_{12}(a_{k,2}) \perp E_{k,1}$ für alle $a_{k,2} \in E_{k,2}$ erfüllt ist. Die Projektionsfläche der beiden Kondensatorflächen ist dann:

$$A_{k,1}(\vec{q}_k) = p_{12}(a_{k,2}(\vec{q}_{k,2})) \cap a_{k,1}(\vec{q}_{k,1}). \tag{4.9}$$

Die Berechnung der Projektionsfläche $A_{k,1}$ ist nicht in geschlossener Form möglich und erfolgt algorithmisch über die Eckpunkte der Projektionsfläche. Diese bildet bei ebenen rechteckigen Flächen ein Polygon mit den Eckpunkten $e_{A,k}$. Die Eckpunkte des Polygons sind hierbei einer Teilmenge der Schnittpunkte $I$ der die Flächen begrenzenden Geraden $G$. Diese lassen sich wie folgt in Mengen aufgliedern:

$$I = I_{k,2} \cup I_{k,1} \cup I_{k,(1i,2j)}. \tag{4.10}$$

Es gilt $f = (1,2)$, $i = (1,...,4)$ und $j = (1,...,4)$ wobei $I$ durch die Lösung der folgenden drei Gleichungssysteme definiert ist:

$$I_{k,2} \in (p_{12}(G_{k,2i}) = p_{12}(G_{k,2j})), \tag{4.11}$$

$$I_{k,1} \in (G_{k,1i} = G_{k,1j}), \tag{4.12}$$

$$I_{k,(1i,2j)} \in (p_{12}(G_{k,2i}) = G_{k,1j}). \tag{4.13}$$

Der Vektor $\vec{e}_{k,f,i}$ bezeichnet die $i_{te}$ Ecke der $f_{ten}$ Fläche des $k_{ten}$ Flächenpaares. Die Geradengleichung lässt sich dann schreiben zu:

$$\vec{G}_{k,fi} : \vec{P} = \vec{e}_{k,f,i} + (\vec{e}_{k,f,(i+1)} - \vec{e}_{k,f,i}) \cdot s_{k,f,(i(i+1))} \tag{4.14}$$

Wobei für den Skalierungsfaktor $\{s_{k,f,i(i+1)} \in R, 0 \leq s_{k,f,i(i+1)} \leq 1\}$ gilt. Aus der Gesamtheit der Geradenschnittpunkte $I$ werden nun die Schnittpunkte $e_{A,k}$ selektiert, die innerhalb beider Kondensatorflächen liegen:

$$I \in (a_{k,1} \cap p_{12}(a_{k,2})) = e_{A,k}. \tag{4.15}$$

Eine Fläche $a_{k,1}$ lässt sich durch ihre Eckpunkte ausdrücken:

$$a_{k,f} : \vec{P} = \vec{e}_{k,f,1} + (\vec{e}_{k,f,2} - \vec{e}_{k,f,1}) \cdot s_{k,f,(12)} + \vec{e}_{k,f,1} + (\vec{e}_{k,f,(4)} - \vec{e}_{k,f,1}) \cdot s_{k,f,(14)}. \tag{4.16}$$

Die Skalierungsfaktoren sind durch $\{s_{k,f,12} \in R, 0 \leq s_{k,f,12} \leq 1\}$ und $\{s_{k,f,14} \in R, \quad 0 \leq s_{k,f,14} \leq 1\}$ definiert. Um aus den Ecken $e_{A,k}$ des Polygons die Fläche $A$ zu berechnen, wird das Polygon mit $n$ Ecken in $m = n - 2$ Dreiecke zerlegt, so dass die entstehenden Dreiecksflächen keine weiteren Punkte enthalten. Dies kann mittels Delaunay-Triangulation [44, 45] erfolgen. Die $i_{te}$ Ecke des $v_{ten}$ Dreiecks der $f_{ten}$ Fläche des $k_{ten}$ Flächenpaares ist mit $e_{k,f,v,i}$ bezeichnet. Eine Dreiecksfläche berechnet sich nach dieser Notation zu

$$A_{k,f,v} = ||(e_{k,f,v,2} - e_{k,f,v,1}) \times (e_{k,f,v,3} - e_{k,f,v,1})||. \tag{4.17}$$

Die Gesamtfläche $A_{k,f}$ ist

$$A_{k,f} = \sum_{v=1}^{m} A_{k,f,v}. \tag{4.18}$$

## 4.2 Materialeigenschaften von Silizium

Silizium (Si) ist ein chemisches Element und kommt, wie in Abb. 4.4 gezeigt, in der Diamant-Struktur vor. Das Kristallgitter besteht aus zwei kubisch flächenzentrierten Untergittern, die um $1/4$ der Raumdiagonale gegeneinander verschoben sind. Die Silizium-Atome der Einheitszelle sind untereinander vollständig durch kovalente $sp^3$-Hybridbindungen miteinander verbunden. Bei Temperaturen von weniger als 700° C weist Silizium bis zum

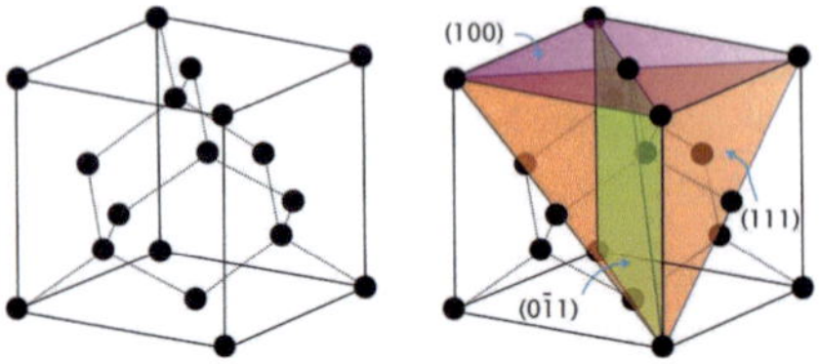


Abbildung 4.4: Diamantgitter Einheitszelle, rechts mit Ebenen des kubischen Kristalls [5]

Bruch näherungsweise ideal elastisches Verhalten auf. Die elastomechanischen Eigenschaften von Silizium können durch das *Hooke*sche Gesetz beschrieben werden. Die äußerst geringe Neigung zu plastischer Deformation kann auf die stark gerichteten $sp^3$-Hybridbindungen zurückgeführt werden. Das Gleiten einzelner Strukturebenen und daraus resultierende plastische Deformation wird minimiert [46]. Ein weiterer plastischer Versagensmechanismus, die Wanderung von Punktdefekten, kann ebenfalls aufgrund der hierfür sehr hohen erforderlichen Energien bei Raumtemperatur vernachlässigt werden [47].

### 4.2.1 Elastomechanische Eigenschaften

Allgemein kann für hinreichend kleine Deformationen die Gültigkeit des *Hooke*schen Gesetzes angenommen werden. Es beschreibt den linearen Zusammenhang zwischen Dehnung $\varepsilon$ und der mechanischen Spannung $\sigma$ durch eine lineare Tensorgleichung:

$$\sigma = \mathbf{C}\varepsilon. \tag{4.19}$$

Die Tensoren zweiter Stufe $\varepsilon$ und $\sigma$ besitzen 9 Komponenten $\varepsilon_{i,j}$ bzw. $\sigma_{k,l}$ (i, j, k, l=1, 2, 3). Die Dehnungskomponenten sind über die Verschiebungen $u$ und die Ortskoordinaten $x$ wie folgt definiert:

$$\varepsilon = \frac{1}{2}\left(\frac{\delta u_i}{\delta x_j} + \frac{\delta u_j}{\delta x_i}\right). \tag{4.20}$$

Tabelle 4.1: *Voigt*sche Notation

| Indexpaar: i, j oder k, l | 11 | 22 | 33 | 32 | 31 | 21 |
|---|---|---|---|---|---|---|
| | | | | 23 | 13 | 12 |
| Einfachindex: $\lambda$ oder $\mu$ | 1 | 2 | 3 | 4 | 5 | 6 |

Ist hingegen die mechanische Spannung gegeben, so kann die Tensorgleichung als umgekehrtes *Hooke*sches Gesetz der Form

$$\varepsilon = \mathbf{S}\sigma \tag{4.21}$$

umformuliert werden. **S** wird als Tensor der elastischen Koeffizienten bezeichnet. Aufgrund der eindeutigen und umkehrbaren Verknüpfung von Ursache und Wirkung gilt

$$\mathbf{S} * \mathbf{C} = \mathbf{I}. \tag{4.22}$$

Der Steifigkeitstensor vierter Stufe **C** besitzt 81 Elemente. Aufgrund der elementaren Symmetrien $c_{i,j,k,l} = c_{j,i,k,l}$ und $c_{i,j,k,l} = c_{i,j,l,k}$ hat der Tensor höchstens 36 unabhängige Komponenten. Der Sachverhalt folgt einerseits aus der Tatsache, dass für identische Deformationen der Einheitszelle identische Spannungszustände vorliegen müssen, und andererseits daraus, dass reine Drehungen nicht zu Verzerrungen führen und somit für jede Scherspannungskomponente eine kompensierende Scherspannungskomponente der Form $\sigma_{k,l} = \sigma_{l,k}$ für $k \neq l$ existieren muss. Es ergeben sich also 6 unabhängige Spannungs- bzw. Dehnungskomponenten. Mit Hilfe der *Voigt*schen Notation lassen sich diese in Pseudovektor-Schreibweise darstellen: Wird die Vereinbarung $\varepsilon_4 = 2\varepsilon_{23}$, $\varepsilon_5 = 2\varepsilon_{13}, \varepsilon_6 = 2\varepsilon_{12}$ getroffen, so folgt das vereinfachte Gleichungssystem:

$$\begin{pmatrix} \sigma_1 \\ \sigma_2 \\ \sigma_3 \\ \sigma_4 \\ \sigma_5 \\ \sigma_6 \end{pmatrix} = \begin{pmatrix} c_{11} & c_{12} & c_{13} & c_{14} & c_{15} & c_{16} \\ c_{21} & c_{22} & c_{23} & c_{24} & c_{25} & c_{26} \\ c_{31} & c_{32} & c_{33} & c_{34} & c_{35} & c_{36} \\ c_{41} & c_{42} & c_{43} & c_{44} & c_{45} & c_{46} \\ c_{51} & c_{52} & c_{53} & c_{54} & c_{55} & c_{56} \\ c_{61} & c_{62} & c_{63} & c_{64} & c_{65} & c_{66} \end{pmatrix} \cdot \begin{pmatrix} \varepsilon_1 \\ \varepsilon_2 \\ \varepsilon_3 \\ \varepsilon_4 \\ \varepsilon_5 \\ \varepsilon_6 \end{pmatrix}. \tag{4.23}$$

Die Anzahl der von Null verschiedenen Werkstoffkoeffizienten $c_{\lambda,\mu}$ hängt von der Kristallsymmetrie und der Wahl des Koordinatensystems ab. Werden die 3 elementaren Achsen gewählt, die die Einheitszelle aufbauen, so gilt für kubische Kristalle:

$$c_{11} = c_{22} = c_{33}, \tag{4.24}$$

$$c_{12} = c_{21} = c_{13} = c_{31} = c_{23} = c_{32}, \tag{4.25}$$

$$c_{44} = c_{55} = c_{66}. \tag{4.26}$$

Alle anderen Koeffizienten sind aufgrund der *orthotropen* Materialeigenschaften Null. Die elastischen Koeffizienten $s_{\lambda,\mu}$ sind analog zu behandeln. Die temperaturabhängigen *Hooke*schen Konstanten von Silizium sind in Tabelle 4.2 aufgeführt. Für Raumtemperatur $T = 293$ K ergeben sich daraus die *Hooke*schen Konstanten und elastischen Koeffizienten in Tabelle 4.3.

Für einachsige Belastung entlang der elementaren Achsen lassen sich die eingeführten Konstanten physikalisch interpretieren:

$$1/E_{<100>} = s_{11} = \frac{(c_{11} + c_{12})}{(c_{11} - c_{12}) \cdot (c_{11} + 2c_{22})}, \tag{4.27}$$

Tabelle 4.2: *Hooke*sche Konstanten von Silizium [48]

| | | |
|---|---|---|
| $c_{11}$ | = | $16.564 \cdot 10^{10}\text{Pa}\,[1 - 9.4 \cdot 10^{-5}\text{K}\,-1 \cdot (T - 300\text{ K })]$ |
| $c_{12}$ | = | $6.394 \cdot 10^{10}\text{Pa}\,[1 - 9.8 \cdot 10^{-5}\text{K}\,-1 \cdot (T - 300\text{ K })]$ |
| $c_{44}$ | = | $7.951 \cdot 10^{10}\text{Pa}\,[1 - 8.3 \cdot 10^{-5}\text{K}\,-1 \cdot (T - 300\text{ K })]$ |

Tabelle 4.3: Mechanische Konstanten und Koeffizienten von einkristallinem Si für $T = 293$ K [49]

| | | | | | |
|---|---|---|---|---|---|
| $c_{11}$ | = | $16.57 \cdot 10^{10}$ Pa | $s_{11}$ | = | $0.768 \cdot 10^{-11}$ Pa$^{-1}$ |
| $c_{12}$ | = | $6.39 \cdot 10^{10}$ Pa | $s_{12}$ | = | $-0.214 \cdot 10^{-11}$ Pa$^{-1}$ |
| $c_{44}$ | = | $7.96 \cdot 10^{10}$ Pa | $s_{44}$ | = | $1.256 \cdot 10^{-11}$ Pa$^{-1}$ |

$$\nu_{<100>,(100)} = -s_{12}/s_{11}, \tag{4.28}$$

$$1/G_{<100>,(100)} = s_{44} = 1/c_{44}. \tag{4.29}$$

Die elastischen Konstanten $E$, $\nu$ und $G$ sind, wie in Gl. 4.27-4.29 exemplarisch verdeutlicht, hier jedoch als richtungsabhängig zu verstehen. Je nach Orientierung des Kristalls in Bezug auf die zu untersuchende Belastungsrichtung müssen die elastischen Konstanten für diese Richtung nach [49] berechnet werden.

Prinzipiell sind die elastischen Eigenschaften von Silizium von der Inkorporation von Fremdelementen, Kristallstörungen und der Temperatur abhängig. So wurden Veränderungen der elastischen Konstanten von bis zu 5% bei hoher Dotierung beobachtet [48]. Die Temperaturabhängigkeit ist Tab. 4.2 zu entnehmen. Eine Erhöhung der Temperatur um 100 K bewirkt beispielsweise die Verringerung des Schubmoduls um 1%. Für die Zielanwenung sind diese Einflüsse daher nur von geringer Bedeutung.

### 4.2.2 Bruchmechanische Eigenschaften

Einkristallines Silizium ist bei Raumtemperatur ein sprödes Material, das bei zu hohen Materialspannungen unvermittelt bricht. Das Fehlen von Duktilität führt bei Silizium zu hohen Spannungsspitzen an Volumen- und Oberflächendefekten. Dabei geht das Versagen als Sprödbruch von den statistisch verteilten Oberflächen- bzw. Volumendefekten aus. Demnach führt eine Stresskonzentration in einem kleinen Materialgebiet zu einer geringeren Versagenswahrscheinlichkeit. Damit erklären sich auch die in der Literatur stark schwankenden Werte für die Bruchspannung von c-Si. Die ermittelte Bruchspannung ist mit der Probengröße, Probengeometrie, Defektart, Defektdichte so wie den Randbedingunngen des Bruchversuchs korreliert. Namazu [50] et al. berichten beispielsweise von Bruchfestigkeiten für $< 110 >$-orientierte Proben von $0.5 - 17.5$ GPa. Hierbei handelt es sich um Durchschnittswerte. Im Biegeversuch wurde der kleinere Durchschnittswert für Proben mit einem Millimeter Durchmesser, der größere Wert für Proben von wenigen 100 nm Durchmesser erzielt. Die theoretische Bruchfestigkeit für einen defektfreien Siliziumkristall eines unendlich ausgedehnten Probenkörpers liegt nach Dubois [51] et al. für uniaxiale Zugbelastung in der $< 100 >$-Richtung bei 26.4 GPa und in der $< 110 >$-Richtung bei 17.0 GPa. Tatsächlich liegen an realen Bauteilen in der Regel mehrachsige Spannungszustände vor. Daher wird im Rahmen der Bruchmechanik eine Vergleichsspannunghypothese [52] aufgestellt, um den realen dreidimensionalen Belastungszustand in Form einer resultierenden skalaren Spannungsgröße mit der Bruchspannung (unidirektionaler Belastungszustand) vergleichbar zu machen. Die zu verwendende Vergleichsspannungshypothese richtet sich hierbei sowohl nach dem Belastungszustand als auch nach dem Materialverhalten. Für Silizium, als sprödem Material unter statischer bis stoßartiger Belastung, findet vor allem die **Hauptnormalspannungshypothese** Anwendung [53].

Für Proben, bei denen es aufgrund von rissförmigen Oberflächendefekten mit bekannter Rissgeometrie zum Bruch kommt, kann die Normalspannung, die zum Bruch führt, bei einfachen Geometrien analytisch nach [54] und [55] berechnet werden.

Allgemein ist die Defektgeometrie jedoch nicht hinreichend genau bekannt. Daher wurde von Hsu [56] et al. ein phänomenologischer Ansatz gewählt, um die statistische Bruchspannung für mit DRIE gefertigten Torsionsfedern zu ermitteln. Für Maximalspannungen von weniger als 2 GPa wurde eine Versagenswahrscheinlichkeit von weniger als 14 % ermittelt. Für den Entwurf der hier beschriebenen Mikroscanner wurde darauf geachtet, dass die Hauptnormalspannung bei statischer Belastung Werte von 1.4 GPa nicht überschreitet.

Prinzipiell ist bei einkristallinem Silizium aufgrund der fehlenden Neigung zu plastischer Deformation bei zyklischer Belastung keine Materialermüdung zu erwarten.

### 4.2.3 Elektrische Eigenschaften

Silizium gehört zur Gruppe der indirekten Halbleiter und weist bei Raumtemperatur eine Bandlücke von 1.12 eV auf. Daher weist Silizium eine geringe Leitfähigkeit auf. Für Silizium gilt der Zusammenhang zwischen dem Stromdichtevektor $\vec{j}$, dem spezifischen elektrischen Widerstand $\rho$ und dem Vektor des elektrischen Feldes $\vec{E}$, das klassische *Ohm*sche Gesetz:

$$\vec{j} = \rho \vec{E}. \tag{4.30}$$

Die Dotierungsabhängigkeit des spezifischen Widerstands ist für Silizium in Abb. 4.5 aufgetragen.

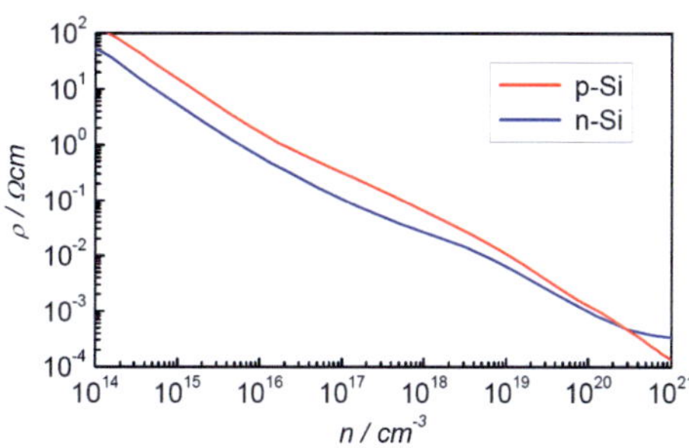


Abbildung 4.5: Spezifischer Widerstand von Si in Abhängikeit der Dotierung [57]

## 4.3 Elektrostatische Domäne

Die Wirkung der Kammantriebe kann durch Modellierung der elektrostatischen Domäne beschrieben werden. Zur Berechnung elektrostatischer Elektrodenkräfte und Momente wurde in Abschnitt 2.2.1 die Elektrodenkapazität $C$ eingeführt. In diesem Abschnitt werden verschiedene Modelle zur Berechnung von Elektrodenkapazitäten vorgestellt. Für AVC- und SVC-Elektroden sind einfache analytische Ansätze zur Berechnung einer von der Spiegelverkippung $\Theta$ abhängigen Kapazitätsfunktion bekannt. Sie werden in 4.3.1 erläutert. Diese stellen jedoch eine starke Vereinfachung der realen Gegebenheiten dar. Zum einen vernachlässigen sie einen signifikanten Anteil der Elektrodengeomentrie und des elektrischen Feldraums. Zum anderen können relative Elektrodenverschiebungen und -drehungen, mit Ausnahme der primären Elektrodenverkippung, nicht berücksichtigt werden. Sie eignen sich daher hauptsächliche für eine grobe Erstabschätzung des Antriebsmomentes bzw. der Antriebscharakteristik für die Spiegelverkippung. Mit dem in Abschnitt 4.3.2 eingeführten FEM-Elektrodenfingermodell hingegen lässt sich die Kapazität für beliebige Geometrien hoch genau berechnen. Der Rechenaufwand hierfür ist jedoch sehr groß. Für Simulationsszenarien mit veränderlichen Elektrodengeometrien, zum Beispiel bei der Untersuchung der elektromechanischen Stabilität, ist diese Methode daher weniger gut geeignet. Aus diesem Grund wurde das in Abschnitt 4.3.3 beschriebene 3D-Modell verteilter Plattenkodensatoren entwickelt und, wie in Abschnitt 4.3.4 gezeigt, mit Hilfe von FEM-Daten weiter verfeinert.

### 4.3.1 Analytische Kapazitätsmodelle

Für die hier vorgestellten analytischen Elektrodenfinger-Kapazitätsmodelle gelten die üblichen Annahmen des Plattenkondensators. Zur Modellierung der Kammelektroden wird angenommen, dass die Elektrodenfinger-Einheitszelle lediglich aus einem Flächenpaar, den parallelen Seitenflächen zweier angrenzender Elektrodenfinger, besteht. Neben dem elektrischen Randfeld wird auch der Einfluss der Elektrodenfinger-Stirnflächen auf die Kapazität vernachlässigt. Zur formal einheitlichen Darstellung verschiedener Elektrodentypen wird die Geometrie entsprechend Tab. 4.4 parametrisiert. Abb. 4.6 zeigt schematisch die Parametrisierung eines vertikalen Elektrodenfingers.

Tabelle 4.4: Geometrieparameter vertikaler Kammelektroden

| Symbol | Beschreibung |
|---|---|
| $N_\mathrm{F}$ | Anzahl der Elektrodenfinger |
| $h$ | Elektrodenfingerhöhe |
| $l_\mathrm{F}$ | Elektrodenfingerlänge |
| $l_\mathrm{off}$ | Abstand Elektrodenfläche-Kippachse |
| $d_\mathrm{TR}$ | Grubenbreite, Abstand Elektrodenfläche |
| $\Theta_\mathrm{AVC}$ | Kippwinkel stationäre Elektrodenfinger |

**Zentriert abgewinkelte vertikale Elektrodenfinger (CAVC):** In Abschnitt 3.3 wurden Festkörpermechanismen eingeführt, mit denen sich Elektroden fertigen lassen, bei denen die stationären Elektrodenfinger um die Kippachse des Spiegels mit dem Winkel $\Theta_\mathrm{AVC}$ verkippt sind. Bei diesen vertikalen Kammantrieben mit zentriert abgewinkelten Elektrodenfingern (engl.: Centered Angular Vertical Comb, CAVC) besteht der Zusammenhang mit dem Relativwinkel $\Theta_\mathrm{rel} = \Theta - \Theta_{AVC}$ zwischen der bewegten und der stationären Elektroden. Die Kapazitätsfunktion von CAVC-Elektroden kann für kleine $\Theta_{rel}$ im Winkelbereich

$$|\Theta_\mathrm{rel}| < \left|\arcsin\left(\frac{h}{(l_\mathrm{off}+l_\mathrm{F})}\right)\right| = \Theta_\mathrm{krit} \tag{4.31}$$

näherungsweise durch Gl. 4.32 beschrieben werden:

$$C_\mathrm{CAVF} = \frac{2\varepsilon}{d_\mathrm{TR}} \cdot [l_\mathrm{F}h - ((l_\mathrm{off}l_\mathrm{F}) - l_\mathrm{F}^2/2) \cdot |\Theta_\mathrm{rel}|]. \tag{4.32}$$

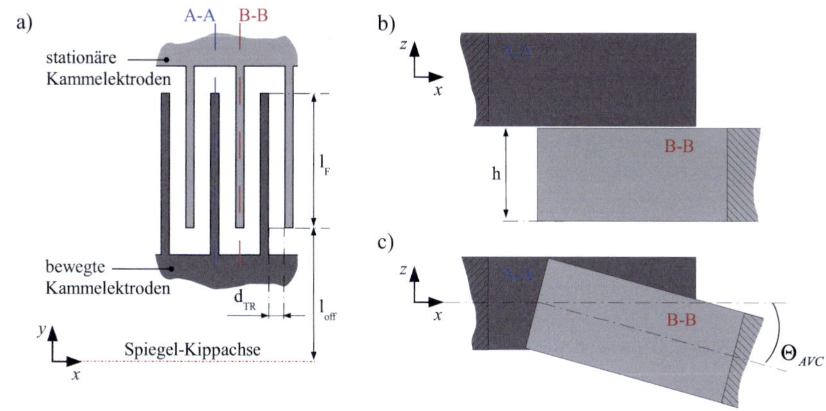


Abbildung 4.6: Parametrisierung eines vertikalen Elektrodenfingers für die formale Beschreibung der Kapazität mit einer analytischen Näherungslösung. a) Aufsicht auf eine Kammelektroden und Schnitt durch b) SVC- bzw. c) AVC-Elektrodenfinger.

Die erste Ableitung der Kapazitätsfunktion $C_{\mathrm{CAVF}}$ lautet:

$$\frac{dC_{\mathrm{CAVF}}}{d\Theta} = \frac{\Theta}{|\Theta_{\mathrm{rel}}|} \cdot \frac{2\varepsilon}{d_{\mathrm{TR}}} \cdot [((l_{\mathrm{off}} l_{\mathrm{F}}) - l_{\mathrm{F}}^2/2)]. \tag{4.33}$$

Es wird deutlich, dass der Kapazitätsgradient für $|\Theta_{\mathrm{rel}}| <= \Theta_{\mathrm{krit}}$ konstant und nicht von der Spiegelverkippung abhängig ist. Bei Verkippungen mit $|\Theta_{\mathrm{rel}}| > \Theta_{\mathrm{krit}}$ schwenken die Elektrodenflanken aus dem Eingriff aus. Die Kapazitätsänderung realer Elektroden verringert sich dadurch schlagartig. Die aus dem analytischen Modell resultierende Ableitung der Kapazitätsfunktion berücksichtigt diesen Effekt jedoch nicht. Für $|\Theta_{\mathrm{rel}}| > \Theta_{\mathrm{krit}}$ ist das Modell daher nicht gültig.

**Geschichtete vertikale Elektrodenfinger (SVC):** Für vertikal geschichtete Elektrodenfinger, bei denen die Elektrodenebenen vertikal angrenzen, kann die Kapazität näherungsweise durch folgende Formel nach *Hah* et al. [30] angegeben werden:

$$C_{\mathrm{SVF}} = \frac{2\varepsilon}{d_{\mathrm{TR}}} \cdot (l_{\mathrm{off}} l_{\mathrm{F}} + l_{\mathrm{F}}^2/2) \cdot \Theta. \tag{4.34}$$

Jedoch muss die Bedingung $0 > \Theta > \Theta_{\mathrm{krit}}$ mit $\Theta_{\mathrm{krit}} = \arcsin(\frac{-h}{(l_{\mathrm{off}}+l_{\mathrm{F}})})$ erfüllt sein.

### 4.3.2 Finite-Elemente-Modell

Bei reiner Verkippung der bewegten Elektroden entlang der Spiegelkippachse und bei Kammbreiten, die einem Vielfachen der Elektroden-Einheitszelle entsprechen, kann diese für die Kapazitätsberechnung mit der Finite-Elemente-Methode (FEM) halbiert werden. Für die inneren Elektrodenfinger des Kamms kann von einem symmetrisch zur Elektrodenfinger-Mittenebene ausgeprägten elektrischen Feld ausgegangen werden. In Abb. 4.7 ist das mit ANSYS™[39] modellierte FEM-Modell einer halben Elektrodenfinger-Einheitszelle dargestellt. Das Ka-

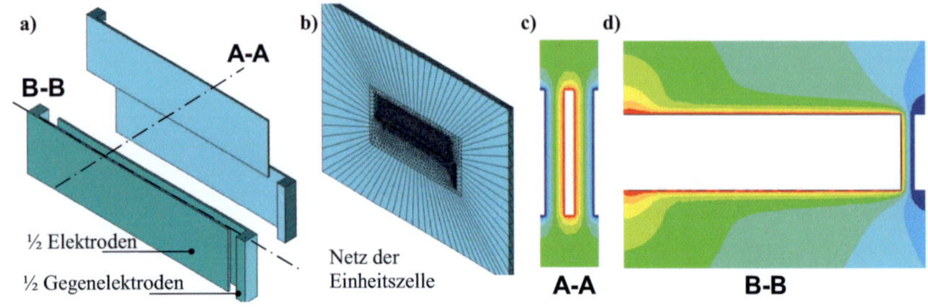


Abbildung 4.7: a) Geometrie einer halben Elektrodenfinger-Einheitszelle und b) FEM-Netz des umgebenden Raumvolumens in Elektrodennähe. c) ISO-Darstellung des elektrischen Potentialfeldes Φ im Schnitt A-A d) bzw. im Schnitt B-B

pazitätsmodell umfasst den Feldraum in der Nähe der Elektrodenfinger. Dabei werden die Finiten Elemente des Feldraums als Plattenkondensatoren modelliert. Als Randbedingung wird das elektrische Potential der Elektrodenflächen angegeben.

### 4.3.3 Verteiltes 3D-Plattenkondensatormodell

Die Kapazität vertikaler Kammelektroden kann auch mit Hilfe eines verteilten 3D-Plattenkondensator-Modells berechnet werden. Da das elektrische Feld mit zunehmendem Abstand der Elektroden quadratisch abfällt, wird davon ausgegangen, dass sich das wirksame elektrische Feld auf den homogenen Feldraum zwischen einander planparallel[1] gegenüberstehenden Kondensatorflächen beschränkt. So werden das elektrische Feldproblem und die zwischen den Elektroden resultierenden Kräfte, wie in Abschnitt 4.1.3 eingeführt, auf elektrostatische Flächenpaarinteraktionen reduziert. Die gesamte Elektrodenkonfiguration wird dann als Parallelschaltung von $N$ Plattenkondensatoren betrachtet. Die Flächen sind geometrisch starr miteinander gekoppelt. Auf die Elektrode wirkt unter Verwendung von Gl. 2.4 die resultierende elektrostatische Kraft (das Moment):

$$\vec{F}_{\mathrm{el}}(\vec{q}) = \frac{1}{2}\sum_{i=1}^{N} \frac{dC_i(\vec{q})}{d(\vec{q})} \cdot U^2. \tag{4.35}$$

Der Vektor der generalisierten Elektrodenkoordinaten $\vec{q}$ enthält die in Abschnitt 4.1.3 beschriebenen Orts- und Lagekoordinaten. Zur Berechnung von $\vec{F}_{\mathrm{el}}(\vec{q})$ muss demnach der Kapazitätgradient $\frac{dC_i(\vec{q})}{d(\vec{q})}$ der Einzelplattenkondensatoren im dreidimensionalen Raum bekannt sein. Numerisch lässt sich der Kapazitätsgradient des $i$-ten Plattenkondensators für die Koordinate $\vec{q}_0$ über den Differenzenquotienten ausdrücken:

$$\frac{dC_i(\vec{q})}{d(\vec{q})} = \lim_{\Delta\vec{q}\to\infty} \frac{C_i(\vec{q}_0 + \Delta\vec{q}) - C_i(\vec{q}_0)}{\Delta\vec{q}}. \tag{4.36}$$

Die Kapazität eines 3D Plattenkondensators berechnet sich formal zu:

$$C_k = \varepsilon \cdot \frac{A_k(\vec{q}_k)}{d_k(\vec{q}_k)}. \tag{4.37}$$

$A_k$ ist die Projektionsfläche der Kondensatorflächen (siehe Abb. 4.3b)). $d_k$ ist der mittlere Abstand der projizierten Flächen. Die orthogonale Projektion $A_k$ der Fläche $a_{k,2}$ auf $a_{k,1}$ lässt sich für ein gegebenes $\vec{q}_k$ mit einem analytischen Algorithmus, wie in Abschnitt 4.1.3 beschrieben, bestimmen. Mit Hilfe der orthogonalen Projektionsfläche

[1] bzw. geringfügig zueinander verkippt

$A_k$ wird der Flächenschwerpunkt $S_k$ der Projektionsfläche und in der Folge der mittlere Flächenabstand $d_k$ der Kondensatorflächen (siehe Anhang B.4) berechnet.

### 4.3.4 3D-Hybridmodell

Das 3D-Hybridmodell basiert auf den in Abschnitt 4.3.2 und 4.3.3 vorgestellten Methoden zu Berechnung der Kapazität einer Elektrodenkonfiguration und vereint damit Vorzüge aus beiden Ansätzen. So lässt sich die Kapazität des 3D Hybridmodells mit dem Modell verteilter 3D Plattenkondensatoren vergleichbar schnell berechnen, jedoch bei deutlich erhöhter Genauigkeit.

**Kapazität des 3D-Hybridmodells:** Beim 3D-Hybridmodell wird davon ausgegangen, dass der gesamte Feldraum in Bereiche mit homogenem und solche mit inhomogenem elektrischen Feld unterteilt werden kann. Entsprechend setzt sich die Gesamtkapazität der Elektrodenkonfiguration aus einer homogenen $C_\mathrm{h}$ und einer inhomogenen $C_\mathrm{inh}$ Kapazität $C$ zusammen:

$$C = C_\mathrm{h} + C_\mathrm{inh}. \tag{4.38}$$

$C_\mathrm{h}$ wird mit Hilfe des Modells verteilter 3D Plattenkondensatoren, wie in Abschnitt 4.3.3, beschrieben berechnet.

**Fitfunktion der inhomogenen Kapazität:** $C_\mathrm{inh}$ ist eine parametrisierte Funktion, die an FEM-Daten angepasst ist:

$$C_\mathrm{inh}(\Theta) = SF \cdot C_\mathrm{PC}(\vec{q}_0) \cdot P(\Theta). \tag{4.39}$$

$SF$ ist hierbei ein geometrischer Skalierungsfaktor, der den Anteil der inhomogenen Kapazität an der Gesamtkapazität beschreibt. Er berechnet sich als Verhältnis der mittleren Breite $\bar{w}$ der betrachteten Elektrodengeometrie mit trapezförmigen Elektrodenfingern zur Höhe $h_\mathrm{ref}$ und mittleren Breite $w_\mathrm{ref}$ einer Referenzgeometrie, auf die sich die Stützstellen der Anpassung beziehen:

$$SF = \frac{\bar{w} h_\mathrm{ref}}{\bar{w}_\mathrm{ref} h}, \tag{4.40}$$

$$\bar{w} = \frac{w_0 + w_1}{2}. \tag{4.41}$$

$C_{PC}(\vec{q}_0)$ ist die mit dem verteilten Plattenkondesatormodell berechnete Kapazität der selben Elektrode im unausgelenkten Zustand $\vec{q}_0$ und $P(\Theta)$ ein Polynom höherer Ordnung $n$, dessen Koeffizienten

$$P(\Theta) = \sum_{i=0}^{n} p_i(R_\mathrm{lh}) \cdot \Theta^i \tag{4.42}$$

$p_i$ an die FEM-Daten angepasst sind und mittels des Skalierungsfaktors $R_\mathrm{lh}$ zwischen den Stützstellen mit einem Spline-Fit als $p_i(R_\mathrm{lh})$ interpoliert werden. $R_\mathrm{lh}$ nimmt damit auf den Verlauf des Fit-Polynoms Einfluss:

$$R_\mathrm{lh} = \frac{l_\mathrm{F}}{h}. \tag{4.43}$$

**Anpassung an FEM-Daten:** Zur Anpassung von $C_{\mathrm{inh}}$ werden zunächst verschiedene Elektrodengeometrien, die sich in Bezug auf $R_{\mathrm{lh}}$ (z.B. $R_{\mathrm{lh}}$=[1,4.5]) unterscheiden, erstellt. Anschließend wird die vom Kippwinkel $\Theta$ abhängige Kapazität jeweils mit FEM und dem Modell verteilter 3D-Plattenkondensatoren für eine ausreichende Anzahl von Stützstellen $\vec{q}_i$ berechnet und für jeden Berechnungspunkt die Differenz der Betragswerte $\Delta C(\vec{q})$ aus beiden Modellen gebildet. Hierbei ändern sich die Komponenten von $\vec{q}$ bis auf den Winkel, der die Verkippung der Elektrode beschreibt, nicht:

$$\Delta C(\vec{q}) = C_{\mathrm{FEM}}(\vec{q}) - C_{\mathrm{PC}}(\vec{q}). \tag{4.44}$$

Da das FEM-Modell das gesamte elektrische Feld berücksichtigt, das Modell der verteilten 3D-Plattenkondensatoren jedoch nur den homogenen Anteil, entspricht $\Delta C(\vec{q}) = C_{\mathrm{inh}}$ dem inhomogenen Kapazitätsanteil. Für die Anpassung mit Gl. 4.39 werden die Stützstellen $C_{\mathrm{inh}}$ mit der Kapazität des verteilten Plattenkondensatormodells auf die Kapazität in der Ruhelage $C_{\mathrm{PC}}(\vec{q}_0)$ normalisiert. Nun wird Gl. 4.39 für jede berechnete Geometrie auf die Daten angepasst. Die Polynom-Koeffizienten $p_i$ können dann innerhalb der Stützstellen von $R_{\mathrm{lh}}$ durch Interpolation an veränderte Aspektverhältnisse angepasst werden.

## 4.4 Fluidmechanische Domäne

Bei der Bewegung eines Spiegels in einem Fluid kommt es zwischen diesen zum Impulsaustausch und Energieübertrag. Ein solcher Vorgang wird als fluidische Dämpfung bezeichnet.

Die Bewegung des Fluids ist abhängig von zeitlich und örtlich variierenden makroskopischen Größen wie Geschwindigkeit, Temperatur, Druck, Dichte und Viskosität. Im Allgemeinen wird die Bewegung von fluidischen Kontinuen durch die *Navier-Stokes*-Gleichung beschrieben [58, 59]. Es handelt sich um eine nichtlineare partielle Differentialgleichung 2-ter Ordnung, deren Lösung nur für wenige Spezialfälle bekannt ist. Sie kann jedoch mit Hilfe der numerischen Strömungsmechanik (engl.: Computational Fluid Dynamics, CFD)[2] gelöst werden. Für komplexe, zeitlich veränderliche Geometrien und Strömungsvolumina wird eine Modellierung mittels CFD sehr aufwendig und rechenintensiv. Außerdem kann es bei der transienten Simulation stark veränderlicher Netzgeometrien (z.B. vertikaler Kammelektroden) zu Konvergenzproblemen kommen.

Nachfolgend wird ein Makromodellierungsansatz verwendet, bei dem das gesamte an der Spiegeldämpfung beteiligte Strömungsfeld in relevante Teilfelder, die mit einzelnen Flächensegmenten interagieren, zerlegt wird. Für diese Flächensegmente werden dann analytische Näherungen des Strömungsfeldes gewählt und daraus die auf den Spiegel wirkenden fluidischen Widerstandskomponenten berechnet. Die fluidischen Widerstandskräfte setzen sich aus Druck- und Reibungskomponenten zusammen. Bei der Modellierung gelten folgende Annahmen:

- Für das Fluid gilt die Kontinuitätsbedingung, so dass die Gesetze der Gasdynamik gelten.
- Das Fluid besitzt an einer Grenzfläche die Geschwindigkeit[3] der Grenzfläche.
- Es bildet sich an einer Grenzfläche ein laminares Geschwindigkeitsfeld aus.
- Kompressionseffekte an einem frei angeströmten Flächensegment können vernachlässigt werden.
- Die Strömung kann als stationär betrachtet werden.
- Das Strömungsfeld an einem betrachteten Flächensegment ist eindeutig durch die Relativbewegung dieses Segments oder aber durch die eines zugeordneten Flächensegments erklärbar.

[2] z.B. FDM, FVM, FEM, LBM, SPH

[3] *no-slip*-Randbedingung

### 4.4.1 Relevante dimensionslose Kennzahlen und Randbedingungen

Dimensionslose Kennzahlen ermöglichen den Vergleich ähnlicher Modellsysteme. Auf diese Weise lassen sich Ergebnisse aus einigen wenigen Experimenten auf unbekannte Probleme mit gleicher dimensionsloser Kennzahl übertragen. Im Bereich der Fluiddynamik werden dimensionslose Kennzahlen beispielsweise genutzt, um Aussagen über die Kontinuitätsbedingungen, das Verhalten an Grenzflächen, das Ausbilden laminarer Grenzschichten und die Kompressibilität des Fluids zu treffen.

**Knudsen-Zahl:** Die Gültigkeit der Kontinuitätsbedingung eines Fluids wird üblicherweise anhand der *Knudsen*-Zahl ermittelt:

$$Kn = \frac{L_\mathrm{f}}{L_\mathrm{c}}. \tag{4.45}$$

Hierbei ist $L_\mathrm{f}$ die freie Weglänge eines Fluidmoleküls und $L_\mathrm{c}$ eine charakteristische Länge der Strömungsanordnung. Der Kontinuumsansatz ist erfüllt, wenn die freie Weglänge sehr viel kleiner als die charakteristische Weglänge ist ($Kn << 1$). Die freie Weglänge berechnet sich zu:

$$L_\mathrm{f} = \frac{kT}{\sqrt{2}\pi P d_\mathrm{m}^2}. \tag{4.46}$$

Hierbei ist $k$ die *Boltzmann*-Konstante, $T$ die Temperatur, $P$ der Druck und $d_\mathrm{m}$ der kleinste Moleküldurchmesser eines Fluids [60]. Die charakteristische Weglänge $L_\mathrm{c}$ ist eine lokale Änderungen im Geschwindigkeitsprofil beschreibende Längenabmessung. Für die zu untersuchenden Mikroscanner ist es sinnvoll den Elektrodenabstand $d$ anzusetzen. Für $d = 5\ \mu$m, $T = 60\ ^\circ C$ und einen minimalen Moleküldurchmesser des umgebenden Fluids von $d_\mathrm{m} = 0.35$ nm (Stickstoff) ist die Bedingung erfüllt [15].

Eine wesentliche Modellierungsrandbedingung der hier aufgeführten Näherungslösungen ist, dass Moleküle an der Struktur-Fluid-Grenzschicht die Geschwindigkeit der Struktur annehmen, also nicht auf der Oberfläche gleiten. Diese Bedingung kann jedoch nur erfüllt werden, wenn $Kn <= 10^{-3}$ gilt. Für einen Normaldruck von $P_0 = 103\ kPa$ muss bei Mikrospiegeln mit Schlupf (engl.: *Slip*) gerechnet werden [15]. Um die *no-slip*-Randbedingung dennoch zur Lösung verwenden zu können, muss eine *slip*-Korrektur der dynamischen Viskosität $\eta$ eingeführt werden. Die effektive dynamische Viskosität $\eta_\mathrm{eff}$ ist als

$$\eta_\mathrm{eff} = \frac{\eta}{1 + f(Kn)} \tag{4.47}$$

definiert und kann experimentell ermittelt werden. Nach *Veijola* [61] kann $\eta$eff mit

$$f(Kn) = 9.638 \cdot Kn^{1.159} \tag{4.48}$$

angenähert werden.

**Reynolds-Zahl:** Die *Reynolds*-Zahl gibt an, ob sich eine laminare oder turbulente Strömung ausbildet. Sie spiegelt das Verhältnis von Trägheits- zu Zähigkeitskräften wider und ist zu

$$Re = \frac{\rho u L_\mathrm{c}}{\eta} \tag{4.49}$$

definiert. Hierbei ist $\rho$ die Dichte des Mediums, $u$ die maximal auftretende Geschwindigkeit und $L_\mathrm{c}$ eine charakteristische Länge der umströmten Struktur. Bei Übersteigen einer kritischen *Reynolds*-Zahl von $Re_{krit} \approx 2000$ beginnt sich das Fluid von der Grenzfläche abzulösen und es beginnt die Ausbildung von Turbolenzen [58]. Für Mikroscanner wird die maximale Fluidgeschwindigkeit bei Verkippung in radialer Richtung an der Spiegelaußenkante erreicht. Nach *Klose* [15] werden für Mikroscanner übliche Betriebsparameter *Reynolds*-Zahlen von $Re_\mathrm{max} \approx 100$ nicht überschritten und die Strömung kann als laminar betrachtet werden.

**Mach-Zahl:** Die *Mach*-Zahl beschreibt das Verhältnis von Trägheits- zu Kompressionskräften [58] und ist mit der maximalen Geschwindigkeit $u$ und der im Medium geltenden Schallgeschwindigkeit $c$ über den Ausdruck

$$Ma = \frac{u}{c} \tag{4.50}$$

definiert. Für $Ma < 0.3$ können Kompressionskräfte im Fluid vernachlässigt werden. Bei Mikrospiegeln kann davon ausgegangen werden, dass erreichbare *Mach*-Zahlen den Wert $Ma <= 0.1$ nicht überschreiten [15]. Damit kann zur Lösung fluiddynamischer Probleme die inkompressible *Navier-Stokes*-Gleichung angesetzt werden.

**Stationäre Strömung:** Für eine theoretisch unendlich andauernde lineare Scanbewegung mit konstanter Geschwindigkeit kann bei Ausbildung eines laminaren Strömungsfelds davon ausgegangen werden, dass dieses auch stationär ist. Gleiches gilt, wenn die Anpassungsgeschwindigkeit der Strömung deutlich höher ist als die Änderung der Strukturbewegung. Um auch Strömungen auf Grund periodischer Scanbewegungen als stationär betrachten zu können, wurde von *Klose* [15] mit Hilfe einer transienten FEM-Simulation die Zeitkonstante des Fluids ermittelt. Hierzu wurde der in Ruhe befindliche Spiegel mit einem Geschwindigkeitssprung beaufschlagt. Dazu wurde die Struktur aus dem Ruhezustand mit einer Sprungfunktion auf Maximalgeschwindigkeit gebracht und anhand der an der Struktur zeitlich variant wirkenden Scherkräfte der Zeitraum ermittelt, den das Fluid benötigt, um ein stationäre Strömung auszubilden. Die Scherkräfte konvergieren dabei gegen einen Endwert. Für ein Konvergenzkriterium von 99% des Endwertes ergab sich eine Einschwingzeit des Fluids von $t_{\text{ein}} \approx 7\ \mu\text{s}$. Die maximale Frequenz $f_{\text{st}}$ für eine periodische Scanbewegung, bei der das Fluid als stationär betrachtet werden kann, berechnet sich demnach zu:

$$f_{\text{st}} \approx \frac{1}{2t_{\text{ein}}}. \tag{4.51}$$

### 4.4.2 Dämpfungsmechanismen der Spiegelstruktur

Vollführt die Spiegelplatte eine Kippbewegung mit Winkelgeschwindigkeit $\dot{\Theta}$, so wird die Platte an einem Punkt mit radialem Abstand $r$ mit der Geschwindigkeit $\vec{v}(r)$ orthogonal angeströmt. Auf der Plattenvorderseite bildet sich eine laminare Grenzschicht aus, wobei die Fluidgeschwindigkeit in orthogonaler Richtung von $\vec{v}(r) > 0$ im Unendlichen auf $\vec{v}(r) = 0$ an der Plattenstirnfläche abfällt. Das Fluid wird an der Plattenvorderseite gestaut. An den scharfkantigen Plattenrändern löst sich die Strömung hingegen ab. Es kommt auf der Plattenrückseite zur Ausbildung eines Unterdrucks. Als Konsequenz ist die an der Platte wirkende fluidische Widerstandskraft $F_{\text{W}}$ auf geschwindigkeitsabhängige Druckunterschiede zurückzuführen. Diese ist proportional zum Quadrat der Anströmgeschwindigkeit und kann mittels Widerstandsgesetz beschrieben werden [58]. Die Widerstandskraft auf ein infinitesimal kleines Flächensegment d$A$ ist analytisch durch

$$dF_{\text{W}} = \frac{-c_w\rho}{2} \cdot \text{d}A \cdot \vec{v}^2 \tag{4.52}$$

unter Verwendung des Widerstandsbeiwertes $c_w$ beschrieben. Hier ist $\rho$ die Dichte des Fluids.

Der $c_w$-Wert für eine rechteckige, orthogonal angeströmte dünne Platten kann in Abhängigkeit des Platten-Seitenverhältnisses $l/b$ nach Tabelle 4.5 angegeben werden. Für Kreisplatten gilt $c_w = 1.11$ [58].

Das Widerstandsmoment $M_{\text{W}}$ eines rotatorisch mit der Winkelgeschwindigkeit $\dot{\Theta}$ um die Spiegelkippachse gedrehten, rechteckigen Flächenprimitivs $A_{prm,i} = l \cdot b$ mit Index $i$ wird nachfolgend mit der Infinitesimalrechnung bestimmt (siehe Abb. 4.8). Aus der Definition des Momentes ergibt sich für $dM_W$:

$$\int_{M_0}^{M_1} dM_{\text{W}} = \int_{F_0}^{F_1} r \cdot dF_{\text{W}} \tag{4.53}$$

Tabelle 4.5: Widerstandsbeiwerte normal angeströmter rechteckiger Platten [58]

| $l/b$ | 1 | 2 | 4 | 10 | 18 | inf |
|---|---|---|---|---|---|---|
| $c_w$ | 1.10 | 1.15 | 1.19 | 1.29 | 1.40 | 2.01 |

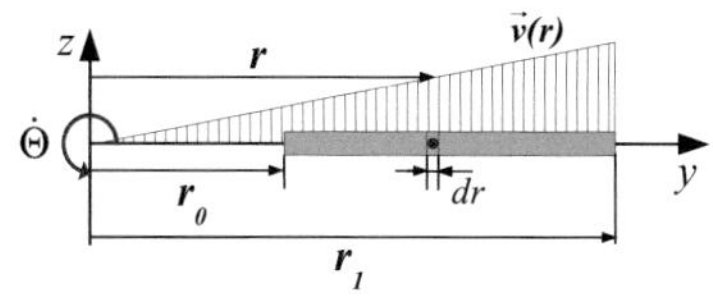


Abbildung 4.8: Querschnitt einer mit Winkelgeschwindigkeit $\dot{\Theta}$ rotierenden Platte mit infinitesimalem Radialsegment $dr$. Die Platte wird orthogonal mit Relativgeschwindigkeit $\vec{v}(r) = r \cdot \dot{\Theta}$ angeströmt.

Durch Einsetzen von Gl. 4.52 in Gl. 4.53 und $dA = b \cdot dr$, $\vec{v}(r) = r\dot{\Theta}$ sowie die anschließende Integration[4] über die Grenzen $r \in [r_0, r_1]$ ergibt sich das Widerstandsmoment der Fläche $A$:

$$M_W = \frac{-c_w \rho b \cdot (r_1^4 - r_0^4)}{8} \cdot \dot{\Theta}^2. \tag{4.54}$$

Das Widerstandsmoment kann der Einfachheit halber auch in Bezug auf den Flächenschwerpunkt $r_{prm,i} = (r_1 - l/2) = r_0 + l/2$ angegeben werden:

$$M_{W,\mathrm{prm},i} = \frac{-c_w \rho b}{2} \cdot (l r_{\mathrm{prm},i}^3 + \frac{r_{\mathrm{prm},i} l^3}{4}) \cdot \dot{\Theta}^2. \tag{4.55}$$

Mit Hilfe von Gl. 4.55 kann nun das Widerstandsmoment beliebig geformter, frontal angeströmter Platten durch Diskretisierung in eine Anzahl von $N$ rechteckige Flächenprimitive näherungsweise angegeben werden:

$$M_W = \sum_{i=1}^{n} M_{W,\mathrm{prm},i}. \tag{4.56}$$

Für eine um die Längsachse $l$ kippende rechteckige Spiegelplatte der Breite $w$ ergibt sich das Widerstandsmoment zu

$$M_W = -\frac{\dot{\Theta}}{|\dot{\Theta}|} \cdot \frac{2.1}{64} \cdot l w^4 \rho \dot{\Theta}^2. \tag{4.57}$$

Der Widerstandsbeiwert $c_w$ ist entsprechend der Plattengeometrie des infinitesimalen Flächensegments zu wählen.

### 4.4.3 Dämpfungsmechanismen der Elektrodenstruktur

Die fluidische Dämpfung von Kammelektroden kann unter Vernachlässigung des Staudrucks an den Elektrodenstirnflächen auf Reibwiderstand der durch die von den Elektrodenfingern gebildeten Mikrokanälen zurückgeführt werden. Grundlegend sind bei vertikalen Kammelektroden zwei Betriebszustände zu unterscheiden [62]:

1. Bewegte und stationäre Elektroden sind im Eingriff: Ausbildung einer *Couette*-Strömung zwischen relativ zueinander bewegten Elektrodenfinger-Flanken.

[4] Bereichsweise Integration für $r_0 < 0 < r_1$

2. Bewegte Elektroden sind frei: Ausbildung einer *Poiseuille*-Strömung zwischen benachbarten Elektrodenfinger-Flanken des bewegten Kamms.

Die Elektrodengrundstruktur und die sich ausbildenden Strömungsprofile sind schematisch in Abb. 4.9 gezeigt. Die fluidischen Flächenreibkräfte auf ein infinitesimales Flächensegment d$A$ mit *Couette*- bzw. *Poiseuille*-

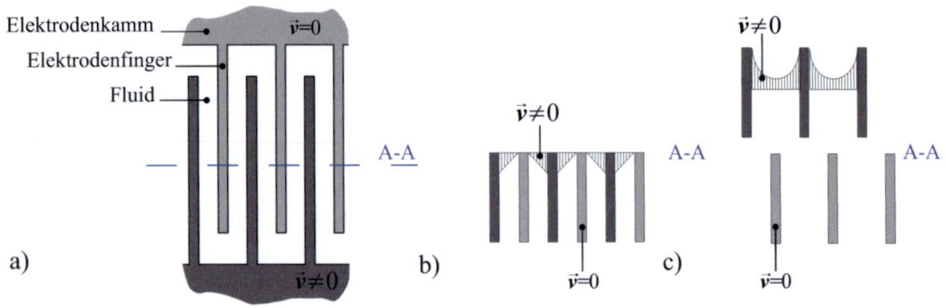


Abbildung 4.9: Schematische Darstellung einer Kammelektrode a) in der Aufsicht und im Querschnitt bei Ausbildung b) einer *Couette*-Strömung (eingeschwenkte Elektrodenfinger) und c) *Poiseuille*-Strömung (ausgeschwenkte Elektrodenfinger)

Strömung lauten:

$$dF_{\text{Cou}} = \frac{-\eta \mathrm{d}A}{d} \cdot \vec{v}, \tag{4.58}$$

$$dF_{\text{Poi}} = \frac{-4\eta \mathrm{d}A}{d_\text{h}} \cdot r\vec{v}. \tag{4.59}$$

Hierbei ist mit $\eta$ die dynamische Viskosität des Fluids, $d$ der Abstand zwischen den bewegten Flächen und $d_\text{h} = \frac{4 \cdot A_\text{Q}}{U_\text{Q}}$ der hydraulische Durchmesser des Strömungskanals bezeichnet. Mit $A_\text{Q}$ ist die Querschnittsfläche des Strömungskanals mit dem Umfang $U_\text{Q}$ benannt.

**Widerstandsmoment einer einzelnen Elektrodenfläche:** Mittels Infinitesimalrechnug wird das Widerstandsmoment $M_\text{W}$ einer beliebigen um die Spiegelkippachse gedrehten Fläche $A$ berechnet. Die Geschwindigkeit des Flächensegments d$A$ ist, wie in Abb. 4.10 dargestellt, durch $v(r) = r \cdot \Theta$ gegeben. Das Widerstandsmoment ergibt

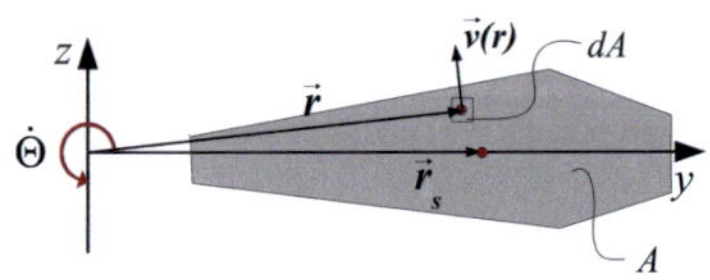


Abbildung 4.10: Mit Winkelgeschwindigkeit $\dot{\Theta}$ rotierende Polygonfläche. Infinitesimales Flächensegment d$A$ wird tangential zur Kreisbahn mit Geschwindigkeit $\vec{v}(r)$ angeströmt.

sich für *Couette*- bzw. *Poiseuille*-Strömung über die Definition des Moments mit Gl. 4.58 bzw. 4.59 zu:

$$M_{\text{W,Cou}} = \frac{-\eta \dot{\Theta}}{d} \cdot \int_A r^2 \mathrm{d}A, \tag{4.60}$$

$$M_{\mathrm{W,Poi}} = \frac{-4\eta\dot{\Theta}}{d_{\mathrm{h}}} \cdot \int_A r^2 \mathrm{d}A. \tag{4.61}$$

Der Ausdruck $\int_A r^2 \mathrm{d}A$ entspricht der Definition des polaren Flächenträgheitsmomentes $I_p$. Für viele Standardgeometrien kann $I_{\mathrm{p}}$ Tabellenwerken (z.B. [53]) entnommen werden, so dass das Widerstandsmoment ohne Lösen des Integrals sehr einfach berechnet werden kann:

$$M_{\mathrm{W,Cou}} = \frac{-\eta\dot{\Theta}}{d} \cdot I_{\mathrm{p}}, \tag{4.62}$$

$$M_{\mathrm{W,Poi}} = \frac{-4\eta\dot{\Theta}}{d_{\mathrm{h}}} \cdot I_{\mathrm{p}}. \tag{4.63}$$

Bei vertikalen Elektrodenfingern ändert sich im Betrieb die Geometrie der Mikrokanäle. Einander gegenüberliegende Flächen bilden in der Projektion Polygon-Schnittflächen höherer Ordnung, die während des Scanvorgangs ihre Gestalt ändern, so dass eine Referenzierung auf Standardgeometrien nicht möglich ist. Allgemein ist das polare Flächenträgheitsmoment $I_{\mathrm{p}}$ für Drehung um eine Achse $x$ über die axialen Flächenträgheitsmomente $I_y$ und $I_z$ (siehe B.12 und B.13) unter Berücksichtigung des *Steiner*schen Satzes wie folgt definiert:

$$I_{\mathrm{p}} = I_y + I_z + r_{\mathrm{s}}^2 A. \tag{4.64}$$

Das polare Flächenträgheitsmoment $I_{\mathrm{p}}$ kann auch in Bezug auf den Flächenschwerpunkt des Polygons angegeben werden, so dass lediglich die axialen Flächenträgheitsmomente $I_y = \int_A z^2 \mathrm{d}A$ und $I_z = \int_A y^2 \mathrm{d}A$ von der Geometrie abhängig sind, wo hingegen der *Steiner*-Anteil leicht aus dem Abstand des Schwerpunktes zur Drehachse $r_{\mathrm{s}}$ und der Fläche $A$ berechnet werden kann. Besonders einfach wird die Berechnung dann, wenn die axialen Flächenträgheitsmomente klein gegenüber dem *Steiner*-Anteil sind, in diesem Fall kann $I_{\mathrm{p}} \approx I_{\mathrm{s}}$ angenähert werden.

Unter der Annahme einer vollständigen Überlappung der Elektrodenfinger-Flanken wird untersucht, wie weit ein Elektrodenfinger mit rechteckigem Flankenprofil und der Fläche $A = hl$ von der Drehachse entfernt angebracht sein muss, um diese Annahme zu rechtfertigen. Es wird gefordert, dass $fI_{\mathrm{p}} <= I_{\mathrm{s}}$. Hierbei ist der Faktor $f$ als relative Approximationsgenauigkeit zu verstehen. Es ergibt sich, dass:

$$r_{\mathrm{s}} \geq \sqrt{\frac{(l^2 + h^2)}{12 \cdot (1 - f)}} \tag{4.65}$$

erfüllt sein muss. Mit $\Delta e = 1 - f$ ergibt sich dann für die Näherung eine Abweichung von:

$$\Delta e = \frac{{r_{\mathrm{s}}}^2}{\frac{1}{12} \cdot (l^2 + h^2) + {r_{\mathrm{s}}}^2}. \tag{4.66}$$

Für ein Höhe-zu-Länge-Verhältnis von $h = l/3$ ergeben sich in Abhängigkeit des Schwerpunktabstandes $r_{\mathrm{s}}$ für die Näherung des polaren Flächenträgheitsmomentes, die in Tab. 4.6 aufgeführten Abweichungen. Bei einem direkt an

Tabelle 4.6: Abweichung $\Delta e$ bei Approximation des polaren Flächeträgheitsmomentes $I_{\mathrm{p}}$ durch den *Steiner*-Anteil $r_{\mathrm{s}}^2 A$ für eine rechteckige Fläche $A = lh$ mit $h = l/3$.

| $r_{\mathrm{s}}$ | $0.5 \cdot l$ | $l$ | $1.5 \cdot l$ | $2 \cdot l$ |
|---|---|---|---|---|
| $\Delta e$ /% | 27 | 8.5 | 4 | 2 |

der Drehachse aufgehängten Elektrodenfinger beträgt die Abweichung ca. 27%. Elektroden dieser Art lassen sich jedoch konstruktiv schlecht realisieren, da im Bereich der Kippachse ein Träger zur mechanischen Verbindung von

Federaufhängung und Spiegel erforderlich ist. Ein konstruktiv realistischer Wert[5] ist daher $r_s = 1.5l$, so dass die Abweichung lediglich 4 % beträgt und für die Modellierungszwecke dieser Arbeit akzeptiert werden kann.

Die Widerstandsmomente für *Couette*- bzw. *Poiseuille*-Strömung nach Gl. 4.62 bzw. Gl. 4.63 vereinfachen sich zu:

$$M_{\mathrm{W,Cou}} = \frac{-\eta\dot{\Theta}}{d} \cdot r_s^2 \cdot A, \tag{4.67}$$

$$M_{\mathrm{W,Poi}} = \frac{-4\eta\dot{\Theta}}{d_h} \cdot r_s^2 \cdot A. \tag{4.68}$$

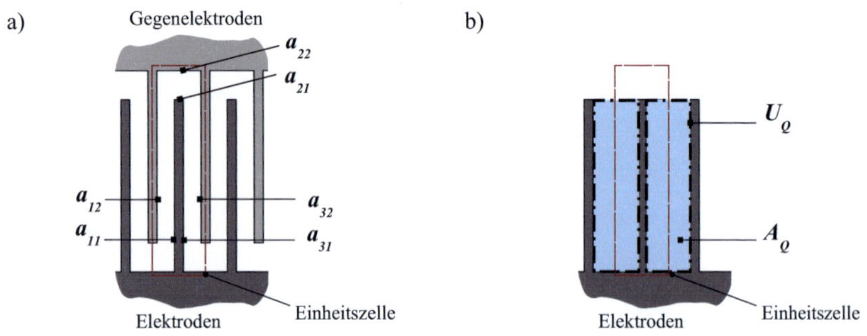


Abbildung 4.11: Elektrodeneinheitszelle in der Aufsicht a) mit verzahnten und b) ausgeschwenkten Elektrodenfingern

**Widerstandsmoment der Elektroden-Einheitszelle:** Ausgehend von den vorangegangenen Überlegungen kann das fluidische Widerstandsmoment $M_W$ der in Abb. 4.11 gezeigten, aus drei Flächenpaaren $a_{k,i}$ bestehenden Elektrodeneinheitszelle modelliert werden: Das fluidische Widerstandsmoment der Elektrodeneinheitszelle ergibt sich zu

$$M_{\mathrm{W,el}} = \sum_{k=1}^{3} \frac{-\eta \cdot \dot{\Theta}}{d_k} \cdot rA_{k,i}^2 A_{k,i} - \xi \cdot \frac{4\eta\dot{\Theta}}{d_{k,h}} \cdot rA0_{k,i}^2 A0_{k,i}. \tag{4.69}$$

Je eine Fläche eines Flächenpaares der Einheitszelle gehört zu einem bewegten und die Andere zu einem stationären Elektrodenfinger. An der Fläche des bewegten Elektrodenfingers liegt je nach Überlappung mit der komplementären Fläche eine *Couette*-Strömung (verzahnte Elektroden) oder eine *Poiseuille*-Strömung vor. Dabei kann in einer überlappenden Teilfläche $A_{k,i}$ eine *Couette*-Strömung anliegen, während an einem nicht überlappenden Flächensegment $A0_{k,i}$ der Gesamtfläche $a_{k,i}$ *Poiseuille*-Strömung anliegt.

Es werden zunächst für die Flächen $a_{k,i}$, $A_{k,i}$ und $A0_{k,i}$ die Schwerpunkte $Sa_{k,i}$, $SA_{k,i}$ und $SA0_{k,i}$ und die Abstände zur Drehachse $ra_{k,i}$, $rA_{k,i}$ und $rA0_{k,i}$ berechnet. Dabei sind $a_{k,i}$, $Sa_{k,i}$ und $ra_{k,i}$ *a priori* bekannt. $A_{k,i}$ wird algorithmisch nach Abschnitt 4.1.3 und $SA_{k,i}$ bzw. $rA_{k,i}$ nach Anhang B.4.1 berechnet. Mit $A0_{k,i} = a_{k,i} - A_{k,i}$ und $rA0_{k,i} = \frac{rA_{k,i}A_{k,i} + ra_{k,i}a_{k,i}}{A0_{k,i}}$ ist auch $rA0_{k,i}$ definiert.

Die Größe $\xi$ in Gl. 4.69 ist eine heuristische Funktion, die die Störung der angenommenen Strömungsprofile im teilüberlappenden Elektrodeneingriff beschreibt. Sie berücksichtigt außerdem die Tatsache, dass im Teileingriff

[5] entsprechend den Realisierungsbeispielen

nachströmendes Fluid die Gegenelektroden passieren muss. Hierbei wird das Fluid der Wirbelschleppe an den Gegenelektroden abgebremst. Nach dem Gesetz von *Actio und Reactio* wirken hierbei auf bewegte und stationäre Elektroden entgegengesetzte, gleich starke Widerstandskräfte. $\xi$ kann entweder durch CFD-Simulation für eine spezifische Elektrodengeometrie berechnet und dann gefittet [63] oder aber über die heuristische Funktion

$$\xi = (1 + 1.2 \cdot (a_{k,i} - A0_{k,i})/(a_{k,i})) \tag{4.70}$$

abgebildet werden. Der typische Verlauf des Widerstandsmoments ist exemplarisch für eine CAVC-, AVC- und SVC- Elektrodeneinheitszelle in Abb. 4.12 dargestellt.

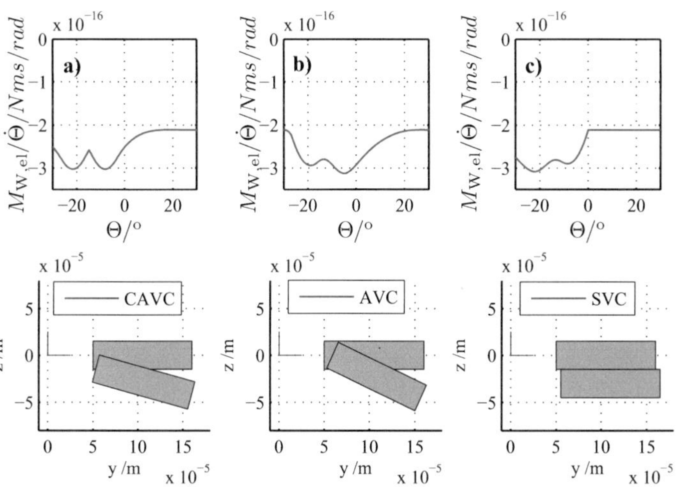


Abbildung 4.12: Aufgetragen über den Auslenkungswinkel Θ ist das Widerstandsmoment pro Winkelgeschwindigkeit für exemplarische a) CAVC-, b) AVC- und c) SVC-Elektrodeneinheitszellen.

## 4.5 Mechanische Domäne

Wesentliche Eigenschaften der hier beschriebenen Mikroscanner sind mechanischer Natur. Hierzu gehören elastomechanische Verformungen und daraus resultierende Spannungszustände an schlanken Trägern, die zum Beispiel für die Aufhängung von Rahmen- und Spiegelachachse Verwendung finden. Sie können, wie in Abschnitt 4.5.1 erläutert, beschrieben werden. Der Einsatz von Festkörpermechaniken für die Realisierung vertikaler Kammantriebe aus planar gefertigten Elektroden durch Vorauslenkung während des Wafer-Bond-Prozesses erfordert die Auslegung der verformungsabhängigen Auslenkcharakteristik. Die Modellierung von Festkörpermechaniken unter statischer Last wird in Abschnitt 4.5.2 beschrieben. Die Verteilung von Masse und deren elastische Kopplung führt an den Mikrospiegelstrukturen zu den Phänomen mechanischer Eigenfrequenzen und Eigenmoden. Die Untersuchung der Schwingungseigenschaften der Mikrospiegelmechaniken erfolgt in Abschnitt 4.5.3.

### 4.5.1 Verformung schlanker Träger rechteckigen Querschnitts

Unter einem schlanken Träger mit rechteckigem Querschnitt wird ein stabförmiges Strukturelement verstanden, dessen Länge $l$ groß gegenüber der Breite $b$ und Höhe $h$ des Querschnitts ist. Im Rahmen der linearelastischen

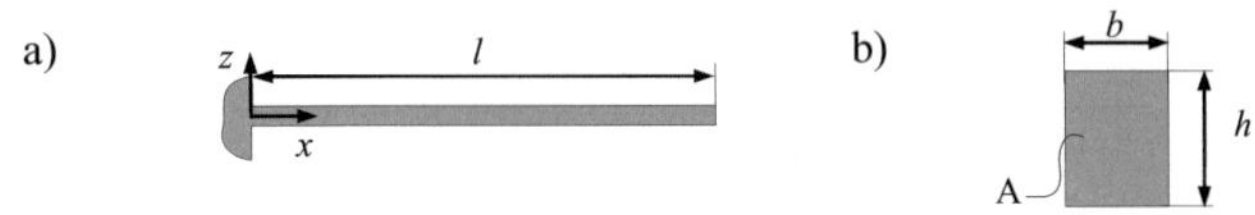


Abbildung 4.13: a) Schlanker Träger $(b, h << l)$ mit b) rechteckigem Querschnitt

Verformungstheorie lassen sich die Strukturverformungen eines solchen mechanischen Elements aufgrund äußerer Kräfte und Momente, so wie die resultierenden Materialspannungen, bestimmen.

**Träger unter Zugbelastung**

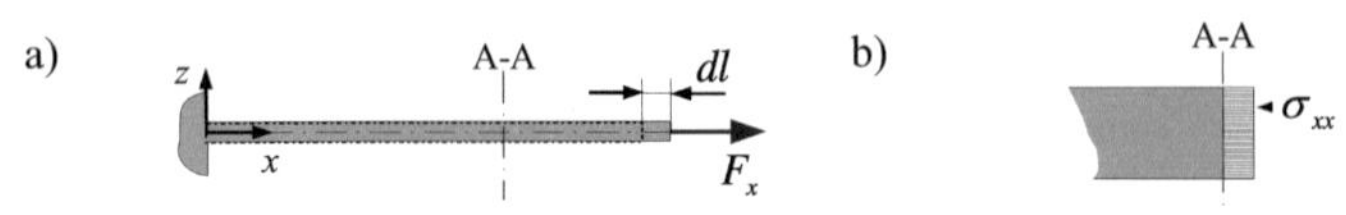


Abbildung 4.14: Eine a) Zugbelastung mit der Kraft $F_x$ führt b) im Querschnitt A-A zu einer homogen verteilten Normalspannungsverteilung $\sigma_{xx}$

Wird ein Träger mit einer Zugkraft $F_x$ in Längsrichtung belastet, ergibt sich der Zusammenhang mit der Federsteifigkeit $k_x$ und der Verschiebung $dx$:

$$d\vec{F}_x = k_x \mathrm{d}x = \frac{EA\mathrm{d}x}{l}. \tag{4.71}$$

Hierbei ist $A$ die Querschnittsfläche und $E$ das Elastizitätsmodul des Trägers in Längsrichtung. Die resultierende Normalspannung $\sigma_{xx}$ ist, wie in Abb. 4.14 gezeigt, homogen über die Querschnittsfläche des Trägers verteilt. Zusammen mit der Dehnung in Stablängsrichtung $\varepsilon_{xx} = dx/l$ lässt sich aus Gl. 4.71 die Normalspannung $\sigma_{xx}$ berechnen:

$$\sigma_{xx} = E \cdot \varepsilon_{xx} \tag{4.72}$$

**Balkenbiegung**

Die schlanken Träger der Spiegelstruktur und der Elektrodenaufhängung sind in der Regel auch Biegebelastungen (z.B. durch elektrostatische Antriebskräfte) ausgesetzt. Die Biegelinie $w(x)$ ergibt sich gemäß der *Bernoulli-Euler*-Theorie unter Berücksichtigung der an den Trägerenden wirkenden Kräfte und Momente sowie der Verformungsfreiheitsgrade. In Bezug auf die in dieser Arbeit untersuchten mechanischen Mikrospiegelstrukturen sind die in Abb. 4.15 dargestellten Belastungsfälle von grundlegender Bedeutung. Durch *Superposition* kann ein weiterer Belastungsfall gebildet werden.

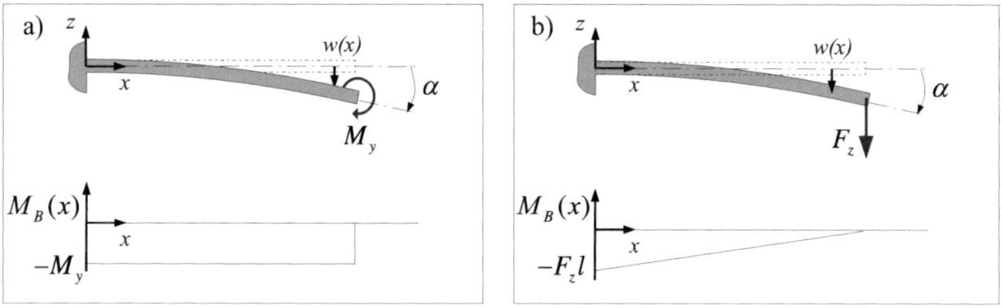


Abbildung 4.15: Schema grundlegender Fälle der Balkenbiegung nach der *Bernoulli-Euler*-Theorie. Einseitig fest eingespannter Träger mit a) freiem Moment und b) einer Querkraft und Sperrung in Längsrichtung am gegenüberliegenden Trägerende. Verlauf des Biegemomentes $M_B(x)$

**Belastungsfall 1. - Freies Moment:** Der einseitig fest eingespannte Träger erfährt durch das Anbringen eines freien Momentes $M_y$ am gegenüberliegenden Trägerende eine Verkrümmung, so dass die längs des Trägers verlaufende neutrale Faser der Biegelinie

$$w(x) = \frac{M_y l^2}{2EI_y}[1 - 2\frac{x}{l} + (\frac{x}{l})^2] \tag{4.73}$$

folgt. $I_y$ ist das Flächenträgheitsmoment 2-ten Grades[6] in Bezug auf die y-Achse. Das angreifende freie Moment führt am belasteten Ende bezüglich der Trägerlängsachse zu einer senkrechten Verschiebung $u_z = w(x = l)$ und einer Verkippung $\alpha$ der Stirnfläche. Es steht mit dem Freiheitsgrad $\alpha$ über den Zusammenhang

$$M_y = k_{1,ry}\alpha = \frac{EI_y\alpha}{l} \tag{4.74}$$

und mit der Verschiebung $u_z$ über

$$M_y = k_{1,z}u_z = \frac{2EI_y u_z}{l^2} \tag{4.75}$$

in Verbindung. Hierbei beschreibt $k$ die Federsteifigkeit des Freiheitsgrades für den spezifischen Belastungsfall, $E$ das E-Modul des Trägers in Längsrichtung. Es ergibt sich aus Gl. 4.74 und 4.75 dass $u_z = \frac{l \cdot \alpha}{2}$ und damit eine Kopplung der Freiheitsgrade für diesen Belastungsfall vorliegt.

**Belastungsfall 2. - Querkraft:** Der einseitig fest eingespannte Träger erfährt durch das Anbringen einer Querkraft $F_z$ am gegenüberliegenden Trägerende eine Verschiebung $u_z = w(x = l)$. Die Biegelinie der neutralen Faser lautet

$$w(x) = \frac{F_y l^3}{6EI_y}[2 - 3\frac{x}{l} + (\frac{x}{l})^3]. \tag{4.76}$$

Die Querkraft steht mit der translatorischen Verschiebung $u_z$

$$F_z = k_{2,z}u_z = \frac{3EI_y u}{l^3} \tag{4.77}$$

und der rotatorischen Verschiebung $\alpha$ über

$$F_z = k_{2,ry}\alpha = \frac{2EI_y u}{l^2} \tag{4.78}$$

im Zusammenhang.

[6](siehe Anhang, Tab. B.1)

**Spannungszustand in einem Träger unter Biegebelastung:** Der Verlauf der Flächennormalspannung $\sigma_{xx}$ ergibt sich am Ort x aus dem wirksamen Biegemoment $M_B(x)$ zu:

$$\sigma_{xx} = -\frac{M_B(x)z}{I_y}. \tag{4.79}$$

Das Biegemoment berechnet sich aus der Biegelinie zu:

$$M_B(x) = -EI_y w''(x). \tag{4.80}$$

Das im Querschnitt resultierende Normalspannungsprofil ist in Abb.4.16 gezeigt.

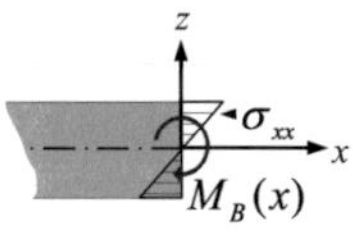


Abbildung 4.16: Schematische Darstellung des aus dem Biegemoment $M_B(x)$ resultierenden Normalspannungsprofils

### Torsion eines schlanken Trägers mit rechteckigem Querschnitt

Wird ein schlanker Träger entlang der Längsachse um den Winkel $\Theta$ verdrillt, so werden einzelne Querschnitte entlang der Längsachse gegeneinander verdreht. Der dabei entstehende Spannungszustand im Festkörper ist nur für den Spezialfall von Trägern mit rundem Querschnittsprofil eben. Für Träger mit rechteckigem Querschnitt sind zusätzlich Verschiebungen in Trägerlängsrichtung zu berücksichtigen. Deshalb ist zu unterscheiden, ob die Enden des Stabes geometrisch frei oder fest eingespannt sind.

**Torsion bei freiem Trägerende:** Wird ein Festkörpersegment gedehnt, so ist die Dehnung nach dem *Hooke*schen Gesetz proportional zu den am Körper angreifenden Oberflächenspannungen. Greift an einem Stab mit rechteckigem Querschnitt, dessen Längsachse entlang der x-Achse orientiert ist, ein Moment $M_x$ an, so wird dieser um den Winkel $\Theta$ verdrillt. Das Moment wird dann an den Stirnflächen durch die Schubspannungen $\tau_{xy}$ bzw. $\tau_{xz}$ übertragen. Hierbei bleibt der Querschnitt des Stabes über die Stablänge erhalten. Die Stirnflächen werden verwölbt. Durch Integration der Schubspannungen erhält man das am Stab angreifende Moment. Für linear elastisches isotropes Material lautet die linearer Näherung des Federmoments $M_x$ [64]:

$$M_x = k_{rx}\Theta. \tag{4.81}$$

Die Federsteifigkeit $k_{rx}$ kann als Produkt des Schermoduls $G$ mit dem polaren Flächenträgheitsmoment 2-ten Grades $I_p$ bzw. die Torsionssteifigkeit $C_t$, geteilt durch die Trägerlänge $l$, dargestellt werden:

$$k_{rx} = \frac{GI_p}{l} = \frac{C_t}{l}. \tag{4.82}$$

Das polare Flächenträgheitsmoment eines Stabes mit rechteckigem Querschnitt wird für $b \leq h$ nach [64] durch

$$I_p = \frac{1}{3}b^3h \cdot (1 - \frac{192b}{\pi^5 h} \sum_{k=1,3,5,...}^{\infty} \frac{1}{k^5} \cdot \tanh\frac{k\pi h}{2b}) \tag{4.83}$$

beschrieben. Die Reihe konvergiert schnell, so dass aus der Berücksichtigung der ersten ein bis zwei Terme eine ausreichende Genauigkeit für die Modellierung resultiert [14].

Bei Trägerelementen aus einkristallinem Silizium müssen die orthotropen Materialeigenschaften bei der Berechnung der Torionsfedersteifigkeit berücksichtigt werden. Das Schermodul $G$ ist orientierungsabhängig, wodurch örtliche Spannungskomponenten unterschiedlich stark zum Federmoment beitragen. Sollen in Annäherung an den isotropen Fall die Gl. 4.81 und Gl. 4.82 zur Berechnung des Federmoments verwendet werden, so muss für einkristallines Silizium mit einem gemittelten Schermodul $\bar{G}$ gerechnet werden. Dieses kann über die Definition des Schubmoduls für isotropes Material

$$\bar{G} = E_{xx}/(2 \cdot (1+\bar{\nu})) \tag{4.84}$$

mit Hilfe einer gemittelten *Poisson*-Zahl $\bar{\nu}$ berechnet werden. $E_{xx}$ ist das E-Modul in Längsrichtung des Stabes. Jedoch wird hierbei der Einfluss der Geometrie auf einzelne Schubspannungsanteile und Schubmodulkomponenten nicht berücksichtigt. Als mittlere *Poisson*-Zahl $\bar{\nu}$ für c-Si gibt *Mehner* [65] einen Wert von 0.28 an. Für [110] orientierte Trägerelemente kann der Einfluss der Geometrie auf $\bar{G}$ mit

$$\frac{\bar{G}}{\text{GPa}} = \frac{85.8}{4 \cdot (\frac{b}{h} + 0.08517)^2 + 3} + 51.2 \tag{4.85}$$

nach [65] berechnet werden.

Die Torsionssteifigkeit $C_t$ für schlanke Träger mit rechteckigem Querschnitt kann bei orthotropen Materialeigenschaften auch nach *Lekhnitskii* [66]

$$C_t = G_{yz} b h^3 \cdot [\frac{32m^2}{\pi} \cdot \sum_{k=1,3,5,...}^{\infty} \frac{1}{k^4} \cdot (1 - \frac{2m}{k\pi} \cdot \tanh(\frac{k\pi}{2m}))] \tag{4.86}$$

mit

$$m = \frac{b}{h} \sqrt{\frac{G_{xz}}{G_{xy}}}$$

berechnet werden. Die im Stab auftretenden maximalen Schubspannungen ergeben sich für $b < h$ nach [64] zu

$$max(\tau) \approx \bar{G} \cdot (b/2) \cdot \Theta - \frac{16\bar{G} \cdot (b/2) \cdot \Theta}{pi^2} \cdot \sum_{n=1,3,5...}^{\infty} \frac{1}{n^2 \cdot \cosh(\frac{n\pi \cdot (h/2)}{b})}. \tag{4.87}$$

Für $b > h$ müssen die Parameter $b$ und $h$ vertauscht werden. Die größte Schubspannung tritt in der Mitte der langen Seite des Querschnitts, mit paralleler Orientierung auf.

**Torsion bei fest eingespannten Trägerenden:** Bei fester Einspannung wird die Verwölbung der Trägerstirnflächen in Stablängsrichtung verhindert, so dass sich der Stab bei Verdrillung zunehmend versteift. Dieser Versteifungseffekt ist nichtlinear, kann jedoch für kleine Verdrillwinkel linear angenähert werden. Nach [64] kann Gl. 4.81 durch eine **effektive Stablänge** $l_{\text{eff}}$ korrigiert werden. Für eine beidseitige Einspannung gilt:

$$l_{\text{eff}} = l - 2L_b. \tag{4.88}$$

Dabei ist $L_b$ der Längenabschnitt nahe der Einspannung des Trägers in dem die Verwölbung und damit die Verdrehung der Querschnittsfläche signifikant verringert wird. $L_b$ berechnet sich nach [64] zu:

$$L_b = max\{h, b\} \cdot \frac{\sqrt{5(\nu+1)}}{6}. \tag{4.89}$$

Die *Poisson*-Zahl $\nu$ muss für orthotropes Material durch die gemittelte Poisson-Zahl $\bar{\nu}$ ersetzt werden. Für c-Si wird nach [65] $\nu \approx \bar{\nu} = 0.28$ verwendet. Durch die Einspannung im Träger auftretende Normalspannungen können im Wertebereich $-b/2 < y < b/2$ und $-h/2 < z < h/2$ nach [15] mit

$$max(\sigma_{xx}) \approx \frac{E_{xx}\Theta}{L_b \cdot (l - L_b)} \cdot max(\sum_{n=0}^{\infty} \frac{8(-1)^n}{bk_n^3 \cdot \cosh(\frac{k_n h}{2})} \sin(k_n y) \cdot \sinh(k_n z)) \tag{4.90}$$

$$\text{mit} \quad k_n = \frac{(2n+1) \cdot \pi}{b}$$

berechnet werden. Die maximalen Zugspannungen treten im Bereich der Einspannung an den Ecken des Querschnitts auf und fallen im Längenintervall $L_b$ auf vernachlässigbare Werte ab.

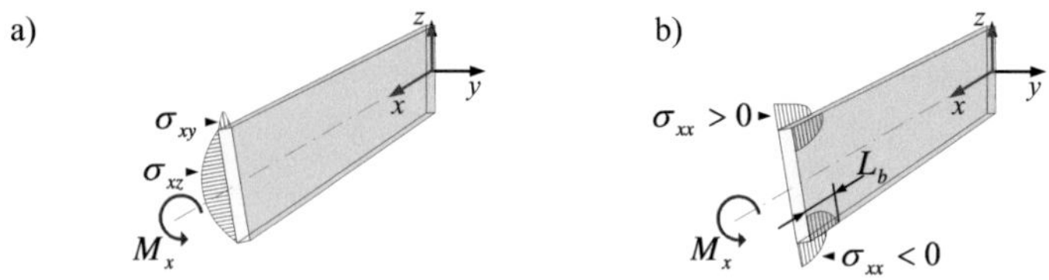


Abbildung 4.17: Qualitativer Verlauf der a) Schubspannungen, b) Zugspannungen im Bereich der Einspannung bei Verdrillung eines schlanken Trägers mit rechteckigem Querschnitt

### 4.5.2 Verformung von Festkörpermechaniken unter statischer Last

Für die Modellierung von MEMS-Mechaniken, z.B. von Mikrospiegeln mit ebenen Kammelektroden [67] unter statischer Last, haben sich mechanische Netzwerke als geeignet erwiesen. Als Modellierungsumgebung kann die MATLAB™basierte Toolbox SUGAR der *UC Berkeley* [42, 43, 68, 69, 70, 71] eingesetzt werden. Bei statischer Strukturbelastung ergibt sich aus dem Kräftgleichgewicht der einzelnen Netzelemente ein Gleichungssystem der Form:

$$\mathbf{K}\vec{u} = \vec{Q}. \tag{4.91}$$

Hierbei ist $\mathbf{K}$ die Steifigkeitsmatrix, $\vec{u}$ der Verschiebungsvektor und $\vec{Q}$ der Lastvektor des mechanischen Netzes.

Als mechanische Netzelemente können z.B. 2D- und 3D-Träger zum Einsatz kommen. So nutzen *Clark* et al. 3D-Trägerelemente zur Simulation der mechanischen Strukturverformung eines aus Polysilizium oberflächenmikromechanisch gefertigten Mikroscanners mit planarem Kammantrieb und Hebelübersetzung [72, 67]. Für die Zwecke dieser Arbeit muss das von den Autoren vorgestellte 3D-Trägerelement jedoch angepasst werden.

#### Mechanische Netzwerkmodelle der Spiegelstruktur

Der Aufbau eines mechanischen Netzes zur Modellierung einer Festkörperstruktur soll exemplarisch am Beispiel der in Abb. 4.18 gezeigten Netzstruktur verdeutlicht werden. Dargestellt ist eine Trägerstruktur, die aus zwei einzelnen Trägerelementen mit je zwei Knoten ($N_1$, $N_2$) zusammengesetzt ist. Aus dem *Hooke*schen Gesetz ergibt sich, dass die auf ein Element einwirkende äußere Kraft $F$ proportional zur Längenänderung $\Delta u$ ist. Wird an den

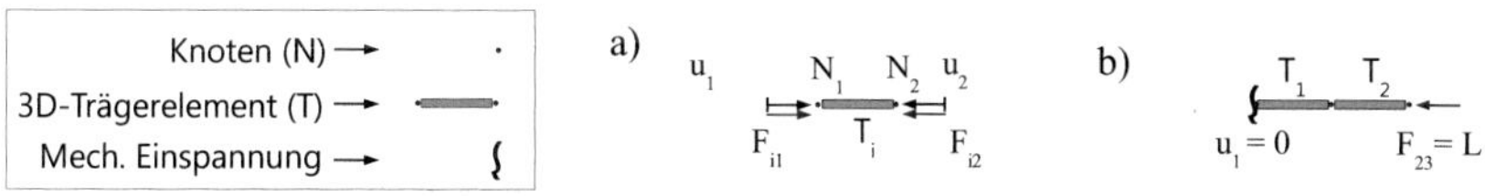


Abbildung 4.18: Schema a) eines mechanischen Trägerelements und b) eines aus zwei Trägerelementen bestehenden Netzwerks mit fester Einspannung an Knoten $N_1$ und einer äußeren Kraft an Knoten $N_3$ als Knotenrandbedingungen

Knoten $N_1$ und $N_2$ eines Trägerelements mit Index $i$ ein Kräftegleichgewicht aufgestellt, so ergeben sich die Knotengleichungen wie folgt:

$$\begin{aligned} \mathbf{k}_i \cdot (\vec{u}_1 - \vec{u}_2) &= \vec{F}_{i1}, \\ \mathbf{k}_i \cdot (\vec{u}_1 - \vec{u}_2) &= \vec{F}_{i2}. \end{aligned} \tag{4.92}$$

Hier sind $\vec{u}_1$ und $\vec{u}_2$) die Knotenverschiebungsverktoren und $k$ ist die Federsteifigkeit des Elements. Es folgt aus den Knotenkräftegleichgewichten, dass $\vec{F}_{i1} = -\vec{F}_{i2}$. Wird nun aus den einzelnen Trägerelementen ein mechanisches Netz gebildet, so ist für den statischen Belastungsfall erforderlich, dass die Summe aller an einem Knoten angreifenden Kräfte Null ist. Dies entspricht der *Knotenregel* der *Kirchhoff*schen Netzwerktheorie. Entsprechend ergibt sich für das Beispielnetz das nachfolgende Gleichungsystem:

$$\begin{pmatrix} \mathbf{k}_1 & -\mathbf{k}_1 & 0 \\ -\mathbf{k}_1 & (\mathbf{k}_1 + \mathbf{k}_2) & -\mathbf{k}_2 \\ 0 & \mathbf{k}_2 & -\mathbf{k}_2 \end{pmatrix} \cdot \begin{pmatrix} \vec{u}_1 \\ \vec{u}_2 \\ \vec{u}_3 \end{pmatrix} = \begin{pmatrix} \vec{F}_{11} \\ 0 \\ \vec{F}_{23} \end{pmatrix}. \tag{4.93}$$

Das Gleichungsystem besitzt fünf unbekannte Vektoren, drei Verschiebungsvektoren und zwei Lastvektoren. Das System ist entsprechend statisch unterbestimmt. Es müssen zwei Vektoren als Randbedingungen gewählt werden, um alle übrigen Größen eindeutig bestimmen zu können.

### 3D-Trägerelement

Im Rahmen dieser Arbeit wurde zur netzwerkbasierten Berechnung statischer Verformung von Festkörperstrukturen das nachfolgend beschriebene 3D-Trägerelement verwendet. Abb. 4.19 zeigt exemplarisch einen über in Festkörpermechanismen gelagerten 1D-Mikroscanner nach statischer Vorauslenkung. Dabei wurde das gesamte Netz aus 3D-Trägern zusammengesetzt. Etwaige geometrische Entartungen einzelner Trägerelemente können vernachlässigt werden, wenn ihre Verformungszustände nur unwesentlich zur betrachteten Strukturverformung beitragen.

**Modellstruktur:** Die Struktur des 3D-Trägermodells ist in Abb. 4.20 gezeigt. Das 3D-Trägerelement mit Länge $l$, Breite $b$ und Höhe $h$ besitzt 12 mechanische Freiheitsgrade und zwei Knoten $N_1$ und $N_2$, die im Flächenschwerpunkt der Stirnflächen angebracht sind. An den Knoten greifen die Verschiebungen $\vec{u}_1$ und $\vec{u}_2$, so wie die Lastvektoren $\vec{Q}_1$ und $\vec{Q}_2$ an. Der Knotenverschiebungsvektor $\vec{u}_i$ mit $i \in [1,2]$ setzt sich aus den Komponenten

$$\vec{u}_i = \begin{bmatrix} v_{i,x} \\ v_{i,y} \\ v_{i,z} \\ r_{i,x} \\ r_{i,y} \\ r_{i,z} \end{bmatrix} \tag{4.94}$$

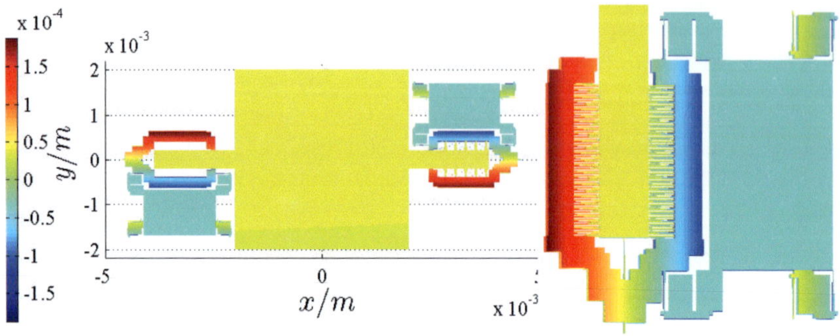


Abbildung 4.19: Links: MATLAB$^{TM}$-Darstellung einer Spiegeltopographie, die mit 3D-Trägerelementen und dem Netzwerksimulator SUGAR modelliert wurde. Rechts: Detail eines vorausgelenkten Festkörpermechanismus mit Kammelektroden. Die z-Auslenkung der Spiegelstruktur ist farblich kodiert; die Einheit lautet: $10^{-4}$ m.

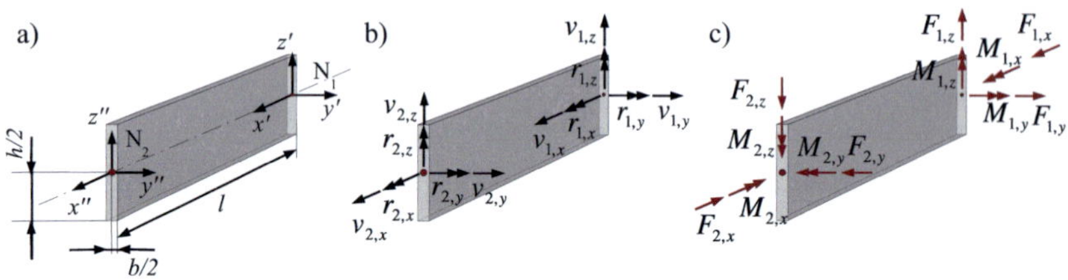


Abbildung 4.20: 3D-Träger: a) Struktur mit 2 Knoten, b) daran angreifenden Knotenverschiebungs- und c) Lastkomponenten

zusammen. $v$ bezeichnet Translations- und $r$ Rotationskomponenten eines Verschiebungsvektors. Der Lastvektor ergibt sich zu

$$\vec{Q}_i = \begin{bmatrix} F_{i,x} \\ F_{i,y} \\ F_{i,z} \\ M_{i,x} \\ M_{i,y} \\ M_{i,z} \end{bmatrix} \tag{4.95}$$

mit den Kräfte- $F$ und Momentekomponenten $M$.

**Steifigkeitsmatrix K:** Die Steifigkeitsmatrix $\mathbf{K}_l$ des lokalen Elementkoordinatensystems lautet:

$$\mathbf{K}_l = \begin{bmatrix} K_{11} & K_{12} \\ K'_{12} & K_{22} \end{bmatrix} \tag{4.96}$$

mit:

$$\mathbf{K}_{11} = \begin{bmatrix} E\cdot\frac{A}{l} & 0 & 0 & 0 & 0 & 0 \\ 0 & 12E\cdot\frac{I_z}{l^3} & 0 & 0 & 0 & 6E\cdot\frac{I_z}{l^2} \\ 0 & 0 & 12E\cdot\frac{y}{l^3} & 0 & -6E\cdot\frac{I_y}{l^2} & 0 \\ 0 & 0 & 0 & \frac{C_t}{l_{\text{eff}}} & 0 & 0 \\ 0 & 0 & -6E\cdot\frac{I_y}{l^2} & 0 & 4E\cdot\frac{I_y}{l} & 0 \\ 0 & 6E\cdot\frac{I_z}{l^2} & 0 & 0 & 0 & 4E\cdot\frac{I_z}{l} \end{bmatrix}, \tag{4.97}$$

$$\mathbf{K}_{12} = \begin{bmatrix} -E\cdot\frac{A}{l} & 0 & 0 & 0 & 0 & 0 \\ 0 & -12E\cdot\frac{I_z}{l^3} & 0 & 0 & 0 & 6E\cdot\frac{I_z}{l^2} \\ 0 & 0 & -12E\cdot\frac{y}{l^3} & 0 & -6E\cdot\frac{I_y}{l^2} & 0 \\ 0 & 0 & 0 & -\frac{C_t}{l_{\text{eff}}} & 0 & 0 \\ 0 & 0 & 6E\cdot\frac{I_y}{l^2} & 0 & 4E\cdot\frac{I_y}{l} & 0 \\ 0 & -6E\cdot\frac{I_z}{l^2} & 0 & 0 & 0 & 4E\cdot\frac{I_z}{l} \end{bmatrix}, \tag{4.98}$$

$$\mathbf{K}_{22} = \begin{bmatrix} E\cdot\frac{A}{l} & 0 & 0 & 0 & 0 & 0 \\ 0 & 12E\cdot\frac{I_z}{l^3} & 0 & 0 & 0 & -6E\cdot\frac{I_z}{l^2} \\ 0 & 0 & 12E\cdot\frac{y}{l^3} & 0 & 6E\cdot\frac{I_y}{l^2} & 0 \\ 0 & 0 & 0 & \frac{C_t}{l_{\text{eff}}} & 0 & 0 \\ 0 & 0 & 6E\cdot\frac{I_y}{l^2} & 0 & 4E\cdot\frac{I_y}{l} & 0 \\ 0 & -6E\cdot\frac{I_z}{l^2} & 0 & 0 & 0 & 4E\cdot\frac{I_z}{l} \end{bmatrix}. \tag{4.99}$$

Der Parameter $E$ bezeichnet das Elastizitätsmodul in Trägerlängsrichtung, $A$ die Querschnittsfläche und $I_y$ bzw. $I_z$ ein axiales Flächenträgheitsmoment (siehe B.10 und B.11).

Die angegebene Steifigkeitsmatrix ist an die Arbeiten von *Clark* et al. [67] angelehnt. Jedoch werden durch Gl. 4.96-4.99 die orthotropen elastischen Materialeigenschaften von c-Si berücksichtigt. So werden einerseits die elastischen Materialeigenschaften des Elements je nach dessen Orientierung zur Kristallausrichtung unter Verwendung der elastischen Konstanten und Transformationsregeln aus Abschnitt 4.2.1 berechnet und andererseits der Einfluss der orthotropen Materialeigenschaften auf die Torsionssteifgkeit $C_t$ nach Gl. 4.86 berücksichtigt. Ein weiterer Unterschied liegt bei der Modellierung von Trägern mit einer beidseitigen Einspannung vor. Hier wird anstelle der Trägerlänge die effektive Trägerlänge $l_{\text{eff}}$ nach Gl. 4.88 bei der Berechnung der Torsionsfedersteifigkeit verwendet.

**Massenmatrix $\mathbf{M}_l$:** Die Massenverteilung des 3D-Trägerelements im lokalen Elementkoordinatensystem ergibt sich nach [67] zu:

$$\mathbf{M}_l = \rho A l \cdot \begin{bmatrix} \mathbf{M}_{11} & \mathbf{M}'_{21} \\ \mathbf{M}_{21} & \mathbf{M}_{22} \end{bmatrix}, \tag{4.100}$$

$$\mathbf{M}_{11} = \begin{bmatrix} \frac{1}{3} & 0 & 0 & 0 & 0 & 0 \\ 0 & \frac{13}{35}0 & 0 & 0 & 0 & \frac{11l}{210} \\ 0 & 0 & \frac{13}{35} & 0 & \frac{-11l}{210} & 0 \\ 0 & 0 & 0 & \frac{J_x}{(3\cdot A)} & 0 & 0 \\ 0 & 0 & \frac{-11l}{210} & 0 & \frac{l^2}{105} & 0 \\ 0 & \frac{11l}{210} & 0 & 0 & 0 & \frac{l^2}{105} \end{bmatrix}, \tag{4.101}$$

$$\mathbf{M}_{21} = \begin{bmatrix} \frac{1}{3} & 0 & 0 & 0 & 0 & 0 \\ 0 & \frac{13}{35} & 0 & 0 & 0 & \frac{11l}{210} \\ 0 & 0 & \frac{13}{35} & 0 & \frac{11l}{210} & 0 \\ 0 & 0 & 0 & \frac{J_x}{(3\cdot A)} & 0 & 0 \\ 0 & 0 & \frac{11l}{210} & 0 & \frac{l^2}{105} & 0 \\ 0 & \frac{11l}{210} & 0 & 0 & 0 & \frac{l^2}{105} \end{bmatrix}, \tag{4.102}$$

$$\mathbf{M}_{22} = \begin{bmatrix} \frac{1}{6} & 0 & 0 & 0 & 0 & 0 \\ 0 & \frac{9}{70} & 0 & 0 & 0 & \frac{13l}{420} \\ 0 & 0 & \frac{9}{70} & 0 & \frac{-13l}{420} & 0 \\ 0 & 0 & 0 & \frac{J_x}{(6\cdot A)} & 0 & 0 \\ 0 & 0 & -\frac{13l}{420} & 0 & \frac{-l^2}{140} & 0 \\ 0 & \frac{13\cdot l}{420} & 0 & 0 & 0 & \frac{-l^2}{140} \end{bmatrix}. \tag{4.103}$$

Hierbei ist $\rho$ die Dichte des Materials, $A$ der Träger Querschnitt, $J_x$ das polare Flächenträgheitsmoment (B.14) und $l$ die Länge des Trägers.

**Koordinatentransformation in ein globales Koordinatensystem:** Die Darstellung der Elementmatrizen ($\mathbf{K}_l$ bzw. $\mathbf{M}_l$) im globalen Koordinatensystem des mechanischen Netzes erfolgt durch die Transformation:

$$\mathbf{K}_g = \mathbf{R}_{gl}(\alpha,\beta,\gamma) \cdot K_l \cdot R_{gl}^T(\alpha,\beta,\gamma). \tag{4.104}$$

Die Drehmatrix $\mathbf{R}_{gl}$ (B.9) beschreibt die Drehung der Verschiebungskomponenten aus dem globalen in das lokale Koordinatensystem und ihre Transponierte $\mathbf{R}_{gl}^T$, die inverse Drehung.

**Besonderheiten nichtlinearer Geometrien:** Die Elementmatrizen Gl. 4.96 und Gl. 4.100 besitzen nur für kleine Elementverformungen bzw. Knotenverschiebungen Gültigkeit. Obwohl die lokalen Verformungen der in dieser Arbeit betrachteten mechanischen Spiegelstrukturen als klein betrachtet werden können, kann es auf Grund nichtlinearer Geometrien (Hebel) zu großen örtlichen Verschiebungen kommen. So führt der Hebeleffekt bei Verformung von Festkörpermechanismen, wie in Abb. 4.21 beispielhaft für eine Getriebeglied gezeigt, zu einer signifikanten Lageänderung des Strukturelements $T_3$. Werden die Torsionselemente $T_1, T_2$ der Struktur torsionsweich und das

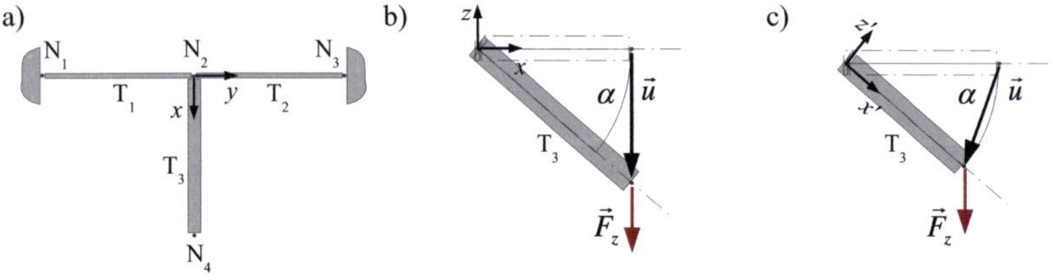


Abbildung 4.21: Schematische Netzwerk-Darstellung eines aus drei Trägern bestehenden Festkörpergetriebglieds a) in der Aufsicht, b) die Auswirkung einer starken Verdrillung der Elemente $T_1$ und $T_2$ mit dem Winkel $\alpha$ auf die Länge des Elements $T_3$ bei starrem und c) mit iterativ angepasstem Elementkoordinatensystem

Trägerelement $T_3$ biegesteif ausgelegt, so wird die Verformung der Struktur maßgeblich durch Verdrillung der Elemente $T_1, T_2$ gekennzeichnet. Wird eine solche Struktur mit einem mechanischen Netzwerk unter Verwendung von 3D-Trägerelementen modelliert, hat die Lageänderung ein physikalisch nicht erklärbare Verlängerungen des Elements $T_3$ zur Folge. Der Effekt ist in Abb. 4.22 schematisch gezeigt. Er kann verhindert werden, indem die Lage

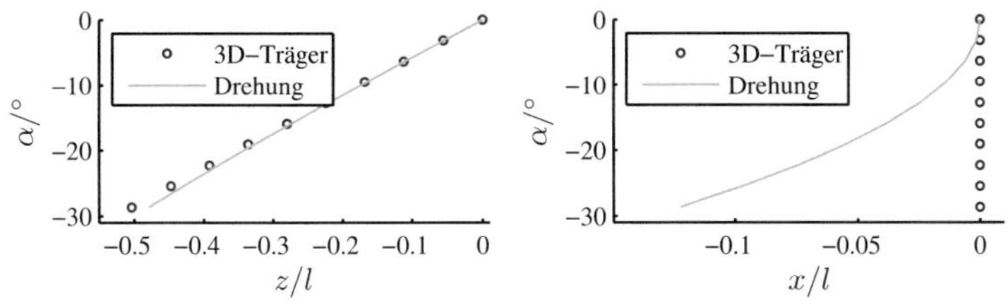


Abbildung 4.22: Auf Trägerlänge $l$ normierte Verschiebung des Knotens $N_4$ durch Verdrillung von $T_1$ und $T_2$ mit dem Winkel $\alpha$ des mechanischen 3D-Trägernetzwerks bei vertikaler Knotenlast $F_z$ im Vergleich mit einer reinen Verdrehung des Elements $T_3$ um den Knotenpunkt $N_2$ bei nicht angepasster Steifigkeitsmatrix.

des lokalen Knotenkoordinatensystems und damit die Steifigkeitsmatrix nach jedem Berechnungsschritt angepasst wird. Durch die iterative Anpassung resultiert bei statischer Last aus Gl. 4.91 ein nichtlineares Gleichungsystem der Form

$$\mathbf{K}_{g'}(\vec{u}) \cdot [\vec{u} - \Delta\vec{r_K}] = \vec{Q}. \tag{4.105}$$

Hierbei ist $\mathbf{K}_{g'}$ die für den Knotenverschiebungsvektor $\vec{u}$ angepasste Steifigkeitsmatrix und $\vec{r_K}$ die aus der Lageänderung des Koordinatensystems resultierende Knoteverschiebung. Ein solches Vorgehen ist mit dem verwendeten Netzwerksimualtor SUGAR nicht möglich. Daher wurde ein Weg gewählt, der die Neuberechnung des Verschiebungsvektors nicht erfordert. Gl. 4.105 kann durch

$$\mathbf{K}_{g'}(\delta \cdot \vec{u}) \cdot \vec{u} = \vec{Q} \tag{4.106}$$

angenähert werden. Die Steifigkeitsmatrix des Elements im globalen Koordinatensystem nach der Anpassung berechnet sich zu:

$$\mathbf{K}_{g'}(\vec{u}) = \mathbf{R}_{gl}(\delta \cdot r_{i,y}, \delta \cdot r_{i,x}, \delta \cdot r_{i,z}) \cdot \mathbf{K}_g \cdot \mathbf{R}_{gl}^T(\delta \cdot r_{i,y}, \delta \cdot r_{i,x}, \delta \cdot r_{i,z}). \tag{4.107}$$

Es muss also näherungsweise $\mathbf{K}_{g'}(\delta \cdot \vec{u})\vec{u} \approx \mathbf{K}_{g'}(\vec{u}) \cdot [\vec{u} - \Delta\vec{r_K}]$ gelten. Der Knotenindex $i \in [1,2]$ wird so gewählt, dass

$$\left| \begin{pmatrix} r_{i,x} \\ r_{i,y} \\ r_{i,z} \end{pmatrix} \right| \leq \left| \begin{pmatrix} r_{i+1,x} \\ r_{i+1,y} \\ r_{i+1,z} \end{pmatrix} \right|. \tag{4.108}$$

Die nichtlineare Wirkung des Hebels wird, wie Abb. (siehe 4.23) zeigt, mit dem Parameter $\delta = 0.5$ sehr gut abgebildet.

### 4.5.3 Schwingungsverhalten von Spiegelstrukturen

#### Bewegungsgleichung linearer diskreter mechanischer Systeme

Die Bewegung massebehafteter Teilchen unter dem Einfluss von Kräften wird als Teilgebiet der Mechanik im Rahmen der **Kinetik** behandelt und durch eine **Bewegungsgleichung** beschrieben. Für lineare diskrete mechanische

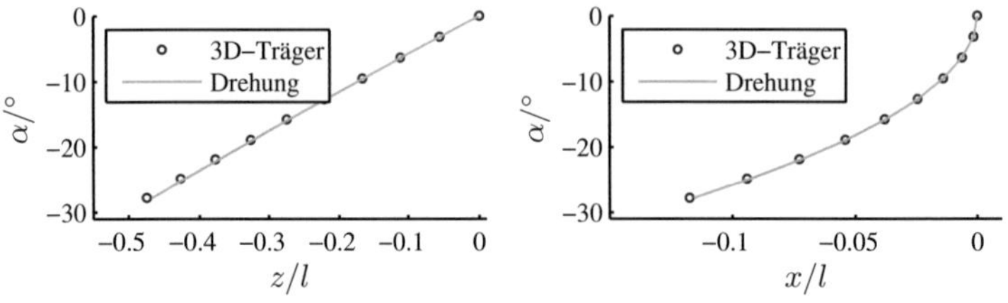


Abbildung 4.23: Auf Trägerlänge $l$ normierte Verschiebung des Knotens $N_4$ durch Verdrillung von $T_1$ und $T_2$ mit dem Winkel $\alpha$ des mechanischen 3D-Trägernetzwerks bei vertikaler Knotenlast $F_z$ im Vergleich mit einer reinen Verdrehung des Elements $T_3$ um den Knotenpunkt $N_2$ bei angepasster Steifigkeitsmatrix unter Verwendung von Gl. 4.107

Systeme[7] ergeben sich gewöhnliche Differentialgleichungssysteme der Form

$$\mathbf{M}\ddot{\vec{q}} + \mathbf{D}\dot{\vec{q}} + \mathbf{K}\vec{q} = \vec{Q}. \tag{4.109}$$

Hierbei bezeichnet $\vec{Q}$ einen äußeren Lastvektor, $\ddot{\vec{q}}$, $\dot{\vec{q}}$ die ersten beiden zeitlichen Ableitungen der generalisierten Koordinaten $\vec{q}$ und **M**, **D**, **K** die **Massenmatrix**, **Dämpfungsmatrix** und **Steifigkeitsmatrix**.

Das Aufstellen der Bewegungsgleichung kann nach dem 2ten *Newton*schen Satz bzw. mit dem *Lagrange*-Formalismus erfolgen. Die Systemmatrizen ergeben sich beim *Newton*-Verfahren durch Koeffizientenvergleich der am Masseteilchen wirkenden Kräfte mit der zugehörigen Bewegungsgleichung 4.109 bzw. beim *Lagrange*-Formalismus aus der *Lagrange*-Funktion.

**Freie Schwingung:**

Wird ein aus der Ruhelage ausgelenktes und in dieser Auslenkung fixiertes mechanisches System spontan freigelassen, so führt das System eine Schwingung charakteristischer Form (**Eigenmode**) und Frequenz (**Eigenfrequenz**) aus. Unter Vernachlässigung der Dämpfung und in Abwesenheit äußerer Kräfte reduziert sich Gl. 4.109 zu:

$$\mathbf{M}\ddot{\vec{q}} + \mathbf{K}\vec{q} = \vec{0}. \tag{4.110}$$

**Eigenwertproblem**

Wird nun gefordert, dass die Lösung des Gleichungssystems eine periodische Schwingung der Form $\vec{q} = \vec{q}_e e^{i\Omega_0 t}$ ist, so ergibt sich das Eigenwertproblem:

$$(\mathbf{k} - \Omega_0^2 \mathbf{M}) \cdot \vec{q}_e = \vec{0}. \tag{4.111}$$

Hierbei wird $\Omega_0$ als **Eigenkreisfrequenz** und $\vec{q}_e$ als zugehöriger Eigenvektor bezeichnet. Aus der Eigenkreisfrequenz berechnet sich die Eigenfrequenz $f_e = \frac{\Omega_0}{2 \cdot \Pi}$. Für $\vec{q}_e \neq \vec{0}$ ist Gl. 4.111 genau dann lösbar, wenn:

$$det(\mathbf{k} - \Omega_0^2 \mathbf{M}) = 0. \tag{4.112}$$

[7] Beispiele diskreter mechanischer Systeme finden sich in [73, 69, 67, 74]

Das lineare Gleichungssystem 4.112 mit $n$ Zeilen wird als Eigenwertproblem bezeichnet. Die Lösung kann analytisch mit $\Omega_0^2 = \lambda$ durch Expansion der Determinante in das charakterische Polynom und anschließende Berechnung der Nullstellen erfolgen:

$$\alpha_n \lambda^n + \alpha_{n-1} \lambda^{n-1} + ... + \alpha_1 \lambda^1 + \alpha_0 = 0. \tag{4.113}$$

Die Nullstellen des Polynoms sind die sogenannten **Eigenwerte**. Hierbei existieren maximal $n$ Eigenwerte, wobei mehrfache Nullstellen mit ihrer entsprechenden Vielfachheit gezählt werden. Die Eigenvektoren ergeben sich als Lösung des linearen Gleichungsystems 4.112 durch Einsetzen der Eigenwerte. Zur numerischen Lösung des Eigenwertproblems kommen verschiedene Verfahren zum Einsatz. Für kleine und mittlere, dicht besetzte Matrizen werden Verfahren verwendet, die auf der **QR-Zerlegung** beruhen [75]. Für große und dünn besetzte Matrizen stehen verschiedene Verfahren zur Verfügung (z.B. *Lanczos*- [76], *Arnoldi*-[77], *Jacobi*-Verfahren [78]).

### Modellierung des Schwingungsverhaltens mit mechanischen Netzwerken

Das Schwingungsverhalten mechanischer Spiegelstrukturen kann mit Hilfe mechanischer Netze z.B. unter der Verwendung der hier vorgestellten 3D-Trägerelemente modelliert und untersucht werden. Hierbei wird die Masse der Trägerelemente in den Knoten konzentriert betrachtet. Unter Vernachlässigung von Dämpfungsmechanismen ergeben sich nach *Newton* die Bewegungsgleichungen der Knoten:

$$\begin{aligned} \tfrac{1}{2} \cdot \mathbf{m}_i \cdot (\ddot{\vec{u}}_1 - \ddot{\vec{u}}_2) + \mathbf{k}_i \cdot (\vec{u}_1 - \vec{u}_2) &= \vec{F}_{i1}, \\ \tfrac{1}{2} \cdot \mathbf{m}_i \cdot (\ddot{\vec{u}}_1 - \ddot{\vec{u}}_2) + \mathbf{k}_i \cdot (\vec{u}_1 - \vec{u}_2) &= \vec{F}_{i2}. \end{aligned} \tag{4.114}$$

Für das in Abb.4.18 eingeführte Beispielnetzwerk ergibt sich dann das Bewegungsgleichungsystem

$$\frac{1}{2} \cdot \begin{pmatrix} \mathbf{m}_1 & -\mathbf{m}_1 & 0 \\ -\mathbf{m}_1 & (\mathbf{m}_1 + \mathbf{m}_2) & -\mathbf{m}_2 \\ 0 & \mathbf{m}_2 & -\mathbf{m}_2 \end{pmatrix} \cdot \begin{pmatrix} \ddot{\vec{u}}_1 \\ \ddot{\vec{u}}_2 \\ \ddot{\vec{u}}_3 \end{pmatrix} + \begin{pmatrix} \mathbf{k}_1 & -\mathbf{k}_1 & 0 \\ -\mathbf{k}_1 & (\mathbf{k}_1 + \mathbf{k}_2) & -\mathbf{k}_2 \\ 0 & \mathbf{k}_2 & -\mathbf{k}_2 \end{pmatrix} \cdot \begin{pmatrix} \vec{u}_1 \\ \vec{u}_2 \\ \vec{u}_3 \end{pmatrix} = \begin{pmatrix} \vec{F}_{11} \\ 0 \\ \vec{F}_{23} \end{pmatrix}, \tag{4.115}$$

so dass das Eigenwertproblem nach Gl. 4.111 formuliert werden kann.

In Abb. 4.24 sind exemplarisch die ersten sechs Eigenmoden einer Spiegelstruktur mit vertikalen Kammantrieben gezeigt. Da sich bei Vorauslenkung der zur Kammauslenkung benötigten Festkörpermechanismen die Steifigkeitsmatrix des Netzes ändert, wurde eine *Prestress*-Modalanalyse durchgeführt. Hierbei wurde zunächst die Auslenkung der vertikalen Kammelektroden, die aus der durch den Bondprozess an den Festkörpermechanismen eingetragenen Verschiebung resultiert, berechnet. Anschließend wurde im vorausgelenkten Zustand die nichtlinear von der Auslenkung abhängige Massen- und Steifigkeitsmatrix berechnet und die Modalanalyse ausgeführt. Der Zustandsvektor einer Mode ergibt sich anschließend durch Superposition der statischen Auslenkung mit dem Eigenvektor der betrachteten Mode.

## 4.6 Elektromechanische Wechselwirkung

Die in dieser Arbeit betrachteten Mikroscanner weisen an den monolithisch gefertigten Kammantrieben Wechselwirkungen zwischen der mechanischen und elektrischen Domäne auf, die beim Entwurf berücksichtigt werden müssen. So führen elektrostatische Kräfte an den Elektroden zu einer mechanischen Deformation der mechanischen Struktur (Spiegel- bzw. Elektrodenaufhängung), die eine Geometrieänderung und damit einer Änderung des elektrischen Feldes und der wirksamen elektrostatischen Kräfte zur Folge hat. Solange das wechselwirkende System stabil bzw. metastabil ist, stellt sich ein stationärer Zustand, das **elektromechanische Gleichgewicht**, ein.

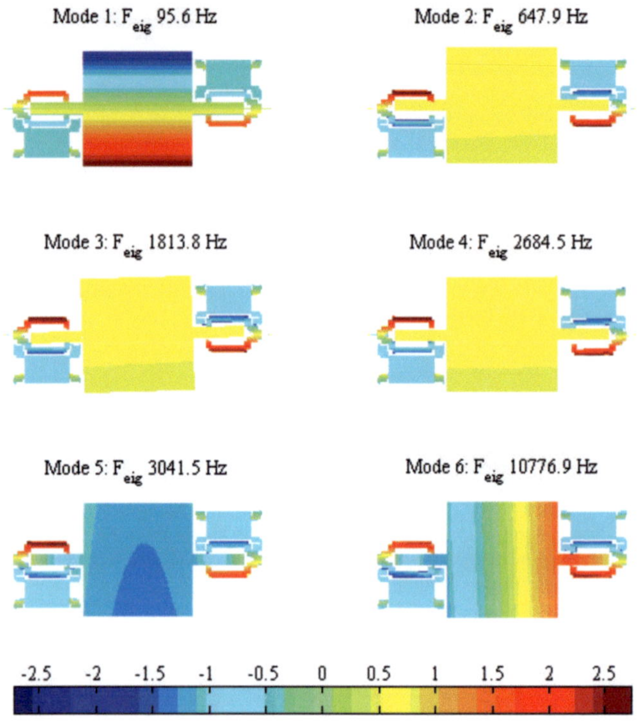


Abbildung 4.24: Die ersten sechs Eigenmoden einer Beispiel-Spiegelstruktur mit vorausgelenkten Festkörperstrukturen (Prestress-Modalanalyse). Die z-Auslenkung der Spiegelstruktur ist farblich kodiert; die Einheit lautet: $10^{-4}$ m.

Ist das System in einem Arbeitspunkt instabil, so existiert kein stationäres Gleichgewicht und das System geht in einen dynamischen Zustand über, der zu einem Kurzschluss der Elektroden und zur potentiellen Zerstörung des Bauteils führen kann. Phänomenologisch tritt dieser Fall dann ein, wenn in einem Arbeitspunkt die wirksamen Elektrodenkräfte stärker werden, als die mechanischen Rückstellkräfte der Elektrodenaufhängung. Es wird von einem elektromechanischen **Pull-In** gesprochen. Das Pull-In-Phänomen, kann dabei, wie in Abschnitt 4.6.1 besprochen und analytisch beschrieben, strukturell lokal auf einzelne Elektrodenfinger begrenzt sein oder aber eine Wechselwirkung der Gesamtstruktur zur Folge haben. Zur Untersuchung großräumiger elektromechanischer Wechselwirkungen muss die gesamte flexible Spiegelstruktur in einem Modell abgebildet werden. Dies kann, wie in Abschnitt 4.6.2 gezeigt, mit einem gekoppelten elektromechanischen Netzwerkmodell erfolgen.

### 4.6.1 Pull-In trapezförmiger Elektrodenfinger

Die Elektrodenfinger der hier vorgestellten Mikroscanner weisen ein trapezförmiges Profil auf (siehe Abb. 4.25). Wird zwischen den Elektroden eine Spannung $U$ angelegt, so wirken zwischen den Flanken der Elektroden mit dem

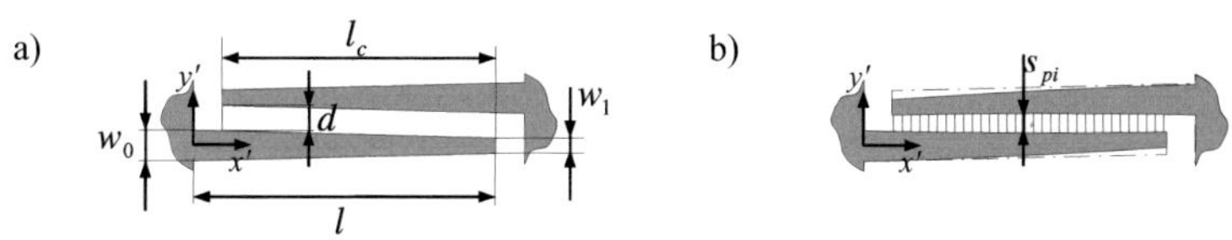


Abbildung 4.25: a) Geometrie eines trapezförmigen Elektrodenfingers b) am Pull-In Punkt

Abstand $d$ elektrostatische Kräfte. Die Elektrodenflächen ziehen sich an, so dass es bei zur Elektrodenlängsachse unsymmetrischen Flächenlasten zu einer Verformung des Fingers kommt. Insbesondere die Elektrodenfinger am Rand eines Elektrodenkamms stehen unter dem Einfluss einer einseitigen elektrostatischen Flächenlast, weshalb für diese am ehesten Pull-In-Verhalten zu erwarten ist. Für die in Abb. 4.25 gezeigten trapezförmige Elektrodenfinger kann die elektrische Pull-In-Elektrodenspannung $U_{pi}$ nach *Klose* [15] berechnet werden

$$U_{\mathrm{pi}} = \sqrt{\frac{4\pi d^3 E\Phi\Gamma}{27\varepsilon l^4 \cdot (d - s_{\mathrm{pi}}) \cdot (\lambda_c^3 - 6\lambda_c + 8)} \cdot (arctanh(\frac{s_{\mathrm{pi}}}{\Gamma}) - arctanh(\frac{d - 2s_{\mathrm{pi}}}{\Gamma}))^{-1}}. \tag{4.116}$$

Die Größen $\Gamma$ und $\Phi$ sind als

$$\Gamma = \sqrt{-d^4 + 4s_{\mathrm{pi}}d - 2s_{\mathrm{pi}}} \tag{4.117}$$

und

$$\Phi = \frac{2w_0^2 \cdot (w_0 - w_1)^3}{3 \cdot (3w_0 - w_1) \cdot (w_1 - w_0) + 6w_0^2} \tag{4.118}$$

definiert. Die Größe $\lambda_c = \frac{l_c}{l}$ ist das Verhältnis der Länge der seitlichen Flankenüberlappung $l_c$ zur Elektrodenlänge $l$. $\varepsilon$ ist die Permittivität des die Elektroden umgebenden Fluids und $E$ das E-Modul der Elektrodenfinger in Längsrichtung. Es ist zu beachten, dass die analytische Näherung nach *Klose* [15] Randfeldeffekte nicht berücksichtigt und daher die elektrostatischen Kräfte leicht unterschätzt. Allerdings muss auch beachtet werden, dass die Elektrodenfinger vertikaler Kammantriebe bei Auftreten eines Pull-Ins nicht parallel orientiert sind und daher die Flanken nicht vollständig überlappen, weshalb $U_{\mathrm{pi}}$ nach Gl. 4.116 als untere Grenze gesehen werden kann.

Für den Entwurf ist zu beachten, dass die Pull-In-Spannung mit $U_{\mathrm{pi}} = \sqrt{\frac{w^3}{l^4}}$ skaliert und es konstruktiv daher günstiger ist, die Pull-In-Spannung durch Verkürzen der Elektrodenfinger zu erhöhen, statt durch Erhöhung der

Flankenbreite. Die maximale Pull-In-Festigkeit einer trapezförmigen Fingerelektrode $U_{\mathrm{pi}}$ erhält man nach *Klose* [15] für ein Verhältnis von Elektrodenbasisbreite zu Elektrodenspitzenbreite von $\frac{w_0}{w_1} = 4.2$.

### 4.6.2 Verformung der Spiegelstruktur aufgrund elektrostatischer Antriebskräfte

Elektromechanische Wechselwirkungen, die die gesamte monolithische Antriebsstruktur betreffen, können effektiv in einem elektromechanischen Netzwerk berechnet werden. Die Struktur wird als mechanisches Netzwerk unter Verwendung des in Abschnitt 4.5.2 vorgestellten 3D-Trägerelements aufgebaut und die elektrostatischen Antriebskräfte werden mit dem Modell verteilter 3D-Plattenkondesatormodells aus Abschnitt 4.3.3 modelliert. Die Implementierung erfolgt mit der Toolbox SUGAR [42, 43, 68, 69, 70, 71] unter Verwendung der Schnittstellen-Funktion *mf2wrap.m* des SUGAR-Netzgenerators in MATLAB$^{\mathrm{TM}}$.

Die Struktur eines solchen elektromechanischen Netzwerkes ist exemplarisch in Abb. 4.26 gezeigt. Die genutzten Netzelemente vereinen die mechanischen Eigenschaften eines 3D-Trägerelements mit den elektrischen Eigenschaften eines Ohmschen Widerstands mit Leitwert $l$. Das mechanische Netz und das elektrische Netz werden über das elektromechanische Wandlerelement der 3D-Plattenkondensatoren gekoppelt. Hierbei werden die als starr betrachteten Elektrodenfinger der Elektrodeneinheitszelle an ihrer Basis (siehe Abb. 4.2) mit einem Knoten verbunden. Um Rechenzeit zu sparen, ist es sinnvoll, nur die Elektroden desjenigen Kammantriebs zu initialisieren, die während der Simulation tatsächlich durch Anlegen einer Elektrodenspannung genutzt werden. Die Rechendauer skaliert linear mit der Anzahl der Elektroden[8]. Für das in Abb. 4.26 gezeigte Beispielnetz entsteht ein

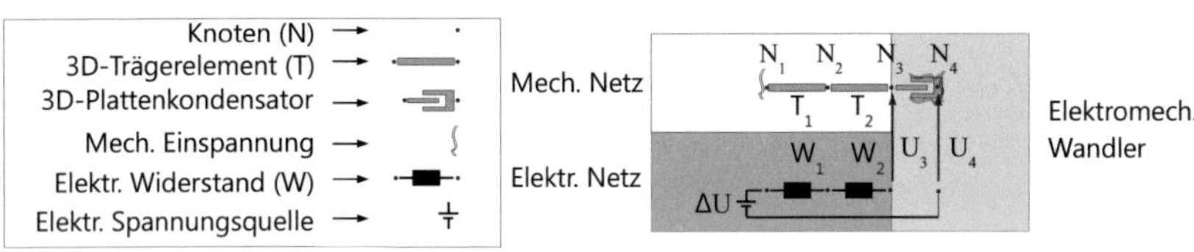


Abbildung 4.26: Schema eines einfachen statischen elektromechanischen Netzes mit mechanischem und elektrischem Subnetz. Die Subnetze sind über ein Wandlerelement, eine Elektrodeneinheitszelle, die aus 3D-Plattenkondensatoren besteht, miteinander verbunden.

Gleichungssystem der Form:

$$\begin{pmatrix} -(l_1+l_2) & -l_2 & 0 & 0 \\ l_2 & -l_2 & 0 & 0 \\ 0 & 0 & (\mathbf{k}_1+\mathbf{k}_2) & -\mathbf{k}_2 \\ 0 & 0 & \mathbf{k}_2 & -\mathbf{k}_2 \end{pmatrix} \cdot \begin{pmatrix} U_2 \\ U_3 \\ \vec{u}_2 \\ \vec{u}_3 \end{pmatrix} = \begin{pmatrix} -l_1 \cdot U_1 \\ 0 \\ \vec{0} \\ \vec{F}_{\mathrm{el}}(U_3, U_4, \vec{u}_3, \vec{u}_4) \end{pmatrix} \tag{4.119}$$

Zur Lösung des Gleichungssystems mit dem *Newton-Raphson*-Verfahren müssen vom Benutzer die Potentialrandbedingungen $U_1, U_4, \vec{u}_4$ vorgegeben werden. In Abb. 4.27 ist zur Veranschaulichung der Methode die Spiegeltopographie eines 1D-Kippspiegels nach Anlegen einer Elektrodenspannung gezeigt. Bei der Modellierung wurde zunächst die Topographie des Spiegels unter äußeren Verschiebungsrandbedingungen ermittelt, um dem Bondprozess Rechnung zu tragen. Die Topographie wurde entsprechend bei abgeschalteter Elektrodenspannung berechnet.

[8] Die Berechnung einer elektromechanischen Kennlinie mit 20 Arbeitspunkten und maximal 20 Iterationen pro Arbeitspunkt für das Beispielsystem mit 126 Elektrodenfingern dauert auf einem Windows Single-Core PC mit 2.1 Ghz Taktfrequenz und 2GB Arbeitsspeicher ca. 8 Stunden.

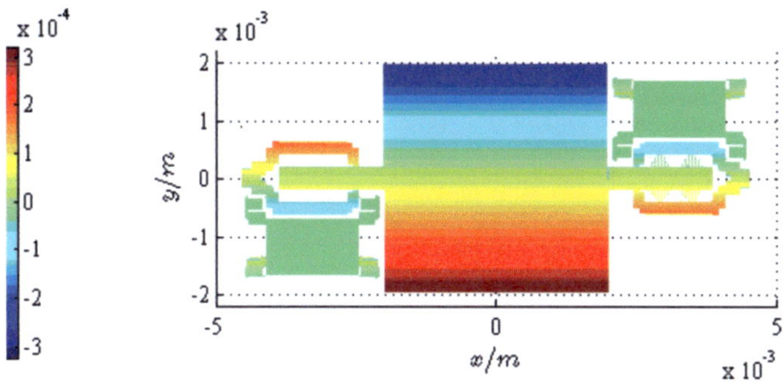


Abbildung 4.27: Darstellung einer Spiegeltopographie, die als elektromechnisches Netz in MATLAB™mit Hilfe der SUGAR-Toolbox modelliert wurde. Die z-Auslenkung der Spiegelstruktur ist farblich kodiert; die Einheit lautet: m.

Der Lösungsvektor der mechanischen und elektrischen Knotenpotentiale wurde anschließend als Startwert für die Berechnung der elektromechanischen Gleichgewichtskennlinie genutzt.

## 4.7 Modellierung der dynamischen Spiegelverkippung

### 4.7.1 Dynamisches Makromodell

Für die applikationsspezifische Auslegung bzw. den Reglerentwurf ist das dynamische Verhalten der elektrostatisch-quasistatischen Kippspiegelaktoren von Interesse. Es gibt Aufschluss über das Antwortverhalten des Spiegels bei Anlegen eines Spannungssignals. Die Bewegungsgleichung des als starr angesehenen Spiegels ergibt sich nach dem 2-ten *Newton*schen Gesetz über die Summe aller an ihm wirkenden Kräfte bzw. Momente:

$$0 = \sum M_{\mathrm{DA}} + \sum M_{\mathrm{W}} + \sum M_{\mathrm{m}} - \sum M_{\mathrm{el}}. \tag{4.120}$$

Hierbei bezeichnet $M_{\mathrm{DA}}$ ein Trägheitsmoment, $M_{\mathrm{W}}$ ein fluidisches Widerstandsmoment, $M_{\mathrm{m}}$ ein elastomechanisches Rückstellmoment und $M_{\mathrm{el}}$ ein elektrostatisches Antriebsmoment. Die wirksamen Momente können mit einem Makromodell des Spiegels berechnet werden. Die Spiegelstruktur wird hierzu, anhand der Funktion einzelner Strukturelemente, in primitive Elemente unterteilt. Für diese werden, entsprechend den an ihnen wirksamen physikalischen Effekten, Teilmodelle aufgestellt. Die Summe der am Spiegel wirkenden Momente berechnet sich dann über die Summe der an den primitiven Elementen wirkenden Momente. Die Spiegelstruktur ist, wie in Abb. 4.28 schematisch dargestellt, als Objekthierarchie angelegt und in der mathematischen Entwicklungsumgebung MATLAB™[41] implementiert. Zu den nach funktionalen Kriterien organisierten, in der Hierarchie oben angeordneten Objekten gehören die mechanische Spiegelstruktur, die Federelemente und die Kammelektroden, welche sich dann in verschiedene Objekte niedrigerer Stufe, wie z.B. Plattensegment, Elektrodeneinheitszelle und Flächenpaar unterteilen. Nachfolgend werden die Teilmodelle und die resultierenden Terme von Gl. 4.120 anhand der funktionalen Objekte höherer Hierarchiestufe besprochen.

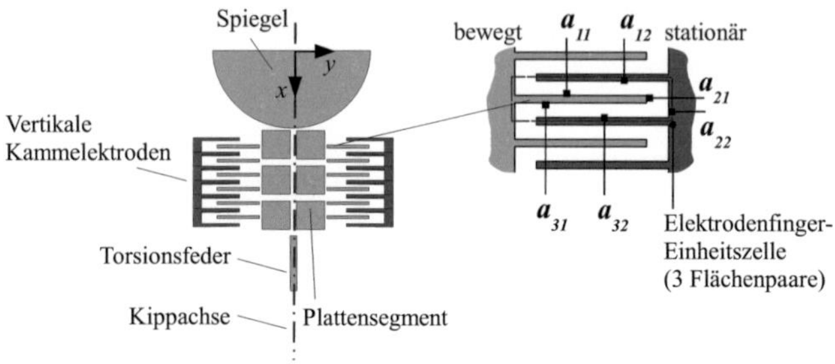


Abbildung 4.28: Aufbau des physikalischen Makromodells der ersten Modellierungsstufe als Hierarchie von Strukturteilmodellen

**Trägheitsmomente:**

Das Trägheitsmoment $M_{\text{DA}}$ des Spiegels errechnet sich aus dem Massenträgheitsmoment und der Winkelbeschleunigung. Das Massenträgheitsmoment der komplexen, bewegten Spiegelstruktur wird mit primitiven Plattensegmenten (Rechteck, Ellipse) approximiert. Wird die aus $n$ starr gekoppelten Plattenprimitiven zusammengesetzte Spiegelplatte mit der Winkelbeschleunigung $\ddot{\Theta}$ um die Kippachse beschleunigt, so wirken nach *D'Alembert* die Trägheitsmomente:

$$\sum M_{\text{DA}} = \ddot{\Theta} \cdot \sum_{i=1}^{n} J_{\text{s,prm},i} + m_{\text{prm},i} r^2_{\text{s,prm},i}. \tag{4.121}$$

Hierbei ist $J$ das Massenträgheitsmoment. Es wird formal nach Gl. B.16 berechnet. $J_{\text{s,prm},i}$ bezeichnet das auf den Massenschwerpunkt bezogene Massenträgheitsmoment eines Primitivs $i$ mit Masse $m_{\text{prm},i}$ und $r_{\text{s,prm},i}$ ist der Radialabstand des Massenschwerpunktes zur Kippachse. Da die Massenträgheit der Elektrodenfinger gegenüber der übrigen Struktur gering ist, wird diese vernachlässigt.

**Fluidische Widerstandsmomente:**

Zu den Widerstandsmomenten $M_{\text{W}}$ trägt die durch $n$ Flächeprimitive diskretisierte Spiegelplatte und die aus $m$ Elektrodeneinheitszellen zusammengesetzten Kammelektroden bei:

$$\sum M_{\text{W}} = \sum_{i=1}^{n} M_{\text{W,prm},i} + \sum_{j=1}^{m} M_{\text{W,el},j} \tag{4.122}$$

Das fluidische Widerstandsmoment $M_{\text{W,prm},i}$ eines Flächenprimitives berechnet sich nach Gl. 4.55. Es ist eine quadratische Funktion der Winkelgeschwindigkeit $\dot{\Theta}$. Das fluidische Widerstandsmoment $M_{\text{W,el},j}$ einer Elektrodeneinheitszelle berechnet sich nach Gl. 4.69. Es ergibt sich als Produkt einer nichtlinear vom Auslenkwinkel $\Theta$ abhängigen Funktion der Überlappungsflächen mit der Winkelgeschwindigkeit $\dot{\Theta}$. Die Funktion der Überlappungsflächen kann nicht explizit angegeben werden. Sie muss, wie in Abschnitt 4.4.3 erläutert, algorithmisch berechnet werden.

**Mechanische Federmomente:**

Die am Spiegel wirkenden Federmomente $M_{\text{m}}$ berechnen sich für $n$ parallel geschaltete Federelemente zu

$$\sum M_{\text{m}} = \Theta \cdot \sum_{k=1}^{n} k_{rx}. \tag{4.123}$$

Die Federsteifigkeit stabförmiger Torsionselemente aus einkristallinem Silizium, mit rechteckigem Querschnitt kann nach Abschnitt 4.5.1 mit Gl. 4.82 unter Berücksichtigung von Gl. 4.86 und Gl. 4.88 berechnet werden.

**Elektrostatische Antriebsmomente:**

Die elektrostatischen Antriebsmomente für $n$ Elektrodeneinheitszellen können über den elementaren Zusammenhang nach Gl. 2.4 wie folgt berechnet werden:

$$\sum M_{\text{el}} = \sum_{i=1}^{n} \frac{dC_i(\Theta)}{2d\Theta} \cdot U_i^2. \tag{4.124}$$

Die Berechnung des Kapazitätsgradienten erfolgt numerisch über den Differenzenqotienten aus der Kapazität der Elektrodeneinheitszelle. Zur Kapazitätsberechnung können die in Abschnitt 4.3.2 bis Abschnitt 4.3.4 vorgestellten Modelle eingesetzt werden. Der Kapazitätsgradient ist in der Regel eine nichtlineare Funktion, die von der Elektrodengeometrie abhängig ist.

### 4.7.2 Dynamisches Verhaltensmodell

Das in Abschnitt 4.7.1 vorgestellte Makromodell ermöglicht die numerische Berechnung des dynamischen Spiegelverhaltens bei Anlegen einer Antriebsspannung. Für analytische Betrachtungen des Systemverhaltens und zur Reglersynthese ist die Überführung des numerischen Makromodells in ein analoges Verhaltensmodell hilfreich.

**Linearisierte Bewegungsdifferentialgleichung 2-ter Ordnung mit nichtlinearem Störterm:** Zur qualitativen Beurteilung des dynamischen Verhaltens wurde einleitend in Abschnitt 2.3 mit Gl. 2.15 bereits eine linearisierte Differentialgleichung als Bewegungsgleichung für elektrostatisch-quasistatische Kippspiegelaktoren eingeführt:

$$J\ddot{\Theta} + \bar{d}\dot{\Theta} + k_{rx}\Theta = \sum_{i=1}^{n} M_{\text{el},i}(\Theta, U_i). \tag{4.125}$$

**Berechnung der linearen Koeffizienten:** Es stellt sich jedoch einerseits die Frage, wie die einzelnen Terme der Differentialgleichungen berechnet werden können und andererseits, ob die Annahme einer linearen Spiegeldämpfung zulässig ist. Die Koeffizienten $J, \bar{d}, k$ des linearen mechanischen Schwingers nach Gl. 4.125 können allgemein über Koeffizientenvergleich mit den Summe-Termen aus Gl. 4.120 gewonnen werden. Besonders einfach gestaltet sich die Berechnung des Massenträgheitsmomentes $J$, das direkt aus Gl. 4.121 übernommen werden kann, sowie der Federsteifigkeit $k_{rx}$, die sich entsprechend Gl. 4.123 ergibt.

**Linearisierung des Dämpfungsmomentes:** Das Widerstandsmoment $M_W$ nach Gl. 4.122 hingegen ist in höherer Ordnung nichtlinear von $\Theta$ und quadratisch von $\dot{\Theta}$ abhängig (siehe auch Abschnitt 4.4). Für typische Bauteilgeometrien und Betriebszustände hat sich jedoch gezeigt, dass $M_W$ im Vergleich zum Betragswert der übrigen Momente ca. drei Größenordnungen kleiner ist. So wird an der Sprungantwort eines exemplarischen Makromodells in Abb. 4.29 deutlich, dass das Widerstandsmoment nur für lange Betrachtungszeiträume signifikanten Effekt zeigt. Das Dämpfungsverhalten kann also auch durch ein gemitteltes Dämpfungsmoment bzw. eine gemittelte

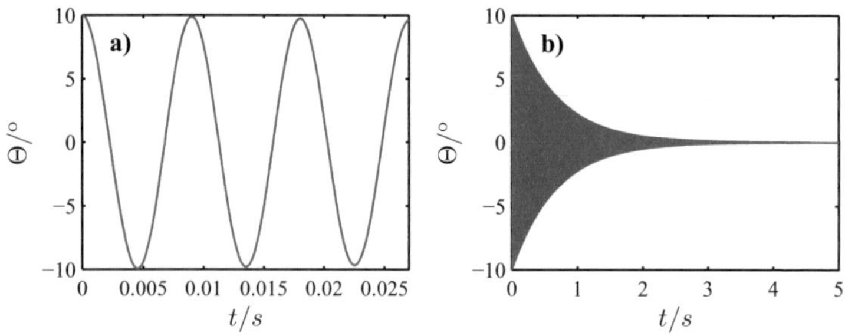


Abbildung 4.29: Exemplarische Sprungantwort des Makromodells nach Vorauslenkung von $\Theta = 10^\circ$ für die Dauer von a) 25 ms, b) 5 s

Dämpfungskonstante $\bar{d}$ dargestellt werden. Hierzu muss zunächst das Dämpfungsmoment $M_W$ bei der gemittelten Winkelgeschwindigkeit $\bar{\dot{\Theta}}$ berechnet werden. Das am Spiegel wirkende Widerstandsmoment $M_W$ wird als Summe der Widerstandsmomente $M_{W,j}$ der Modellprimitive nach Gl. 4.122 kalkuliert. Es ergibt sich für $\bar{d}$:

$$\bar{d} = \frac{1}{\bar{\dot{\Theta}}} \cdot \sum_{j=1}^{m} M_{W,j}(\Theta, \bar{\dot{\Theta}}). \tag{4.126}$$

Hierbei ist für das zu untersuchende Simulationsszenario eine geeignetes $\bar{\dot{\Theta}}$ zu wählen. Aufgrund der geringen Dämpfung des Spiegels kann diese beispielsweise zunächst näherungsweise unter Vernachlässigung der Dämpfung aus einer Simulation gewonnen werden.

**Modellierung des elektrostatischen Antriebsmomentes:** Das Kammantriebsmoment $M_{el}$ wird nach Gl. 4.124 berechnet. Hierzu wird zunächst der Kapazitätsgradient $\frac{dC(\Theta)}{d\Theta}$ im Auslenkungsbereich des Spiegels für diskrete Auslenkungspunkte berechnet und als Datentabelle für die Simulation gespeichert. Während der Simulation wird der Kapazitätsgradient dann aus diesen interpoliert.

### 4.7.3 Analytische Näherungslösungen für eine linearisierte Spiegelschwingung

Wie einleitend dieser Arbeit erwähnt, besteht die Motivation für den Einsatz eines quasistatischen Antriebsprinzips an der Rahmenachse in der Möglichkeit, linear zu scannen. Ein periodischer, linearer Scan kann beispielsweise, wie in Abb. 4.30 gezeigt, mit einem **sägezahn-** bzw. **dreiecksförmigen** Bewegungsprofil realisiert werden. Aus Abb. 4.30 ist ersichtlich, dass am Ende der linearen Phase der Spiegel in infinit kurzer Zeit in die Startposition zurückgeführt werden muss. Aufgrund der endlichen Spiegelträgheit und des endlichen Antriebsmoments ist

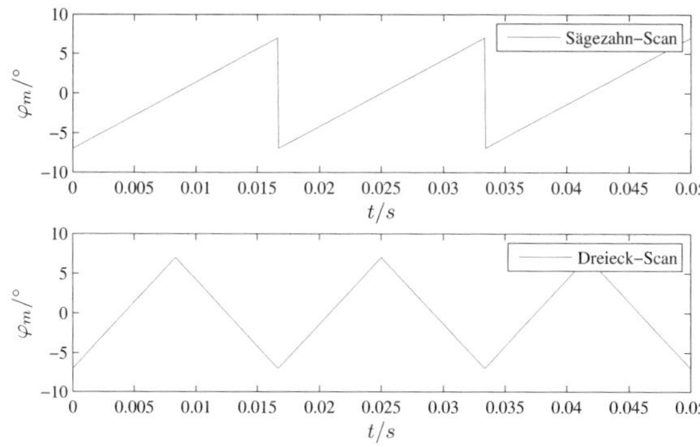


Abbildung 4.30: Periodischer Amplitudenverlauf mit in Teilen linearem, (oben) Sägezahn-, (unten) Dreiecksverlauf.

dies nicht möglich, so dass sich an die lineare Service-Phase eine nichtlineare Rücklauf-Phase anschließt, die zum Anfahren der Startposition der nächsten Service-Phase benötigt wird. Die Zeit, die der Spiegel während der Service-Phase zum Durchlaufen des Winkelintervalls $[\Theta_{\text{min}}, \quad \Theta_{\text{max}}]$ benötigt, wird nachfolgend mit $t_\text{s}$ bezeichnet. Am Anschluss an die Service-Phase wird die Zeitspanne $t_\text{d}$ benötigt, um den Spiegel in die Startposition der anschließenden Service-Phase zu bringen. Die Periodendauer lautet also:

$$T_{\text{lin}} = t_\text{s} + t_\text{d}. \tag{4.127}$$

Die Wiederholrate[9] $F_{\text{ref}}$ ergibt sich dann zu

$$f_{\text{ref}} = \frac{1}{T_{\text{lin}}}. \tag{4.128}$$

Der Anteil der Service-Zeit an der Gesamtperiodendauer wird mit dem Service-Faktor

$$k_\text{s} = \frac{t_\text{s}}{T_{\text{lin}}} \tag{4.129}$$

ausgedrückt. Er ist für die Zielanwendung von besonderem Interesse, da die Scanfrequenz der harmonisch schwingenden, schnellen Achse nach Gl. A.3 reziprok proportional zur Wiederholrate ist.

Um den quasistatischen Kippspiegelaktor in Bezug auf die Periodenfrquenz $f_{\text{lin}}$ zu dimensionieren, muss ein Zusammenhang mit den dynamischen Eigenschaften des Spiegels hergestellt werden. Diese sind einerseits von der Dynamik des mechanischen Schwingers abhängig und andererseits vom zeitlichen Verlauf des elektrostatischen Antriebsmomentes. Das Antriebsmoment wiederum ist eine nichlineare Funktion des Spiegelkippwinkels und der angelegten elektrischen Elektrodenspannung. Über das Spannungssignal ist die Spiegeldynamik für linearisierte Schwingungen mit der Antriebssteuerung bzw. -regelung verknüpft. Zur Vereinfachung der Problematik werden in diesem Abschnitt Aussagen zu lienarisierten Scanvorgängen im gesteuerten Betrieb der vertikalen Kammantriebe getroffen.

[9] Für Zielanwendung äquivalent der Bildwiederholrate

### Service-Phase

In der Service-Phase hat der elektrostatische Antrieb die Aufgabe die Federrückstellmomente so zu kompensieren, dass sich unter Vernachlässigung der fluidischen Dämpfung eine konstante Winkelgeschwindigkeit $\dot{\Theta}_s = \frac{\Theta_{s,1}-\Theta_{s,0}}{t_s}$ einstellt. Für das Antriebsmoment muss gelten:

$$M_{\mathrm{el},i}(\Theta,U) = \begin{cases} M_{\mathrm{F}}(\Theta) & : \ \mathbf{sign}(M_{\mathrm{el},i}(\Theta,U)) \neq \mathbf{sign}(M_{\mathrm{F}}(\Theta)) \\ 0 & : \ \mathbf{sign}(M_{\mathrm{el},i}(\Theta,U)) = \mathbf{sign}(M_{\mathrm{F}}(\Theta)) \end{cases} . \tag{4.130}$$

Das System arbeitet damit in einem elektromechanischen Gleichgewicht. Für die Service-Phase ergeben sich demnach die Anforderungen an das Spannungsignal direkt aus der inversen elektromechanischen Gleichgewichtskennlinie Gl. 2.20.

### Rücklauf-Phase

In der Rücklauf-Phase soll $M_{\mathrm{el},i}$ nun so geschaltet werden, dass die Zeit $t_{\mathrm{d}}$ zum Erreichen der Ausgangsposition und Geschwindigkeit für die nächste Service-Phase möglichst kurz wird und gleichzeitig am Ende der Rücklauf-Phase der Spiegel mit der Winkelgeschwindigkeit $\dot{\Theta}_s$ in die nächste Service-Phase startet.

**Maximalmoment-Steuerung:** Eine möglichst kurze Rücklauf-Phase lässt sich erzielen, wenn bei Erreichen der Endposition der Service-Phase am rücktreibenden Kammantrieb die maximal zulässige Antriebsspannung angelegt wird. Beim Durchlaufen der mechanischen Ruhelage wird diese ausgeschaltet und nun der komplementäre Kammantrieb mit der maximalen Antriebsspannung belegt, die den Spiegel in Richtung der Ruhelage abbremst. Auf diese Weise wird die maximale Antriebsenergie in den mechanischen Schwinger ein- und wieder ausgekoppelt. Der Spiegel erreicht die Startposition der nächsten Service-Phase mit der gewünschten Winkelgeschwindigkeit $\dot{\Theta}_s$. Die Antriebsmomente lauten:

$$M_{\mathrm{el},i}(\Theta,U) = \begin{cases} M_{\mathrm{el},i}^{\max}(\Theta,U_{max}) & : \ \mathbf{sign}(M_{\mathrm{el},i}(\Theta,U_i)) = \mathbf{sign}(M_{\mathrm{F}}(\Theta)) \\ 0 & : \ \mathbf{sign}(M_{\mathrm{el},i}(\Theta,U_i)) \neq \mathbf{sign}(M_{\mathrm{F}}(\Theta)) \end{cases} . \tag{4.131}$$

Für den allgemeinen Fall im Scanintervall nichtlinear verlaufender Antriebsmomente lässt sich die resultierende Scantrajektorie durch Lösung der Bewegungsdifferentialgleichung Gl. 4.125 jedoch nur mit numerischen Näherungsverfahren ermitteln, so dass $max(f_{\mathrm{ref}})$ der analytischen Untersuchung nicht zugänglich ist.

**Momentenäquivalenz-Steuerung:** Um $max(f_{\mathrm{ref}})$ näherungsweise analytisch zu bestimmen, wird die Momentenäquivalenz-Steuerung postuliert. Hierbei handelt es sich um ein suboptimales Steuerungskonzept, das jedoch durch ein entsprechendes Antriebsdesign realisierbar ist. Die Momentenäquivalenz-Steuerung ermöglicht die Korrelation der Wiederholrate für einen linearen sägezahn- bzw. dreicksförmigen Scan mit der mechanischen Eigenfrequenz der Spiegelkippmode. Die Kammantriebe werden bei der Momentenäquivalenz-Steuerung so angesteuert, dass das rückstellende Federmoment der Spiegelaufhängung in jedem Auslenkungspunkt durch das elektrostatische Antriebsmoment verdoppelt wird:

$$M_{\mathrm{el},i}(\Theta,U) = \begin{cases} M_F(\Theta) & : \ \mathbf{sign}(M_{\mathrm{el},i}(\Theta,U)) = \mathbf{sign}(M_{\mathrm{F}}(\Theta)) \\ 0 & : \ \mathbf{sign}(M_{\mathrm{el},i}(\Theta,U)) \neq \mathbf{sign}(M_{\mathrm{F}}(\Theta)) \end{cases} . \tag{4.132}$$

Das Antriebsmoment wirkt wie eine Feder mit Federsteifigkeit $k_{el} = k_{rx}$, so dass sich die Federsteifigkeit der Bewegungsdifferentialgleichung Gl. 4.125 entsprechend verdoppelt:

$$k_{ges} = k_{rx} + k_{el} = 2k_{rx}. \tag{4.133}$$

Die Bewegungsdifferentialgleichung Gl. 4.125 der Rücklauf-Phase lautet dann unter Verwendung der Federsteifigkeit aus Gl. 4.133:

$$J\ddot{\Theta} + \bar{d}\dot{\Theta} + k_{\text{ges}}\Theta = 0. \tag{4.134}$$

Die Lösung der Differentialgleichung ist eine harmonische Schwingung der Form

$$\Theta = \hat{\Theta} \cdot \sin(\Omega t + \alpha) \tag{4.135}$$

Die Eigenkreisfrequenz in der Rücklauf-Phase $\Omega_{\text{R}} = \sqrt{k_{ges}/J}$ entspricht dem $\sqrt{2}$-fachen der Eigenkreisfrequenz $\Omega_0 = \sqrt{k_{rx}/J}$ des mechanischen Schwingers. Die Amplitude $\hat{\Theta}$ und Phasenverschiebung $\alpha$ lassen sich in Abhängigkeit des Amplitudenprofils und dem Service-Faktor $k_{\text{s}}$ aus den Randbedingungen am Übergang zwischen Service- und Rücklauf-Phase bestimmen.

**Sägezahn-Scan:** Folgt der Amplitudenverlauf einem sägezahnförmigen Profil, dann gilt zum Startzeitpunkt $t = 0$ der Rücklauf-Phase

$$\dot{\Theta}(t=0) = \frac{2\Theta_{max} f_{\text{lin}}}{k_{\text{s}}}, \tag{4.136}$$

$$\Theta(t = t_{\text{d}}/2) = 0, \tag{4.137}$$

$$\Theta(t = t_{\text{d}}) = \Theta_{min}. \tag{4.138}$$

Aus den Randwerten ergeben sich zusammen mit der Lösung der Differentialgleichung Gl. 4.135 die Phasenverschiebung

$$\alpha = -\Omega_{\text{R}} \cdot \frac{t_{\text{d}}}{2} \tag{4.139}$$

und die Amplitude zu

$$\hat{\Theta} = \frac{\Theta_{max}}{-\sin(\Omega_{\text{R}} \cdot \frac{t_{\text{d}}}{2})}. \tag{4.140}$$

Die Anschlussbedingung für den Übergang zwischen Service- und Rücklauf-Phase folgt durch Einsetzen von $\hat{\Theta}, \alpha, \Omega_{\text{R}}$ in Gl. 4.135 zu

$$\frac{f_{\text{lin}}}{\pi\sqrt{2}k_{\text{s}} f_0} = \frac{1}{-\tan\left(\pi\sqrt{2} \cdot (1 - k_{\text{s}}) \cdot \frac{f_0}{f_{\text{lin}}}\right)}. \tag{4.141}$$

Gl. 4.141 ist nur für ein fixes Koppelverhältnis zwischen mechanischer Eigenfrequenz $f_0 = \Omega_0/(2 \cdot \pi)$ und der Wiederholrate des linearen Scans $f_{\text{lin}}$

$$k_{\text{sz}}(k_{\text{s}}) = \frac{f_{\text{lin}}}{f_0} \tag{4.142}$$

erfüllbar. Der Koppelfaktor kann in Abhängigkeit von $k_{\text{s}}$ numerisch aus Gl. 4.141 durch Minimierung des Gleichungsfehlers ermittelt werden. Er ist in Abb. 4.31 aufgetragen. Der Koppelfaktor $k_{\text{sz}}$ muss für $0 \leq k_{\text{s}} \leq 1$ im Intervall $[\sqrt{2},\quad 0]$ liegen. Dies lässt sich anschaulich erklären, indem man die Service-Phase der Gesamtschwingungsperiode gegen Null gehen lässt, das System schwingt dann harmonisch bei verdoppelter Federsteifgkeit, bzw. die Rücklauf-Phase gegen Null gehen lässt, dann geht auch das Verhältnis von linearer Scanfrequenz $f_{\text{lin}}$ gegenüber der Eigenfrequenz $f_0$ der Rücklauf-Phase gegen Null.

**Dreieck-Scan:** Für dreiecksförmiges Scannen lauten die Randbedingungen für den Übergang von der Arbeits- zur Rücklauf-Phase:

$$\Theta(t=0) = \Theta_{max}, \tag{4.143}$$

$$\dot{\Theta}(t=0) = \frac{2\Theta_{max} f_{\text{lin}}}{k_{\text{s}}}, \tag{4.144}$$

$$\dot{\Theta}(t=t_{\text{d}}/2) = 0. \tag{4.145}$$

In einer zum Sägezahn-Scan analogen Vorgehensweise berechnet sich die Amplitude zu

$$\hat{\Theta} = \frac{\Theta_{max}}{\cos(\Omega \cdot \frac{t_{\text{d}}}{2})} \tag{4.146}$$

und die Phase der Lösung Gl. 4.135 zu:

$$\alpha = \frac{\pi}{2} - \Omega_e \cdot \frac{t_{\text{d}}}{2}. \tag{4.147}$$

Die Anschlussbedingung für den Übergang zwischen Arbeits- und Rücklauf-Phase ist

$$\frac{f_{\text{lin}}}{\pi\sqrt{2}k_{\text{s}}f_0} = \tan\left(\pi\sqrt{2}(1-k_{\text{s}})\frac{f_0}{f_{\text{lin}}}\right) \tag{4.148}$$

und wird für das spezifische Koppelverhältnis zwischen mechanischer Eigenfrequenz $f_0$ und Wiederholrate des linearen Scans $f_{\text{lin}}$

$$k_\Delta(k_{\text{s}}) = \frac{f_{\text{lin}}}{f_0} \tag{4.149}$$

erfüllt. Der Koppelfaktor $k_\Delta$ für $0 \leq k_{\text{s}} \leq 1$ liegt, wie in Abb. 4.31 aufgetragen, im Intervall $[2 \cdot \sqrt{2} \quad 0]$.

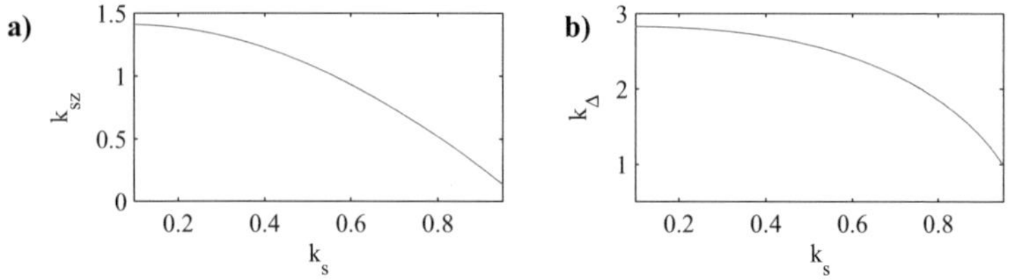


Abbildung 4.31: Koppelfaktoren für a) sägezahnförmiges und b) dreiecksförmiges Scannen mit Momentenäquivalenzsteuerung in Abhängigkeit des Service-Faktors $k_{\text{s}}$

## 4.8 Modellvalidierung

Die Validierung der in den vorangegangenen Abschnitten vorgestellten, elektrostatischen, elasto- und fluidmechanischen Modelle wird anhand von Teststrukturen durchgeführt. Da der Feldcharakter der wirksamen physikalischen Effekte (z.B. elektrisches Feld, Strömungsfeld) nicht messtechnisch zu erfassen ist, konzentriert sich die

Modellvalidierung auf makroskopische Systemeigenschaften, wie sie mit Hilfe des Makromodells Abschnitt 4.7.1 bzw. des Verhaltensmodells Abschnitt 4.7.2 bestimmt werden können. Die mikroskopischen Eigenschaften der zugrunde liegenden physikalischen Felder gehen daher nur in Form gemittelter Modellparameter ein.

### 4.8.1 AVC- und SVC-Teststrukturen

**Allgemeine Strukturbeschreibung:** Die AVC- und SVC-Teststrukturen wurden auf einem 400 $\mu$m dicken BSOI-Substrat gefertigt. Die Dicke der mechanischen Funktionsschicht aus einkristallinem Silizium beträgt 30 $\mu$m. Ein schmaler Spiegelstreifen von 1045 $\mu$m Länge und 100 $\mu$m Breite ist über schlanke Torsionsfedern mit über der Länge von 302 $\mu$m gleichbleibendem rechteckigem Querschnitt von 3 $\mu$m Breite im Substrat verankert. Die Torsionsfedern sind entlang der <110>-Richtung des Kristalls ausgerichtet. Am Spiegel sind 69 Elektrodenfinger von 110 $\mu$m Länge, die sich trapezförmig von 2.5 $\mu$m auf 2 $\mu$m verjüngen, befestigt. Die stationären Elektroden der AVC-Elektroden sind gegenüber der Fertigungsebene um ca. 11° entlang einer parallel zur Spiegelachse verlaufenden Kippachse abgewinkelt. Die stationären SVC-Elektroden sind planparallel zur Fertigungsebene um 30 $\mu$m abgesenkt. Der Spaltabstand zwischen den seitlichen Elektrodenflächen beträgt 5 $\mu$m.

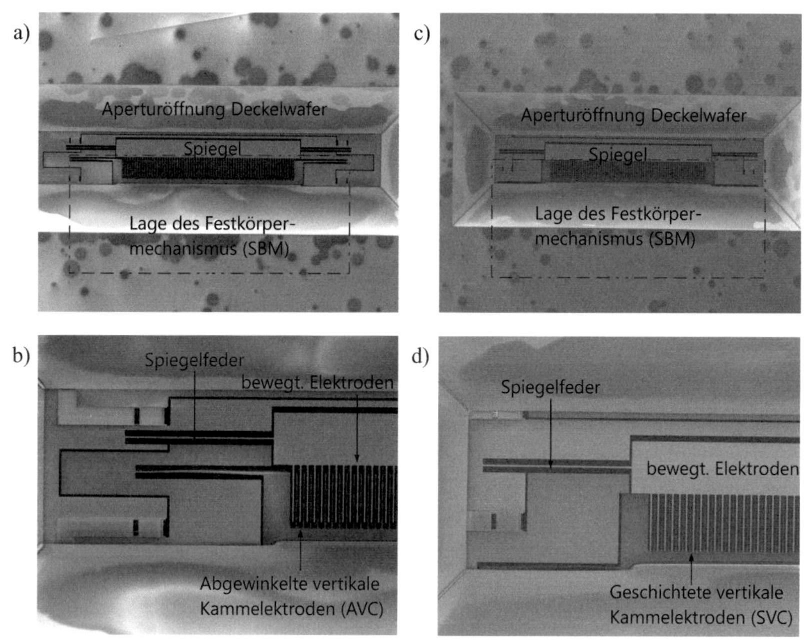


Abbildung 4.32: Rastelektronenmikroskopische Aufnahme von Teststrukturen mit einzelnem a) - b) AVC und c) - d) SVC-Antrieb.

**Torsionsfeder unter Druckspannung:** Bei den untersuchten Teststrukturen wurden in der Ruhelage des Systems seitliche Ausknickungen der Spiegelfedern festgestellt, die eine Verschiebung der Spiegeleinspannstellen von bis zu $\pm 10\ \mu$m aufwiesen. Der Knickeffekt war für die untersuchten Bauteile unterschiedlich stark ausgeprägt. Die Verschiebung bereitet bei der Modellvalidierung jedoch Schwierigkeiten, da sie einerseits die Federcharakteristik beeinflusst und andererseits zu einer Änderung der radialen Elektrodenspaltabstände führt und nicht angemessen in den verwendeten Modellen repräsentiert werden kann.

**Lateralverschiebung von Festkörpermechanismen:** Während die Parallelität der vertikalen Kammelektroden bei den untersuchten Teststrukturen mit Abweichungen der Spaltabstände von lediglich $\pm 100$ nm hoch war, konnte senkrecht zur Spiegelachse eine Verschiebung der vertikalen Kammelektroden von ca $\pm 5\ \mu$m festgestellt werden, die nicht auf Druckspannungen in den Spiegelfedern zurückgeführt werden kann, sondern auf eine Lateralverschiebung der Festkörpermechanismen während des Bondprozesses. Insbesondere bei den SVC-Teststrukturen hatte dies an den Elektrodenspitzen teils stark verminderte Spaltabstände von weniger als 1 $\mu$m zur Folge. Bei den SVC-Teststrukturen konnten daher von fünf Bauteilen nur eines vollständig charakterisiert werden. Bei den übrigen Bauteilen kam es aufgrund des stark verminderten Spaltabstandes zwischen stationären und bewegten Elektroden frühzeitig zu elektromechanischem Pull-In.

### 4.8.2 Statisches Bauteilverhalten

**Modellierung der Spiegelverkippung bei anliegender Elektrodenspannung:** Das statische Antriebsverhalten des Kippspiegelaktors ist bei fixer Elektrodenspannung durch das Auftreten einer elastomechanischen Strukturverformung der Spiegelaufhängung und einer damit verbundenen Spiegelverkippung gekennzeichnet. Die Spiegelverkippung wird durch die inverse elektromechanische Gleichgewichtskennlinie Gl. 2.20 beschrieben. Sie kann aus der Bewegungsdifferentialgleichung Gl. 4.125 gewonnen werden. Als Modellierungsgrößen gehen die Torsionsfedersteifigkeit $k_{r,x}$ nach Abschnitt 4.5.1 und der Kapazitätsgradient $\nabla C(\Theta)$ ein. $\nabla C(\Theta)$ berechnet sich nach den in Abschnitt 4.3 aufgeführten Kapazitätsmodellen. Im Falle der AVC-Testsrukturen erfolgte die Berechnung mit dem Modell verteilter 3D-Plattenkondensatoren bzw. dem Hybridmodell. Im Fall der SVC-Testrukturen erfolgte die Kapazitätsberechnung anhand des Modells verteilter 3D-Plattenkondesatoren.

**Messung der Spiegelverkippung:** Die Spiegelverkippung wurde anhand der Oberflächentopographie des Bauteils bei anliegender Elektrodenspannung ermittelt. Die Oberflächentopographie wurde mit dem Weißlichtinterferometer gemessen und anschließend, die Höhenwerte aus einem Querschnitt des Spiegels in einen Verkippungswinkel umgerechnet.

**Mess- und Simulationergebnisse:** Die Spiegelauslenkung ist über der Elektrodenspannung in Abb. 4.33 für Messung und Simulation aufgetragen. Die Messdaten der fünf AVC-Teststrukturen streuen erheblich. Die maximale Spiegelverkippung der untersuchten fünf AVC-Teststrukturen beträgt bei 80 V ca. $\Theta_{max} = [2.11, 2.66]^\circ$. Die Varianz der Gruppe beträgt $0.05^\circ$ bei Maximalauslenkung. Relativ zum Mittelwert der Testgruppe beträgt die Abweichung des Modells 17% bzw. 12%, je nachdem, ob die Antriebskapazität mittels Hybridmodell oder des Modells verteilter 3D Plattenkondensatoren berechnet wurde. Die Auslenkung des SVC-Makromodells weicht von der an einer SVC-Teststruktur gemessenen geringfügig ab. Wird das Modell verteilter 3D-Plattenkondesatoren zur Berechnung des Antriebsmomentes verwendet, so beträgt diese bei einer Antriebsspannung von 80 V ca. 4%.

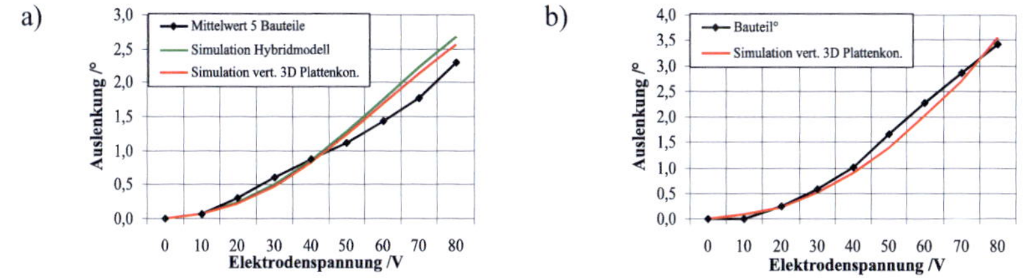


Abbildung 4.33: Elektrodenspannung-Auslenkungskennlinie für die in Abb. 4.32 gezeigten a) AVC- und b) SVC-Teststrukturen.

**Diskussion der Ergebnisse:** Der Vergleich verschiedener WLI-Messungen an einer defekten Teststruktur hat gezeigt, dass die Messunsicherheit der Winkelbestimmung für die untersuchten Strukturen mit einer Varianz von $0.01°$ und einer maximalen Winkelabweichung von $\pm 0.2°$ (ca. $\pm 8\%$ der Maximalauslenkung) groß ausfällt. Die Messung ist jedoch für die Ermittlung des qualitativen Elektrodenspannungs-Auslenkungsverlaufs ausreichend genau. Die Messung einer Gruppe von fünf AVC-Bauteilen zeigt auch, dass die Bauteilstreuung mit einer Varianz von $0.05°$ größer ist als die Messunsicherheit. Hier kommen die weiter oben beschriebenen statistisch verteilten radialen Vorauslenkungen der Gegenelektroden in Betracht. Da die Ergebnisse des Hybridmodells sehr gut mit dem Modell der verteilten 3D-Plattenkondensatoren korrelieren und darüber hinaus zu größeren Kippwinkeln führen, können elektrische Randfelder als Erklärungsursache weitgehend[10] ausgeschlossen werden.

Die Genauigkeit des Makromodells in Bezug auf die Berechnung der elektromechanischen Gleichgewichtskennlinie ist mit einer relativen Winkelabweichung von $4-17\%$ für Entwurfszwecke als ausreichend genau zu bewerten. Eine Reduktion der genannten Fertigungseinflüsse lässt eine noch bessere Übereinstimmung erwarten.

### 4.8.3 Dynamisches Bauteilverhalten

Zur Charakterisierung des dynamischen Bauteilverhaltens wurden die freie und gedämpfte Schwingung der Spiegelkippmode von AVC-Teststrukturen nach einem Sprung der Elektrodenspannung untersucht. Hierzu wurde das Bauteil zunächst mit Hilfe des elektrostatischen Antriebs vorausgelenkt und anschließend das ruhende System durch spontanes Abschalten des Antriebs in Schwingung versetzt. Die Spiegelschwingung wird durch die Differentialgleichung Gl. 4.125 beschrieben. Zur Bestimmung der Modellparameter $J$, $\bar{d}$ und $k$ kommt, wie in Abschnitt 4.7.2 besprochen, das Makromodell aus Abschnitt 4.7.1 zum Einsatz.

**Freie ungedämpfte Schwingung:** Wird der Spiegel im Vakuum betrieben, so kann die fluidische Dämpfung vernachlässigt werden. Die Differentialgleichung Gl. 4.125 nimmt die Form

$$J\ddot{\Theta} + k_{r,x}\Theta = 0 \tag{4.150}$$

an. Es folgt aus der Lösung nach Gl. 4.135 die Eigenfrequenz des mechanisches Schwingers zu:

$$f_0 = \frac{\sqrt{\frac{k}{J}}}{2\pi}. \tag{4.151}$$

[10] Diese Aussage gilt jedoch nur für den unmittelbar im Bereich der Finger befindlichen Feldraum. Eventuelle Feldwirkungen im Bereich der Rückseitengrube oder parasitäre Kapazitäten im Bereich der Federn bleiben davon unberücksichtigt.

Die Federsteifigkeit $k_{r,x}$ lässt sich somit einfach aus der im Schwingversuch ermittelten Eigenfrequenz bestimmen. Das Massenträgheitsmoment $J$ der gefertigten Spiegelgeometrie kann aufgrund der sehr hohen Strukturtreue und genauen Kenntnis des Spiegelmaterials aus dem Makromodell übernommen werden.

**Freie gedämpfte Schwingung:** Die Differentialgleichung Gl. 4.125 des Spiegelmodells nimmt für eine freie gedämpfte Schwingung die Form:

$$J\ddot{\Theta} + \bar{d}\dot{\Theta} + k_{r,x}\Theta = 0 \tag{4.152}$$

an.

Die Lösung der Differentialgleichung ist mit Gl. 4.135 gegeben. Das gedämpfte System schwingt mit der Eigenfrequenz

$$f_d = \frac{\sqrt{\frac{k}{J} - \frac{d^2}{4J^2}}}{2\pi}. \tag{4.153}$$

Der Dämpfungsparameter $\bar{d}$ lässt sich direkt aus dem Abklingverhalten des Spiegels mit der Hüllkurve

$$\Theta(t) = \hat{\Theta} \cdot e^{-\delta \cdot t} \tag{4.154}$$

bestimmen. Die Abklingkonstante $\delta$ ist mit dem Dämpfungsparameter $\bar{d}$ und dem Massenträgheitsmoment $J$ über

$$\delta = \frac{d}{2J} \tag{4.155}$$

verbunden. Damit sind alle Parameter der Schwingungsdifferentialgleichung Gl. 4.152 bekannt und können mit den Modellwerten verglichen werden.

**Messung einer Spiegelschwingung mittels positionssensitiven Detektors (PSD):** Das Abklingverhalten der Spiegelschwingung wurde über Triangulation mit Hilfe eines positionssensitiven Detektors (PSD) gemessen. Hierzu wurde ein Laserstrahl auf den Mikroscanner fokussiert und das PSD so positioniert, dass der ausfallende Strahl in der Ruhelage senkrecht auf das PSD fällt. Während der Schwingung wird die Position auf dem PSD als Wegstrecke gemessen. Über den Abstand des Mikroscanners und die auf dem PSD zurückgelegte Wegstrecke lässt sich die entsprechende Winkelbeziehung als Arcustangens-Funktion herstellen.

**Ergebnisse aus Messung & Simulation:** Abb. 4.34 zeigt das Abklingverhalten einer AVC-Teststruktur nach Anregung über einen Amplitudensprung bei reduziertem Atmosphärendruck von $P = 42$ Pa. Hierzu wurde der Spiegel zunächst elektrostatisch auf $\Theta = 0.75^\circ$ vorausgelenkt. Nach dem Einschwingen des Spiegels auf die neue Gleichgewichtsposition wurde die Antriebsspannung spontan ausgeschaltet. Der Spiegel schwingt in die seine Ruhelage zurück. Aufgrund der geringen Restatmosphäre klingt die Schwingung sehr langsam ab. Der Einfluss der Dämpfung auf die Periodendauer liegt im Subpromille-Bereich und ist vernachlässigbar. Für die Teststruktur konnte aus dem Mittelwert der Periodendauern der Abklingkurve eine mechanische Eigenfrequenz von $f_0 = 14.43$ kHz berechnet werden. Die Eigenfrequenz des Modells beträgt 14.72 kHz und liegt damit um ca. 2 % über der gemessenen Frequenz. Abb. 4.35 zeigt eine Wiederholung des Versuchs bei Umgebungsbedingungen. Für die vermessene AVC-Teststruktur wurde die Abklingkonstante $\delta = 840$ ermittelt. Die Abklingkonstante des Modells ist mit $\delta = 720$ rund 14 % geringer als die der Teststruktur.

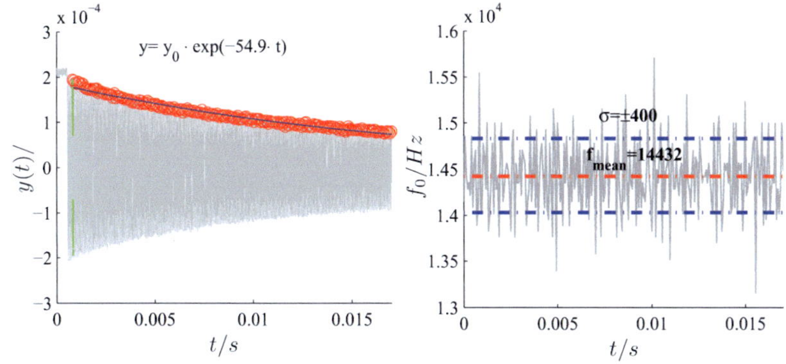


Abbildung 4.34: (links) Mittels PSD gemessene Abklingkurve einer AVC-Teststruktur bei reduziertem Atmosphärendruck von $P = 42$ Pa. (rechts) Aus den Einzelperioden der Abklingkurve berechnete Schwingfrequenzen.

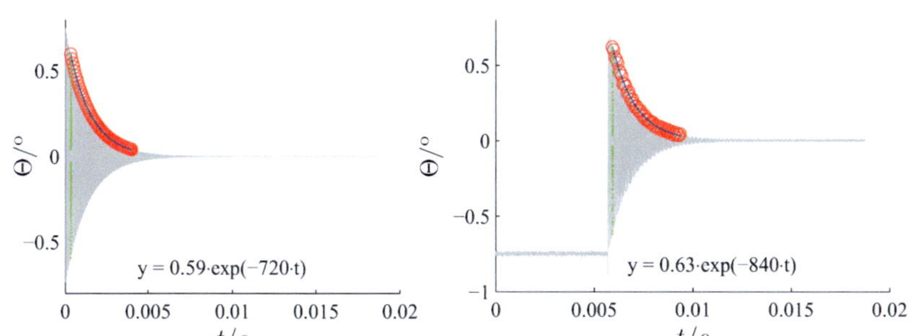


Abbildung 4.35: Abklingkurve einer AVC-Teststruktur (links) simuliert und (rechts) mittels PSD gemessen. Der Spiegel wurde aus einer elektrostatisch aktuierten Ruhelage von $\Theta = 0.75°$ durch spontanes Abschalten der Antriebsspannung angeregt.

**Diskussion der Ergebnisse** Für die dynamischen Messungen wurden AVC-Teststrukturen verwendet, die von der Ober- zur Unterseite der Strukturebene breiter werdende Ätzgräben aufwiesen. Das Ätzprofil der Gräben führt zu einem trapezförmigen Querschnitt der Spiegelfedern. Die Aufweitung der Ätzgräben von der Substratoberkante zur Substratunterkante beträgt ca. 0.5 $\mu$m. Im Vergleich zu dem im Modell angenommenen rechteckigen Federquerschnitt ergibt sich geringere Federsteifigkeit und Eigenfrequenz. Gleichzeitig ist die Antriebskapazität der realen Struktur durch das Ätzprofil vermindert. Diese Charakteristik wird im Vergleich von Modell und Messung ersichtlich.

Zur Berechnung einer gemittelten Dämpfungskonstante $\bar{d}$ wurden eine Reihe von Vereinfachungen gemacht (siehe Abschnitte 4.4, 4.7.1 und 4.7.2). Diese führen zu einer Unterschätzung des fluidischen Widerstandsmoments, die sich, wie in Abb. 4.35 gezeigt, in der Messung bestätigen. Prinzipiell lässt sich jedoch für die Teststrukturen eine gute Übereinstimmung von Modell und Messung attestieren. Da die Teststrukturen im Vergleich zur Elektrodenfläche über eine sehr geringe Spiegelfläche verfügen, und damit die Plattendämpfung vernachlässigbar ist, lässt sich diese Aussage direkt auf das neuartige Dämpfungsmodell der Elektrodenstruktur beziehen.

Die statischen und dynamischen Spiegeleigenschaften werden durch die verwendeten Modelle qualitativ abgebildet. Dabei erscheint die erzielbare systematische Abweichung im einstelligen bzw. geringen zweistelligen Prozentbereich für den Bauteilentwurf akzeptabel und hinreichend genau.

# Kapitel 5

# Eigenschaften vertikaler Kammantriebe

Mit vertikalen Kammantrieben lassen sich, je nach Gestaltung der Elektroden und deren Anordnung am Spiegel, sehr unterschiedliche Antriebscharakteristiken realisieren. Entsprechend den Anforderungen der Zielanwendung muss eine geeignete Antriebsstruktur gefunden werden. Im folgenden Kapitel werden die wesentlichen Eigenschaften von Elektrodengrundtypen und Antriebskonfigurationen untersucht und mit einander verglichen. In Abschnitt 5.1 wird zunächst auf die elektrostatischen Eigenschaften der Elektrodengrundtypen eingegangen. In Abschnitt 5.2 werden X- und Y-Kammkonfigurationen auf ihr elektromechanisches Pull-In-Verhalten untersucht und verglichen.

## 5.1 Elektrostatische Eigenschaften von Elektrodengrundtypen

In Abschnitt 2.3.2 wurden AVC- und SVC-Elektroden als Stand der Technik bei vertikalen Kammantrieben vorgestellt. Eine weitere Elektrodenvariante, lässt sich, wie in Abschnitt 3.3 beschrieben, durch die Verwendung von Festkörpermechanismen, als CAVC-Elektroden realisieren. Um qualitative und quantitative Aussagen zu den elektrostatischen Eigenschaften dieser Elektrodengrundtypen zu ermöglichen, wurden Testgeometrien definiert, entsprechend Tabelle 5.1 parametrisiert und für diese wurden elektrostatische Kräfte und Momente in Bezug auf die Auslenkung der bewegten Elektrode berechnet. Die Testgeometrien wurden so gewählt, dass für die Verkippung

Tabelle 5.1: Elektrodenparameter der für den Antriebsvergleich genutzten Elektroden-Grundtypen CAVC, AVC, und SVC

| Parameter | AVC | CAVC | SVC |
|---|---|---|---|
| Abstand Kippachse $/\mu$m | 200 | 200 | 200 |
| Elektrodenlänge $/\mu$m | 210 | 210 | 210 |
| Fingerbreite (Basis) $/\mu$m | 7 | 7 | 7 |
| Fingerbreite (Spitze) $/\mu$m | 2 | 2 | 2 |
| Elektrodenhöhe $/\mu$m | 75 | 75 | 75 |
| Spaltbreite $/\mu$m | 5 | 5 | 5 |
| Verkipp. d. Gegenelek. $/^\circ$ | $-10.5$ | $-10.5$ | 0 |
| vertik. Hub d. Gegenelek. $/\mu$m | 0 | $-36.4$ | $-75$ |

der bewegten Elektrode kein elektromechanischer Pull-In auftreten kann. Dies ist nach [30] dann der Fall, wenn in der mechanischen Ruhelage $\Theta = 0°$, die Elektrodenfinger-Seitenflächen auf gesamter Länge eine Überlappung aufweisen. Die Testgeometrien sind außerdem so gestaltet, dass, ausgehend von der mechanischen Ruhelage, in Richtung negativer Verkippung ein elektrostatisches Moment mit negativem Vorzeichen erzeugt wird.

### 5.1.1 Elektrostatisches Antriebsmoment

Abb. 5.1 zeigt das elektrostatische Antriebsmoment für Elektrodeneinheitszellen der AVC-, CAVC- und SVC-Testgeometrien in einem Winkelintervall von $[15°, -15°]$ und einer Elektrodenspannung von $U = 1$ V. Tabelle 5.2

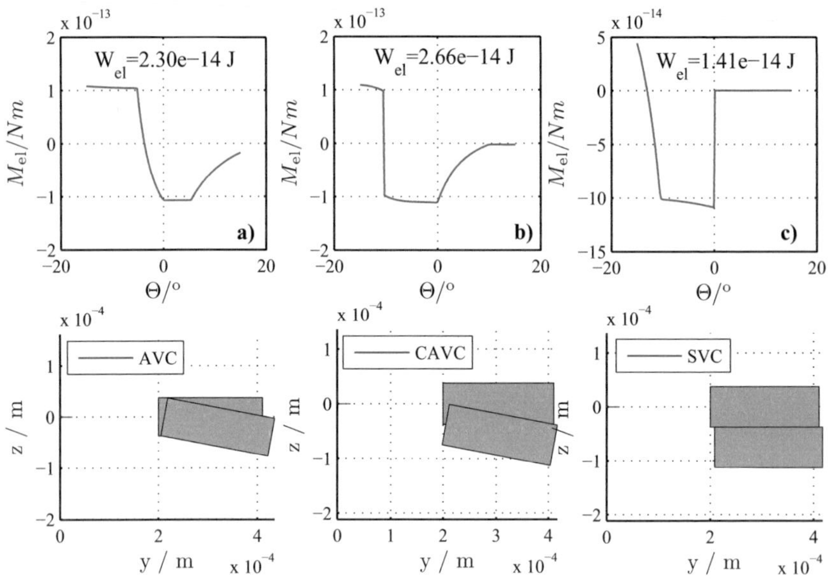


Abbildung 5.1: Oben: Elektrostatisches Antriebsmoment über der Elektrodenverkippung $\Theta$ für a) AVC-, b) CAVC- und c) SVC-Elektroden bei $U = 1V$. Unten: Seitenansicht der Elektrodeneinheitszellen bei einer Verkippung der beweglichen Elektroden von $\Theta = 0°$.

enthält die für die Testgeometrien berechneten Werte für das maximale Antriebsmoment $M_{\text{el,max}}$, den maximalen Verkippungswinkel $\Theta_{\text{max}}$ und die in negative Auslenkungsrichtung einkoppelbare elektrische Energie $W_{\text{el}}$. In Bezug auf das maximale Antriebsmoment zeigen CAVC-Elektroden einen geringfügigen Vorteil gegenüber SVC- und AVC-Elektroden. Der Zusammenhang zwischen der mechanischen Auslenkung und dem elektrostatischen Antriebsmoment wurde bereits in Gl. 2.16 eingeführt. Der maximale mechanische Verkippungswinkel $\Theta_{\text{max}}$ eines vertikalen Kammantriebs ist geometrisch durch den Kapazitätsverlauf bestimmt. Verkippt die bewegte Elektrode in Richtung des wirkenden elektrostatischen Moments, so verändert sich die Elektrodengeometrie und die Kapazität

Tabelle 5.2: Antriebskennzahlen der Testgeometrien

| Parameter | AVC | CAVC | SVC |
|---|---|---|---|
| $M_{\mathrm{el,max}}$ | $1.07 \cdot 10^{-13}$ Nm @ 0° | $1.11 \cdot 10^{-13}$ Nm @ −5.2° | $1.1 \cdot 10^{-13}$ Nm @ 0° |
| $\Theta_{\mathrm{max}}$ | −5.1° | −10.5° | −12.7° |
| $W_{\mathrm{el}}$ | $2.3^{-14}$ J | $2.66^{-14}$ J | $1.41^{-14}$ J |

steigt mit größer werdender Auslenkung an, bis sie einen Maximalwert erreicht. Bei Überschreiten dieser Auslenkung sinkt die Kapazität wieder, und der Kapazitätsgradient erfährt entsprechend einen Nulldurchgang, so dass sich das Vorzeichen des Antriebsmomentes umdreht. Daher markiert die Elektrodenauslenkung mit maximaler Kapazität, den Ort maximaler mechanischer Auslenkung im elektromechanischen Gleichgewicht.

Es zeigt sich, dass, in Bezug auf die gewählten Testgeometrien, die SVC-Elektrode eine geringfügig größere Auslenkung als die CAVC-Elektrode und eine deutliche größere Auslenkung als die AVC-Elektrode ermöglicht. Es ist jedoch zu beachten, dass das Antriebsmoment für Winkel $< -10.5^\circ$ schnell abfällt und bei Verwendung in einem vertikalen Kammantrieb entsprechend hohe Antriebsspannungen bzw. geringe Federsteifigkeiten der Torsionsaufhängung realisiert werden müssen. Hier können entsprechend technologische und elektromechanische Beschränkungen vorliegen. Außerdem wurde in [30] gezeigt, dass die maximale Auslenkung von CAVC-Elektroden die von SVC-Elektroden um bis zu 60 % übersteigt, wenn der Abstand der Elektrode zur Drehachse klein gegenüber der Fingerlänge ist. Für die im Rahmen dieser Arbeit entstandenen vertikalen Kammantriebe ist der Abstand der Elektrode zur Kippachse jedoch teils größer als die Fingerlänge ausgelegt. Hier lag das Augenmerk insbesondere auf der Biegefestigkeit der die Elektroden tragenden Ausleger, um eine möglichst gute Schwingungsentkopplung der SNA von der LA zu erreichen.

Soll der Kammantrieb in Resonanz mit der Spiegelschwingung betrieben werden, beispielsweise während der Rücklauf-Phase eines linearen Scans, so ist nach Abschnitt 2.2.2 die eingekoppelte elektrische Energie $W_{\mathrm{el}}$ ein Maß für die Schwingungsamplitude des Systems. Hier zeigt die CAVC-Elektrode gegenüber der SVC- und AVC-Elektrode Vorteile.

### 5.1.2 Parasitäre elektrostatische Kräfte

Nachfolgend wird die parasitäre elektrostatische Kraftwirkung der Elektrodengrundtypen in Abhängigkeit der Spiegelverkippung $\Theta$ betrachtet. Die Kraftwirkung in Längsrichtung (y-Achse) und Querrichtung (x-Achse) der Elektroden beeinflusst das elektromechanische Pull-In-Verhalten vertikaler Kammantriebe. Die Neigung eines vertikalen Kammantriebs zu elektromechanischem Pull-In steigt hierbei proportional mit dem Betrag der parasitären Kräfte. Aufgrund der Elektrodensymmetrie ist bei idealen Strukturen keine Kraftwirkung in x-Richtung zu erwarten. Dennoch muss berücksichtigt werden, dass die Elektroden im Betrieb durch Fertigungseinflüsse oder auch externe Anregung eine leichte Asymmetrie aufweisen, so dass eine elektrostatische Kraftwirkung an der Spiegelaufhängung resultiert. Aus diesem Grund wird eine Vorauslenkung in x-Richtung der bewegten Elektroden von $u_x = d/3$ angenommen. Die Tabelle fasst die Maximalwerte der parasitären elektrostatischen Kräfte für die Elektroden-Testgeometrien zusammen. Es zeigt sich, dass im Vergleich zu AVC- und SVC-Elektroden bei CAVC-Elektroden in Querrichtung die betragsmäßig größten Kräfte wirken. Dies ist dadurch erklärbar, dass dieser Elektrodentyp bei Maximalauslenkung eine vollständige Überlappung der Elektrodenseitenflächen mit den Gegenelektroden aufweist. Auch in Elektrodenlängsrichtung wurde für die CAVC-Elektrode die größte elektrostatische Kraft ermittelt.

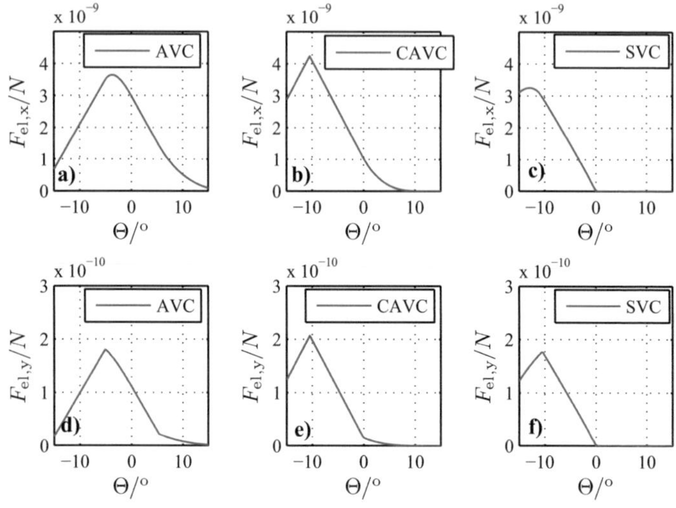


Abbildung 5.2: Über der Elektrodenauslenkung $\Theta$ aufgetragene parasitäre elektrostatische Kräfte der Elektrodengrundtypen AVC, CAVC und SVC in Elektrodenquerrichtung a)-c) und in Längsrichtung d)-f).

Tabelle 5.3: Maximalwerte parasitärer elektrostatischer Kräfte der Elektroden-Testgeometrien

| Parameter | AVC | CAVC | SVC |
|---|---|---|---|
| $F_{\mathrm{el,max},x}$ | $1.06 \cdot 10^{-9}$ Nm @ $-5.1°$ | $4.2 \cdot 10^{-9}$ Nm @ $-10.5°$ | $3.2 \cdot 10^{-9}$ Nm @ $-12.7°$ |
| $F_{\mathrm{el,max},y}$ | $1.8 \cdot 10^{-10}$ Nm @ $-5.1°$ | $2 \cdot 10^{-10}$ Nm @ $-10.5°$ | $1.8 \cdot 10^{-10}$ Nm @ $-10.6°$ |

## 5.2 Elektromechanischer Pull-In von X- und Y-Antrieben

Nachfolgend wird der Einfluss der Elektrodenanordnung der in Abschnitt 2.3.2 eingeführten X- und Y-Antriebskonfigurationen auf den elektromechanischen Pull-In-Effekt untersucht. Hierzu werden die Antriebskonfigurationen, wie in Abb. 5.3 schematisch gezeigt, modelliert. Zur Modellierung kommen die aus Abs. 4.6.2 be-

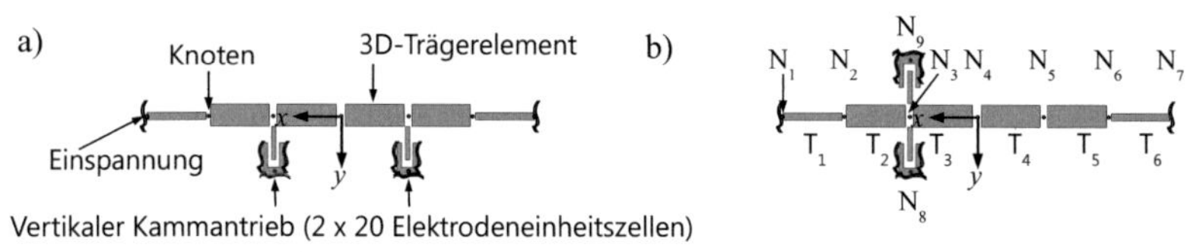


Abbildung 5.3: Schema eines einfachen Netzwerkmodells zur Untersuchung des elektromechanischen Pull-In-Verhaltens von a) Y- b) X-Antriebskonfigurationen.

kannten Methoden zum Einsatz. Das elektromechanische Netzwerkmodell der Antriebskonfiguration besteht aus insgesamt sechs 3D-Trägerelementen, neun Knoten und vier festen mechanischen Einspannungen. Der Kammantrieb des Netzwerks besteht aus insgesamt 40 Elektrodeneinheitszellen. Als Elektrodengrundtyp wurden SVC-Elektroden, entsprechend Tabelle 5.1, verwendet. Die Träger $T_1$ und $T_6$ stellen die Torsionsfedern des Spiegels dar, während die Träger $T_2$ bis $T_5$ den Spiegel und die zur Elektrodenaufhängung benötigten Ausleger repräsentieren. Die Geometrieparameter der mechanischen Netzelemente sind in Tabelle 5.4 zusammengefasst.

Tabelle 5.4: Geometrieparameter des Netzwerkmodells einer X- bzw. Y-Antriebskonfiguration

| Träger | $T_1$ | $T_2$ | $T_3$ | $T_4$ | $T_5$ | $T_6$ |
|---|---|---|---|---|---|---|
| Länge/$\mu$m | 300 | 500 | 1000 | 1000 | 500 | 300 |
| Breite /$\mu$m | 2 | 400 | 400 | 400 | 400 | 2 |

Für die Simulation des Pull-In-Verhaltens wird schrittweise die Elektrodenspannung erhöht und die Verschiebungen der Netzwerkknoten für das elektromechanische Gleichgewicht berechnet. Spiegel und Ausleger sind gegenüber den Federelementen biegesteif ausgelegt, so dass Pull-In auf Grund einer Biegeverformung der Torsionselemente zu erwarten ist. Eine Relativverschiebung der Kammaufhängung gegenüber dem Strukturmittelpunkt in Knoten $K_4$ ist daher vernachlässigbar, und zur Bewertung der Spiegelverschiebung beim Pull-In kann exemplarisch der Knoten $N_4$ betrachtet werden. Die numerische Rechnung wird automatisch abgebrochen, sobald die Ver-

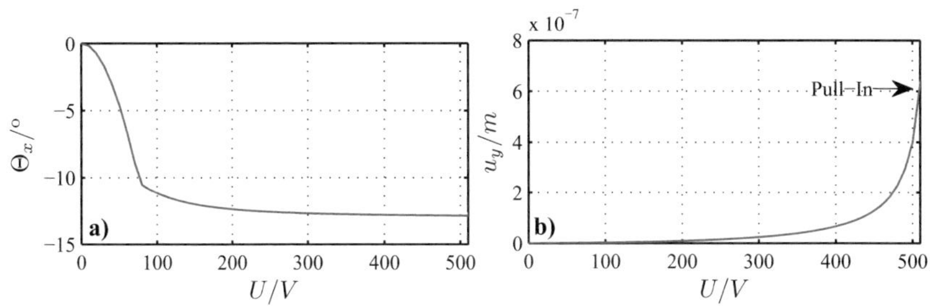


Abbildung 5.4: Auslenkungsspannungskennlinien der X-Antriebskonfiguration am Knoten $N_4$.

schiebung mit zunehmender Antriebsspannung maßlos und damit der Pull-In-Punkt überschritten wird. Da bei der Berechnung mit dem *Newton-Raphson*-Verfahren für jeden Spannungswert das elektromechanische Gleichgewicht berechnet wird, sind nur stabile Lösungen möglich. Hat das System den Pull-In-Punkt überschritten, so existiert kein Gleichgewicht und die Lösung kann nicht konvergieren. Der Pull-In erfolgt also im Übergang zwischen der letzten konvergierten zur ersten nicht konvergierten Lösung. Die Berechnungsgenauigkeit hängt damit von der Schrittweite der Elektrodenspannungswerte ab. Bei den hier beschriebenen Berechnungen wurde eine Schrittweite von 10 V gewählt. Die Spannungs-Auslenkungskennlinien des Knotens $N_4$ sind für die X-Antriebskonfiguration in Abb. 5.4 und für die Y-Antriebskonfiguration in Abb. 5.5 dargestellt.

Tabelle 5.5 fasst die Pull-In-Bedingungen der Antriebskonfigurationen zusammen. Für die untersuchten Antriebskonfigurationen stellt sich der Pull-In aufgrund einer starken Verschiebung $u_{\mathrm{pi},y}$ in Elektrodenlängsrichtung

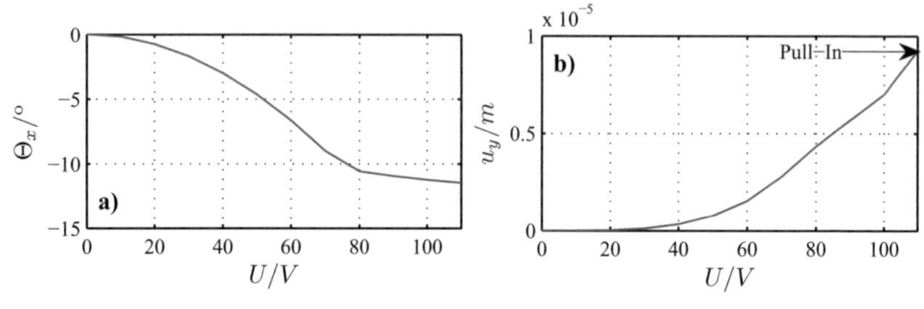


Abbildung 5.5: Auslenkungsspannungskennlinien der Y-Antriebskonfiguration am Knoten $N_4$.

Tabelle 5.5: Bedingungen für einen elektromechanischen Pull-In der untersuchten X- und Y-Antriebskonfigurationen

| Antriebskonfiguration | X | Y |
|---|---|---|
| $U_{\mathrm{pi}}$ /V | 510 | 110 |
| $\Theta_{\mathrm{pi}}$ /° | -12.86 | -11.47 |
| $u_{\mathrm{pi,y}}$ /m | $6.36 \cdot 10^{-9}$ | $9.24 \cdot 10^{-6}$ |

ein. Bei X-Antrieben führen die punktsymmetrisch zur Kippachse angeordneten Elektroden zu einer deutlich höheren Pull-In-Spannung $U_{\mathrm{pi}}$. Dies lässt sich dadurch erklären, dass bei einer Annäherung der Kondensatorflächen in Elektrodenlängsrichtung und einem daraus resultierenden Kapazitätsgewinn, die an der Achse gegenüberliegend angeordnete Elektrode Kapazität verliert. So wird ein Teil der wirksamen parasitären elektrostatischen Kräfte ausgeglichen. Also Folge wird bei der vorliegenden X-Antriebskonfiguration eine größere Spiegelverkippung $\Theta_{\mathrm{pi}}$ erreicht.

# Kapitel 6

# Technologie & Fertigung

In Abschnitt 3.2 wurde das Fertigungsprinzip des in dieser Arbeit vorgestellten neuartigen Bauteilkonzepts eingeführt. Im nachfolgenden Kapitel wird die technologische Umsetzung erläutert. Wie bereits erwähnt, werden zur Fertigung zwei verschieden beschaffene Ausgangssubstrate benötigt. Nach der Herstellung werden dieser in einem Waferbondprozess miteinander verbunden. Erst durch den Bondprozess wird die volle Funktionalität des Mikroscanners ermöglicht.

Auf dem ersten Substrat, dem **Spiegel-Wafer**, befinden sich die mechanisch beweglichen sowie alle optischen und elektrischen Komponenten. Er kann mit dem am *Fraunhofer IPMS* etablierten Standard-Prozess *AME75*, der zur Fertigung resonanter Mikroscanner entwickelt wurde, hergestellt werden. Abb. 6.1 zeigt wesentliche Strukturen eines fertigprozessierten Spiegel-Wafers. Jedoch sind bei der Fertigung des neuartigen Bauteilkonzepts mit dem **AME75**-Prozess zusätzliche Design-Elemente, wie in Abschnitt 6.1 beschrieben, zu berücksichtigen.

Das zweite Substrat, der **Deckel-Wafer**, enthält Öffnungen für den optischen Zugang zum Spiegel und Stempel, die während des Bondprozesses zur mechanischen Vorauslenkung der stationären Spiegelelektroden dienen. Der zur Fertigung des Deckelwafers benötigte volumenmikromechanische Prozess wurde im Rahmen dieser Doktorarbeit entwickelt. Der Fertigungsprozess und die damit erzielten Fertigungsergebnisse werden in Abschnitt 6.2 erläutert.

Für die Verbindung der beiden Substrate wird ein adhäsives, auf Benzocyclobuten (BCB) basiertes Bondverfahren, genutzt. Geignete Bond-Prozessparameter wurden im Rahmen dieser Arbeit experimentell ermittelt. Die erzielten Bondergebnisse sind in Abschnitt 6.3 zusammengefasst.

## 6.1 Besonderheiten bei der Spiegel-Wafer-Fertigung mit dem AME75-Prozess

Zur Fertigung des neuartigen Bauteilkonzepts sind im Vergleich zu resonanten *Fraunhofer-IPMS*-Mikroscannern zusätzliche Designelemente erforderlich. Hierbei handelt es sich um Öffnungen der Siliziumfunktionsschicht. Diese dienen zur Einstellung der Strukturauslenkung stationärer Elektroden während des Wafer-zu-Wafer-Bondprozesses über den Anschlag der Auslenkungsstempel auf der darunter liegenden Siliziumdioxid-Schicht. Diese Öffnungen, mit den Kantenmaßen 80 x 200 $\mu$m, sind am Chip-Rand vorgesehen und werden mit DRIE

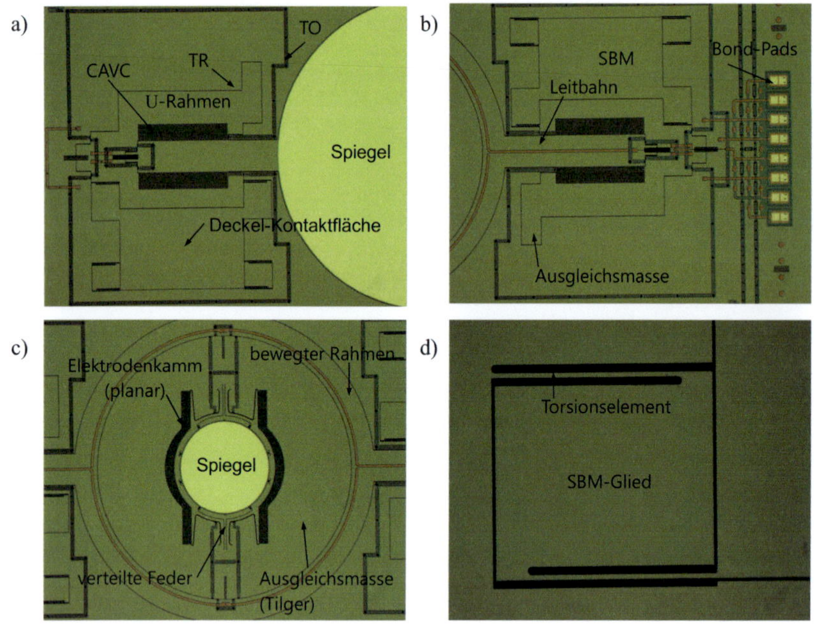


Abbildung 6.1: Lichtmikroskopische Aufnahmen Mikroscanner-Details auf einem mit dem *AME75*-Prozess gefertigten Spiegel-Wafer: a) 1D-Mikroscanner mit Viergelenk-Festkörpermechanismus zur Realisierung eines CAVC, b) 2D-Mikroscanner mit quasistatischem CAVC-Antrieb an der LA und resonantem Antrieb an der SNA, c) 2D-Mikroscanners mit Ausgleichsmassse (Tilger) zur Schwingungsentkopplung von SNA und LA d) Getriebeglied eines Festkörpermechanismus zur Erzeugung eines SVC-Antriebs.

geätzt. Durch die vergleichsweise große Grabenbreite können lokal veränderte Ätzbedingungen und so kann *Black Silicon* entstehen. Diese dünnen, senkrecht auf der darunter liegenden Siliziumdioxid-Schicht stehenden Nadeln, stellen eine potentielle Gefahr für den Wafer-zu-Wafer-Bondprozess und den Bauteilbetrieb dar. *Black Silicon* kann beispielsweise bei massivem Auftreten das Einführen der Deckel-Justagestempel blockieren. Außerdem können abgebrochene Nadeln während des Betriebs die Spiegelmechanik verklemmen und zu Kurzschlüssen benachbarter Potentialgebiete führen. Das Auftreten von *Black Silicon* ist zu vermeiden. Aus diesem Grund wurden die Ätzparameter des *AME75*-TR-Ätzprozesses angepasst.

Abb. 6.2 zeigt im Prozess entstandenes *Black Silicon* auf einem Spiegel-Wafer. Die $30 - 65 \mu m$ langen und $1.5 - 2.5\ \mu m$ dicken Silizium-Nadeln waren am Rand des Wafers lokalisiert. Im Innenbereich des Wafers konnte hingegen kein *Black Silicon* konstatiert werden. Während des Bondvorgangs konnten keine Beeinträchtigungen durch *Black Silicon* festgestellt und durch eine Erhöhung der isotropen Ätzkomponente während der DRIE-Ätzung der Gruben konnte außerdem die Bildung von *Black Silicon* weitgehend vermieden werden.

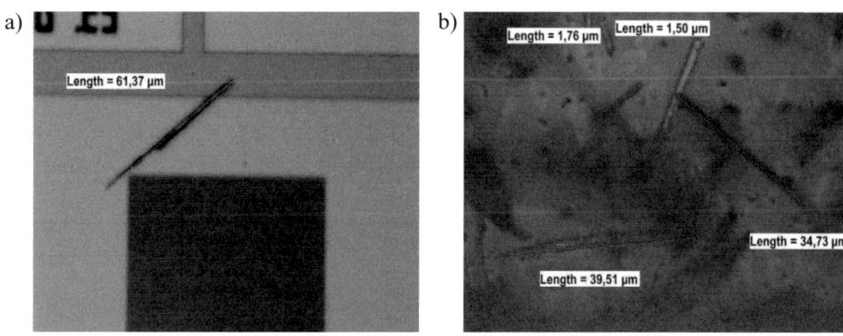


Abbildung 6.2: Abgebrochene Silizium-Nadeln (*Black Silicon*) im Randbereich eines Spiegel-Wafers.

## 6.2 Deckel-Wafer-Fertigung

Der Fertigungsprozess des monolithische Silizium-Deckelsubstrast ist schematisch in Abb. 6.3 dargestellt. Als Substrat wird ein 430 $\mu m$ dicker Wafer mit <100>-Orientierung des Kristalls verwendet. Die Fertigung beginnt a) mit dem vorder- und rückseitigen Aufwachsen von 2 $\mu m$ thermischem Oxid. Dabei kommt TEOS als Siliziumdioxid-Prekursor zum Einsatz. Der Wafer wird anschließend auf die Rückseite gedreht und mit 1.2 $\mu m$ Fotolack beschichtet. Mit einer Proximity-Belichtung wird die Maske für die Deckelwafer-Öffnungen übertragen und der Lack anschließend entwickelt. Das freiliegende Siliziumdioxid wird mittels RIE ausgelöst, der überschüssige Lack in einem Sauerstoffplasma zersetzt und durch anschließendes Spülen mit $H_2SO_4$ entfernt. Der Wafer wird auf die Vorderseite zurückgedreht und Fotolack für die Proximity-Belichtung der Stempelstrukturen aufgebracht. Es folgen die Belichtung und die Lackentwicklung. Bei der folgenden b) DRIE-Ätzung wird das Substrat, mit Ausnahme der Stempelareale, auf eine Zieltiefe von 75 $\mu m$ abgetragen. Die Tiefenätzung wird hierbei optisch mittels Fokusvariation kontrolliert. Die Zieltiefe konnte lokal auf ca. $\pm 1.5\ \mu m$ genau eingestellt werden. Über die Wafer-Fläche variiert die Tiefe um bis zu 5 $\mu m$. Durch die große Ätzfläche von bis zu 90% der Gesamtfläche muss

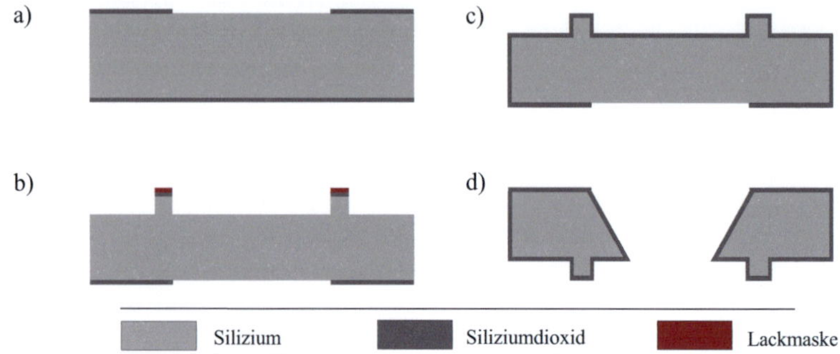


Abbildung 6.3: Fertigungsschema für monolithische Si-Deckel-Wafer: a) Abscheidung von thermischem Oxid auf Vorder- und Rückseite, Aufbringen und Strukturierung einer Lackmaske auf der Rückseite für spätere TMAH-Ätzung der Deckel-Öffnung. b) Aufbringen und Strukturieren einer Lackmaske auf der Wafer-Vorderseite, DRIE-Ätzung der Stempelstrukturen, c) Bedeckung der Vorderseite mit PE-TEOS und d) TMAH-Ätzung der Apertur bis auf das Oxid der Vorderseite, Entfernung des Oxids mit BOE und erneuter thermischer Oxidation von Vorder- und Rückseite

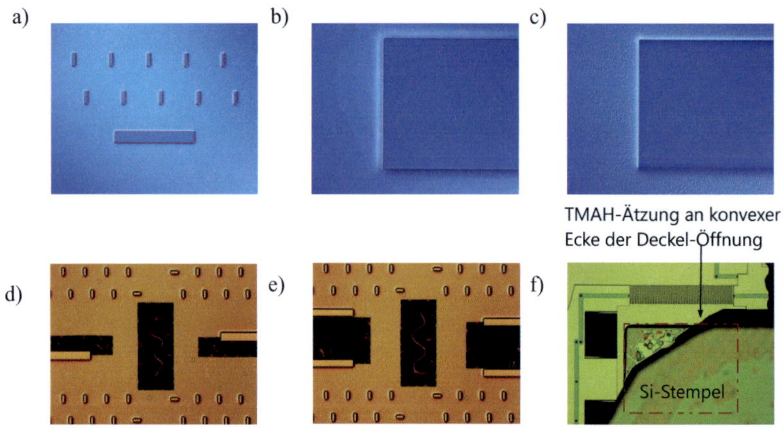


Abbildung 6.4: a) Lichtmikroskopische Aufnahme einer Deckel-Vorderseite mit 75 $\mu$m Stempeln. Ausschnitt einer Stempelkante b) mit Fokus auf der Wafer-Oberfläche und c) auf Zieltiefe, d)-e) mit TMAH geätzte Deckel-Öffnungen und f) unterätzte konvexe Ecke einer Deckelöffnung mit darunter liegender SVC-SBM-Spiegelstruktur nach Durchführung des Wafer-zu-Wafer-Bondprozesses.

bei der DRIE-Ätzung ein hoher isotroper Ätzanteil gewählt werden, um die Bildung von *Black-Silicon* zu verhindern. Nach der Tiefenätzung wird der Fotolack im Sauerstoffplasma zersetzt und durch Spülen entfernt. c) Auf der Vorderseite wird nun 1 $\mu$m PE-USG und darauf ein 1 $\mu$m thermisches Oxid mittels TEOS abgeschieden. Nach der Drehung des Wafers auf die Vorderseite wird dieser in einer Ätzdose eingespannt. d) Nun werden die Öffnungen des Deckel-Wafers mittels TMAH geätzt. Bei der Ätzung bilden sich die $\{111\}$-Ebenen des $\{100\}$-orientierten Wafers ab. Bei konvexen Ecken der Öffnungsgeometrie ist, wie in Abb. 6.4 gezeigt, mit Unterätzungen zu rechnen.

Die Ätzung kommt auf dem Vorderseiten-Oxid zum Stillstand. Hierbei bleibt nur die dünne Oxid-Membran stehen. Eventuelle Risse oder ein Bruch der dünnen Oxid-Membran werden akzeptiert, da die Vorderseite komplett mit Oxid bedeckt ist. Der Wafer wird nach dem Ätzen zurück gedreht, so dass die Seite mit den Stempelstrukturen oben liegt. Das verbleibende Oxid wird in einem BOE-Bad entfernt und anschließend werden erneut 2 $\mu$m thermisches Oxid auf der Vorder- und Rückseite des fertig strukturierten Wafers zur elektrischen Passivierung im späteren Wafer-Verbund aufgewachsen.

## 6.3 Adhäsives Waferbonden mittels Benzocyclobuten

Für die stoffschlüssige Verbindung von Spiegel- und Deckelwafer wurde Benzocyclobuten (BCB) verwendet. Benzocyclobuten ist in der Literatur für Wafer-zu-Wafer-Bondapplikationen im MEMS-Bereich bekannt [79, 80, 81, 82]. Als Bondadhäsiv ist es insbesondere aufgrund der leichten Verarbeitbarkeit interessant. BCB kann sowohl durch Aufschleudern als auch durch Sprühbelacken auf das Substrat gebracht werden. Niedrige Bondtemperaturen von 100-250 $^\circ C$ erlauben darüber hinaus das Bonden von Substraten mit sensiblen CMOS-Bausteinen, ohne dass diese thermisch geschädigt werden.

Außerdem attestieren *Zimmer* et al. für 133 nm dicke BCB-Bondschichten zwischen polierten Siliziumsubstraten hohe Oberflächenenergien von $\approx 4.8$ J/m$^2$ [79]. Die Oberflächenergie wurden hierbei in einem Trennversuch mit Hilfe einer Rasierklinge bestimmt. Dabei wurde von den Autoren eine Rasierklinge der Dicke $h_{\text{rsr}}$ verwendet und zwischen die miteinander verbundenen Si-Scheiben der Scheibendicke $h_{\text{Si}}$ gezwungen. Während der Bond sich öffnet, schiebt die Schneide die Risslänge $L$ vor sich her. Zusammen mit dem E-Modul $E$ in Schubrichtung des Substrats lässt sich aus der Risslänge dann die Oberflächenenergie $\gamma$ rechnerisch bestimmen. Sie ist ein Maß für die Stärke der Bondverbindung. Für die Berechnung verwenden die Autoren eine Näherungslösung für dünne Adhäsivschichten [1] nach *Maszara* et al. [83]:

$$\gamma = \frac{3E \cdot (h_{\text{Si}}/2)^3 \cdot h_{\text{rsr}}^2}{8L^4}. \tag{6.1}$$

Für die Bondapplikation dieser Arbeit ist es erforderlich, die durch Schwankungen bei der Tiefenätzung entstehenden Spalten zwischen Deckel-Wafer und Spiegel-Wafer mit Adhäsiv aufzufüllen und so das Innere des Bonds vor dem Eindringen von Sägeschlamm beim Vereinzeln des Wafers durch Sägen zu schützen. Aus diesem Grund ist es erforderlich, BCB-Schichten zu erzeugen, die dick genug sind, um die Schwankung der DRIE-Tiefenätzung von ca. $\pm 2.5$ $\mu$m des Deckel-Wafers auszugleichen. Am *Fraunhofer IPMS* wurden zu diesem Zweck Prozesse entwickelt, mit denen sich 2 $\mu$m und 4 $\mu$m dicke BCB-Schichten auf Silizium-Substraten erzeugen lassen. Um für diese Schichten einen geeigneten Bondprozess und entsprechende Prozessparameter zu finden, wurden Bondversuche mit polierten Silizium-Substraten durchgeführt.

[1] keine plastische Verformung

### 6.3.1 Benzocyclobuten-Wafer-Bondprozess

Der Wafer-Bondprozess besteht aus den folgenden Teilschritten. Zunächst müssen der Deckel- und Spiegel-Wafer für das Bonden vorbereitet werden. Hierzu wird der Deckel für 10 min in $H_2SO_4$ ($H_2SO_4 : H_2O_2 = 4:1$) getaucht und anschließend 10 min zum Reinigen in destilliertes Wasser gelegt. Es folgt die Trocknung des Deckels durch 2 min **Spin-Dry** bei 2500 Upm. Anschließend wird dann ein Adhäsionspromoter auf beide Scheiben aufgebracht und der Deckel-Wafer durch Sprühbelackung mit BCB bedeckt. Bei $T = 70\ °C$ wird das BCB auf dem Deckel-Wafer 5 min lang vorvernetzt.

Es folgt der eigentliche Bondvorgang. Die Scheiben müssen als nächstes zu einander ausgerichtet werden. Die Positionierung der beiden Wafer erfolgt mit einer Toleranz von weniger als $\pm 10\ \mu$m, bei einem vertikalen Wafer-Abstand von 300 $\mu$m, mit Hilfe eines Wafer-Positioniergeräts. Anschließend werden die zueinander positionierten und in einem Rahmen fixierten Wafer in die Vacuum-Kammer des Bond-Geräts eingebracht. Nun wird der Flansch des Bond-Geräts auf die Bondtemperatur $T_{\mathrm{bnd}}$ aufgeheizt und der Kammerdruck auf $P_{\mathrm{atm}} = 5$ mbar abgesenkt. Die Wafer werden bei einem Anpressdruck von $P_{\mathrm{bnd}} = 2$ bar über die Bonddauer $t_{\mathrm{bnd}}$ mit einander verbunden.

### 6.3.2 Bondvorversuche an polierten Silizium-Wafern

Bei oben beschriebenem Bondprozess sind ins besondere die Bondtemperatur und und die Bonddauer für die Festigkeit der Bondenergie von Bedeutung. Um geeignete Parameter für $T_{\mathrm{bnd}}$ und $t_{\mathrm{bnd}}$ zu ermitteln, wurden Bondversuche durchgeführt und die Oberflächenenergie $\gamma_{\mathrm{bnd}}$ des Bonds nach [83] durch Berechnung ermittelt. Die Ergebnisse einer Versuchsreihe mit 2 $\mu$m dicker BCB-Schicht auf unstrukturierten Silizium-Wafern sind in Tabelle 6.1 zusammengefasst. Es hat sich gezeigt, dass die Bondverbindung für die Programme Nr. 2, 8 und 9 besonders stark

Tabelle 6.1: Parameterkombinationen des BCB-Bondversuchs und nach [83] berechnete Oberflächenenergien.

| Nr. | 1 | 2 | 3 | 4 | 5 | 6 | 7 | 8 | 9 |
|---|---|---|---|---|---|---|---|---|---|
| $T_{\mathrm{bnd}}$ /°C | 160 | 200 | 230 | 160 | 200 | 230 | 200 | 200 | 200 |
| $t_{\mathrm{bnd}}$ /min | 20 | 20 | 20 | 60 | 60 | 60 | 240 | 30 | 30 |
| $\gamma_{\mathrm{bnd}}$ /J/m$^2$ | 0.6 | - | 0.94 | 0.62 | 33.67 | 0.44 | 0.31 | - | - |

waren. In diesen Fällen ließ sich die Bondverbindung nicht, wie vorgesehen, mit einer Rasierklinge auftrennen. Es konnten daher für diese keine Bondenergien ermittelt werden. Bei den übrigen Bondprogrammen ließen sich die Wafer anschließend wieder trennen. Für Programm Nr. 5 wurde mit $\gamma \approx 33.67$ J/m$^2$ die höchste Bondenergie festgestellt. Der niedrigste Wert wurde für Programm Nr. 7 mit $\gamma \approx 0.31$ J/m$^2$ konstatiert.

### 6.3.3 Ergebnisse beim Bonden von Deckel- und Spiegel-Wafern

Das Bonden von Spiegel- und Deckel-Wafern erwies sich im Vergleich zu unstrukturierten Silizium-Wafern als geringfügig komplizierter. Durch die Öffnungen im Deckel-Wafer kann beim Sprühbelacken der Deckel-Wafer-Vorderseite, BCB auf die Deckel-Rückseite gelangen. Diese BCB-Reste können im Einzelfall während des Bondvorgangs den Deckelwafer mit dem Flansch des Bond-Geräts verkleben und so zu Schäden an Gerät und Wafer führen. Hier hat sich jedoch gezeigt, dass das Einlegen einer Graphit-Folie zwischen Flansch und Deckel-Wafer Abhilfe schafft.

Neben der Stärke der Bondverbindung ist der durch den Bondvorgang bedingte laterale Strukturversatz der beweglichen mechanischen Festkörperelemente und Elektroden von Bedeutung. Erfolgt eine laterale Verschiebung, so weicht die Elektrodengeometrie von der Zielgeometrie ab und es kann zu einer Beeinträchtigung der Betriebsfähigkeit des Bauteils kommen. Ursachen sind beispielsweise Asymmetrien in der Elektrodengeomtrie sowie lokal verminderte Spaltabstände. Diese können ein frühzeitiges Eintreten von elektromechanischem Pull-In, ein Blockieren der Spiegelmechanik und eine veränderte Auslenkungscharakteristik zur Folge haben.

Die laterale Verschiebung der Festkörpermechanismen wird beispielsweise durch die laterale Positioniergenauigkeit der Auslenkungsstempel und über den Wafer verteilte Variationen in der Auslenkungshöhe beeinflusst. Die Auswirkungen dieser Einflussgrößen wurden exemplarisch für einzelne Bauteile bewertet. Abb.6.5 zeigt eine Detailaufnahme eines AVC-Antriebs. Gut zu erkennen ist die hohe Symmetrie von Elektroden und Gegenelektroden. Die Lateralverschiebung von Elektroden und Gegenelektroden zu einander lag für die untersuchten Bauteile bei weniger als $\pm 0.5$ $\mu$m. Der Spaltabstand zwischen Elektroden und Gegenelektrode ergibt sich aus der DRIE-

a) b)

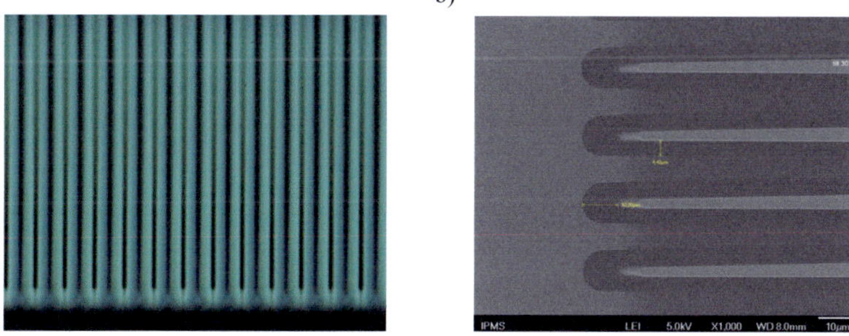


Abbildung 6.5: a) lichtmikroskopische Detailaufnahme b) REM-Detailaufnahme von flexibel gelagerten stationären AVC-Elektroden mit gleichmäßigen Spaltabständen nach Vorauslenkung und Fixierung durch den BCB-Waferbondprozess.

Grubenbreite und der Lateralverschiebung der stationären Elektroden durch den Bondvorgang. Als minimale Grubenbreite zwischen vertikalen Kammelektroden wurden bei den gefertigten Strukturen 5 $\mu$m gewählt. Mit den oben genannten lateralen Verschiebungen ergab sich so eine maximale Abweichung des Elektrodenspaltabstands von $\pm 10$ %.

# Kapitel 7

# Spiegel-Designs und charakteristische Eigenschaften

Im folgenden Kapitel werden verschiedene Demonstratoren für das neuartige Bauteilkonzept mit ihren charakteristischen Eigenschaften vorgestellt. Die gefertigten Demonstrator-Designs umfassen drei 1D-Mikroscanner und zwei 2D-Mikroscanner. Sie dienen der Verifikation des Arbeitsprinzips der elektrostatisch-quasistatisch betriebenen Spiegel-Kippachse, des Aufbaukonzeptes und der Fertigungstechnologie. Abb. 7.1 zeigt exemplarisch einen 2D-Demonstrator in einem DIL20-Keramikgehäuse.

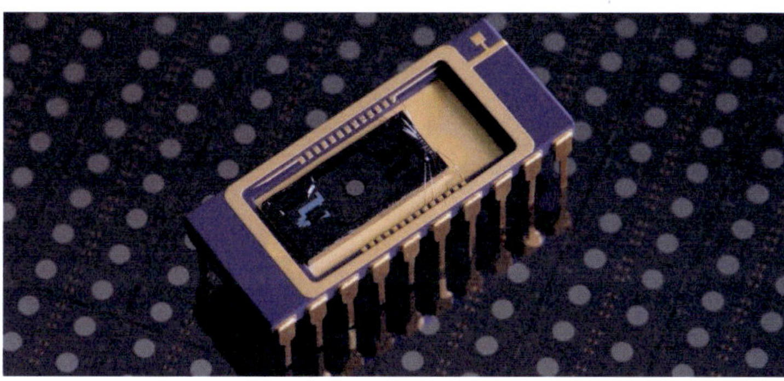

Abbildung 7.1: Makroaufnahme eines 2D-Mikroscanners vom Typ SC3 in einem DIL20-Keramikgehäuse. Der SC3 verfügt über einen CAVC an der LA und einen planaren resonanten Kammantrieb an der SNA.

Bei den 2D-Mikroscannern ist die SNA mit einem resonanten Kammantrieb ausgestattet. Die resonante Antriebsstruktur wurden aus einem aktuellen *Fraunhofer-IPMS*-Design übernommen. Sie entspricht dem Stand der Technik und wird daher nicht näher erläutert. Das nachfolgende Kapitel konzentriert sich auf die quasistatischen Bauteileigenschaften der gefertigten Demonstratoren. Die quasistatischen Eigenschaften stellen die zentrale Neuerung des hier vorgestellten Bauteilkonzepts gegenüber der resonanten *Fraunhofer-IPMS*-Technologie dar. Wie in den vorangegangenen Kapiteln gezeigt, lassen sich diese Eigenschaften gezielt durch Entwurf und Gestaltung der vertikalen Kammelektroden beeinflussen. Auf eine Optimierung der statischen und dynamischen Bauteileigenschaften entsprechend den Anforderungen der Zielapplikation musste in dieser Arbeit verzichtet werden. Insgesamt wurden durch die fünf verschiedenen Demonstratortypen zwei Antriebskonfigurationen, drei Kammgeometrien und zwei unterschiedliche Festkörpermechanismen realisiert. Ein Überblick der Demonstratoren und der enthaltenen Antriebsstrukturen findet sich in Tabelle 7.1. Das nachfolgende Kapitel ist nach der Bauart der

Tabelle 7.1: Tabellarische Übersicht gefertigter Demonstratoren.

| Bezeichnung | SC1 | SC2 | SC3 | SC4 | SC5 |
|---|---|---|---|---|---|
| Anzahl der Scanachsen | 1 | 1 | 2 | 1 | 2 |
| Spiegeldurchmesser /mm | 4 | 4 | 1.2 | 4 | 1.2 |
| Spiegelform | rund | rund | rund | rund | rund |
| Anzahl der SBMs | 2 | 1 | 2 | 4 | 4 |
| Eigenfrequenz SNA /kHz | - | - | 23.3 | - | 23.3 |
| Auslenkung SNA /° (resonant @ 140 V) | - | - | ±9.5 | - | ±9.5 |
| Elektrodentyp LA | CAVC | CAVC | CAVC | SVC | SVC |
| Elektrodenkonfiguration LA | 2X | 2X | 2X | 2Y | 2Y |
| Eigenfrequenz LA /kHz | 0.142 | 0.142 | 0.142 | 0.165 | 0.165 |
| Auslenkung LA /° (quasistatisch @ 110 V) | ±7.4 | ±5.7 | ±7.4 | ±7.5 | ±7.5 |

Antriebseinheiten organisiert. In Abschnitt 7.1 sind die Eigenschaften von Demonstratoren mit CAVC-Antrieb, in Abschnitt 7.2 mit SVC-Antrieb beschrieben. Die mit den Demonstratoren erzielten Ergebnisse werden in Abschnitt 7.3 diskutiert und in die Zielstellung der Arbeit eingeordnet.

## 7.1 Designs mit CAVC-Antrieb

Wie aus Tabelle 7.1 ersichtlich, enthalten drei von fünf Demonstratordesigns CAVC-Antriebe. Die Elektrodengeometrie von SC1 und SC3 ist identisch. Sie unterscheidet sich gegenüber SC2, wie in Tabelle 7.2 aufgeführt, durch eine größere Vorauslenkung der stationären Elektroden. Bei den genannten Demonstratoren kommt der aus Abschnitt 3.3 bekannte und schematisch in Abb. 3.4 c) dargestellte Festkörpermechanismus zum Einsatz. Die größere Vorauslenkung von SC1 und SC3 gegenüber SC2 resultiert aus der beidseitigen Aufhängung des Spiegels in Festkörpermechanismen. Bei relativer Verkippung der Federanker, zwischen denen der Spiegel über Federn aufgehängt ist, werden in den Federn gegensinnige Reaktionsmomente erzeugt. Es stellt sich eine mechanische Ruhelage ein, die der Hälfte der Relativverkippung entspricht. Bei SC1 und SC3 werden die Federaufhängungen gegensinnig um den gleichen Betrag verkippt. Die ursprüngliche mechanische Ruhelage bleibt daher erhalten. Bei SC2 hingegen wird nur eine der beiden Federaufhängungen über einen Festkörpermechanismus verkippt. Der Spiegel folgt der Verkippung mit der Hälfte des Verkippungswinkels. Das Elektrodenauslenkungskonzept von SC2 ist von Interesse, da bei Betrieb des Spiegels unter einem Glasdeckel, aus der Totalreflexion an der Grenzschicht des Glases resultierende Reflexe im Bildfeld, vermieden werden können. Außerdem besitzt SC2 im Vergleich zu SC1 und SC3 eine strukturell geringerer Komplexität der Antriebsstrukturen. Die Auftretenswahrscheinlichkeit von Defekten während der Fertigung wird so reduziert. Ein prinzipbedingter Nachteil von SC2 besteht, wie aus Vergleich von Abb.

Tabelle 7.2: CAVC-Geometriedaten der Demonstratoren SC1, SC2 und SC3

| Parameter | CAVC-SC1 | CAVC-SC2 | CAVC-SC3 |
|---|---|---|---|
| Abstand Kippachse / $\mu$m | 200 | 200 | 200 |
| Elektrodenlänge / $\mu$m | 210 | 210 | 210 |
| Fingerbreite (Basis) / $\mu$m | 7 | 7 | 7 |
| Fingerbreite (Spitze) / $\mu$m | 2 | 2 | 2 |
| Elektrodenhöhe / $\mu$m | 75 | 75 | 75 |
| Spaltbreite / $\mu$m | 5 | 5 | 5 |
| Verkippung der Gegenelektroden / $^\circ$ | $\pm$12.8 | $\pm$6.4 | $\pm$12.8 |
| vertikaler Hub der Gegenelektroden / $\mu$m | $\pm$36.4 | $\pm$18.2 | $\pm$36.4 |
| Elektrodenfinger Anzahl | 126 | 126 | 126 |

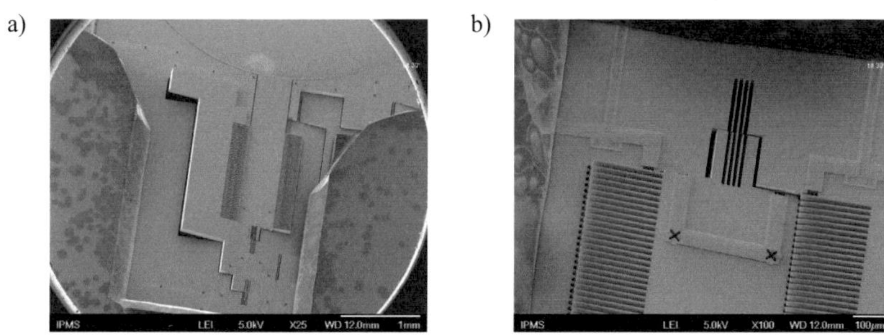


Abbildung 7.2: REM-Aufnahmen von Details des CAVC-Antriebs und der Spiegelaufhängung. a) SC1 mit CAVC und Festkörpermechanismus an der Spiegelaufhängung, b) CAVC ohne Festkörpermechanismus an der Spiegelaufhängung bei einem SC2.

7.3 und Abb. 7.4 ersichtlich, in der geringeren quasistatischen Spiegelauslenkung.

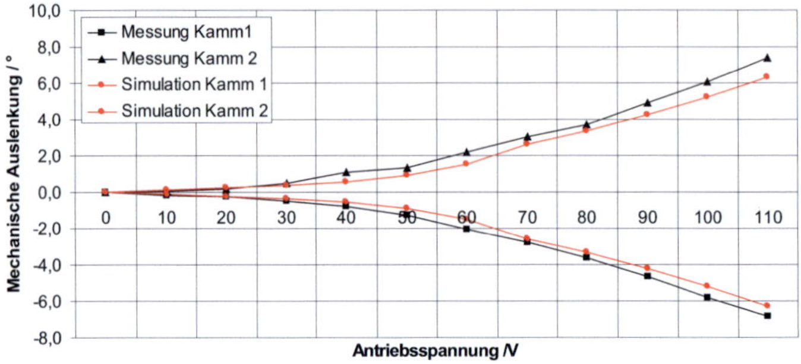


Abbildung 7.3: Optisch mittels Messskala gemessene elektromechanische Gleichgewichtskennlinie eines SC1 im Vergleich mit der simulierten Kennlinie.

Die Messung der elektromechanischen Gleichgewichtskennlinie wurde mit einer sphärischen Messskala durchgeführt. Als Sphäre wurde ein Zylindersegment mit einem Viertel des Zylinderumfangs gewählt. Hierbei wurde der Spiegel so positioniert, dass er sich auf der Zentralachse des Zylinders befand. Bei Anlegen einer Elektrodenspannung wandert der Reflex eines über den Spiegel auf die Sphäre abgelenkten Laserstrahls. Durch die zylindrische Form ist der Abstand vom Bildpunkt zum Spiegel vom Ablenkwinkel unabhängig. Die Auslenkung des Spiegels bei Spannungsänderung kann direkt aus der Verschiebung des Bildpunktes auf der am Zylinder angebrachten Millimeterskala berechnet werden. Der gemessenen elektromechanischen Gleichgewichtskennlinie ist in Abb. 7.3

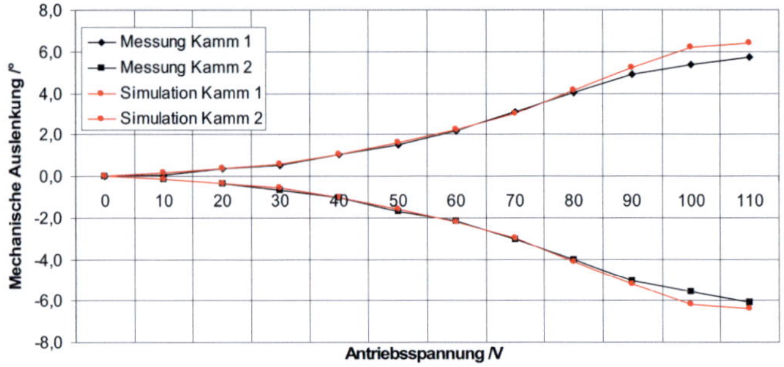


Abbildung 7.4: Optisch mittels Messskala gemessene elektromechanische Gleichgewichtskennlinie eines SC2-Samples im Vergleich mit einer simulierten Kennlinie.

und Abb. 7.4 die simulierte Kennlinie des Bauteils gegenübergestellt. Hierbei wurde das in Abschnitt 4.7.2 eingeführte Verhaltensmodell zum Einsatz gebracht. Die Antriebsmomente wurden mit Hilfe des Modells verteilter 3D Plattenkondensatoren berechnet. Der Einfluss des elektrischen Randfeldes auf das Antriebsmoment wird leicht unterschätzt, so dass die real gemessene Auslenkung größer ist, als die simulierte.

Nach Gl. 4.125 werden zur Beschreibung des dynamischen Bauteilverhaltens die in Tabelle 7.3 zusammengefassten Streckenparameter benötigt. Die in der Tabelle angegebenen Werte wurden, wie in Abschnitt 4.8 beschrieben, ermittelt. Die Eigenfrequenz der Demonstratoren liegt bei ca. 142 Hz. SC2 weist im Vergleich zu den Demonstratoren SC1 und SC3 eine geringfügig größere Dämpfungskonstante auf. Dies ist durch die geringere Vorauslenkung der Gegenelektroden erklärbar. Dadurch befinden sich die bewegten und stationären Elektroden bereits in der mechanischen Ruhelage stärker im Eingriff und die *Couette*-Strömung trägt stärker zur fluidischen Dämpfung des Spiegels bei.

Tabelle 7.3: Streckenparameter des dynamischen Verhaltensmodells für die Demonstratoren SC1, SC2 und SC3

| Chiptyp | $J$ / kg m$^2$ | $\bar{d}$ / $\frac{\text{kg m}^2}{\text{s}}$ | $k$ / $\frac{\text{kg m}^2}{\text{s}^2}$ |
|---|---|---|---|
| SC1, SC3 | $2.2 \cdot 10^{-12}$ | $4.8 \cdot 10^{-11}$ | $1.75 \cdot 10^{-6}$ |
| SC2 | $2.2 \cdot 10^{-12}$ | $5.1 \cdot 10^{-11}$ | $1.75 \cdot 10^{-6}$ |

## 7.2 Designs mit SVC-Antrieb

Die Demonstratoren SC4 und SC5 besitzen eine elektrostatisch-quasistatische 2Y-Antriebskonfiguration mit SVC-Kammelektroden. Abb. 7.5 zeigt REM-Aufnahmen der vertikalen Kammelektroden eines SC5 mit dem Detail eines Festköpermechanismus. SC4 und SC5 weisen je vier Festkörpermechanismen, wie schematisch in Abb. 3.4 b) dargestellt, auf. Die geometrischen Abmaße der vertikalen SVC-Elektroden sind in Tabelle 7.4 beschrieben.

a) b)

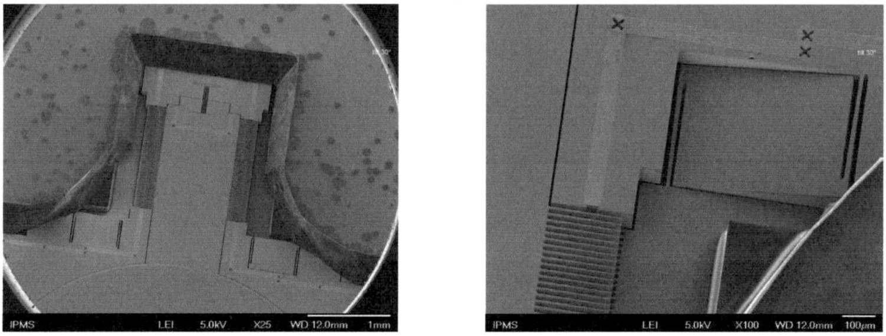


Abbildung 7.5: REM-Aufnahmen eines SC4-Samples, a) Ausschnitt eines SVC-Antriebs, b) Details eines Festkörpermechanismus

Wie aus der Tabelle ersichtlich, sind die SVC-Elektroden für SC4 und SC5 identisch ausgeführt. Die elektromechanische Gleichgewichtskennlinie für den Demonstrator SC4 ist in Abb. 7.6 aufgetragen. Die Streckenparameter des SC5-Demonstrators sind in Tabelle 7.5 zusammengefasst. Im Vergleich mit Tabelle 7.3 wird deutlich, dass die Dämpfung der SVC-Demonstratoren die der CAVC-Demonstratoren übersteigt. Dies ist hauptsächlich auf den größeren Abstand der bewegten Elektroden zur Kippachse zurückzuführen. Durch die vergleichsweise höhere Relativgeschwindigkeit von Elektroden und Gegenelektroden wird eine höhere fluidische Dämpfung erreicht. Gleichzeitig wirkt im Arbeitsbereich ein vergleichsweise größeres Antriebsmoment, weshalb die Steifigkeit der

Tabelle 7.4: SVC-Geometriedaten der Demonstratoren SC4 und SC5

| Parameter | SVC-SC4 | SVC-SC5 |
|---|---|---|
| Abstand Kippachse / $\mu$m | 400 | 400 |
| Elektrodenlänge / $\mu$m | 210 | 210 |
| Fingerbreite (Basis) / $\mu$m | 7 | 7 |
| Fingerbreite (Spitze) / $\mu$m | 2 | 2 |
| Elektrodenhöhe / $\mu$m | 75 | 75 |
| Spaltbreite / $\mu$m | 5 | 5 |
| vertikaler Hub der Gegenelektroden / $\mu$m | $-75$ | $-75$ |
| Elektrodenfinger Anzahl | 126 | 126 |

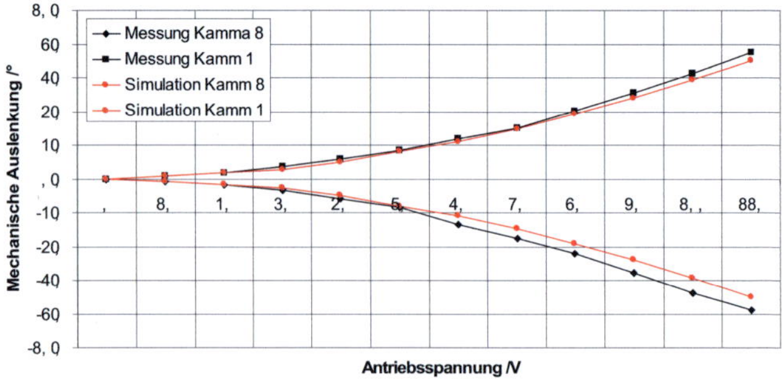


Abbildung 7.6: Optisch mittels Messskala gemessene elektromechanische Gleichgewichtskennlinie eines SC4-Samples im Vergleich mit einer simulierten Kennlinie.

Federaufhängung beim Entwurf erhöht werden konnte, ohne die Auslenkung dadurch zu reduzieren. So besitzen die SC4- und SC5-Demonstratoren eine höhere Eigenfrequenz von ca. 165 Hz. Dies ist insbesondere während der Rücklaufphase eines linearen Scans aufgrund der geringeren Rücklaufzeit von Vorteil.

Tabelle 7.5: Streckenparameter des dynamischen Verhaltensmodells für SC4 und SC5

| Chiptyp | $J$ / $\mathrm{kg\,m^2}$ | $\bar{d}$ / $\frac{\mathrm{kg\,m^2}}{\mathrm{s}}$ | $k$ / $\frac{\mathrm{kg\,m^2}}{\mathrm{s^2}}$ |
|---|---|---|---|
| SC4, SC5 | $2.2 \cdot 10^{-12}$ | $5.4 \cdot 10^{-11}$ | $2.4 \cdot 10^{-6}$ |

Wie einleitend erwähnt, ist eine wesentliche Motivation für die Entwicklung des neuartigen Bauteilkonzepts die Anforderung eines linearisierten Scanvorgangs, wie sie durch dreiecksförmige bzw. sägezahnfärmige Auslenkungsverläufe realisiert werden kann. Hierbei ist ein sägezahnförmiger Auslenkungsverlauf aufgrund des Auslenkungssprungs beim Rücklauf für das Mikroscanner-System dynamisch besonders anspruchsvoll. Der Auslenkungssprung führt zu einer Schwingungsanregung des Spiegels, die sich mit der linearen Bewegung der nächsten Scanperiode überlagert. Aufgrund des nicht vorhandenen Auslenkungssprungs ist die technische Realisierung eines Dreiecks-Scans weniger anspruchsvoll. *Erley* [84] hat die prinzipielle Fähigkeit der Demonstratoren zu einem linearisserten Scan am Beispiel eines SC4-Demonstrators für eine dreiecksförmige Sollwerttrajektorie gezeigt. Hierzu wurde zunächst aus einer gemessenen inversen elektromechanischen Gleichgewichtskennlinie die Antriebsspannung für die vertikalen Kammantriebe für den Sollwertverlauf berechnet. Um ein Aufschwingen des Spiegels bei hohen Frequenzen zu vermeiden, wurde die Steuerfrequenz des Dreieck-Scans auf 10 Hz festgelegt. Zusätzlich wurden die berechneten Spannungssignale mit einem Tiefpass gefiltert. Der Demonstrator wurden dann mittels der synthetischen Spannungssignale über einen Spannungsgenerator angesteuert und die Auslenkung mit einem PSD gemessen. Abbildung 7.7 zeigt die Soll- und Istwertauslenkung des Spiegels.

## 7.3 Einordnung und Diskussion der erzielten Ergebnisse

Die in diesem Kapitel vorgestellten Demonstratoren zeigen, dass sich das in Kapitel 3 eingeführte neuartige Bauteilkonzept technologisch realisieren lässt. Dabei sind die Integration verschiedener elektrostatischer Antriebe in einen 2D-Mikroscanner und die Realisierung unterschiedlicher Arten vertikaler Elektrodengeometrien auf einem Wafer, die durch nur durch das Design, nicht jedoch durch den Prozessablauf bei der Fertigung bestimmt werden, wichtige Ergebnisse. Somit wird der Mikrotechnik ein neuartiger Fertigungsprozess, mit dem sich hochvariabel verschiedenste dreidimensionale Mikrostrukturen fertigen lassen, zur Verfügung gestellt. Die erzielte Strukturtreue und Reproduzierbarkeit ist hoch und für die Anwendung vertikaler Kammantriebe geeignet.

Im Vergleich mit dem Stand der Technik bei quasistatischen Antrieben, ermöglichen die gefertigten vertikalen Kammantriebe, große Auslenkungen von bis zu 7.4° bei vergleichsweise niedrigen DC-Spannungen von 110 V. Die Ergebnisse von *Erley* [84] zeigen darüber hinaus die Befähigung der Demonstratoren zu einem linearisierten Scan. Hiermit wird eine wesentliche Voraussetzung für den Einsatz der neuartigen 2D-Mikroscanner in Laserprojektoren für hochauflösende Displayanwendungen geschaffen.

Der Vergleich gemessener und simulierter Spannungs-Auslenkungskennlinien zeigt außerdem, dass das statische Bauteilverhalten für die quasistatische Antriebsachse, wie anhand der Modellvalidierung aus Abschnitt 4.8 zu erwarten, in guter Näherung durch die in Kapitel 4 entwickelten Teil- bzw. Makromodelle abgebildet wird. Da für die Berechnung des elektrostatischen Antriebsmomentes auf das Modell der verteilten 3D-Plattenkondensatoren

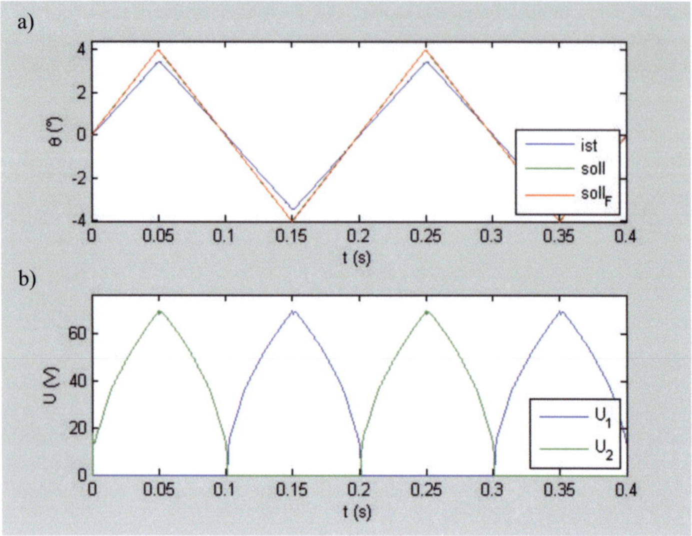


Abbildung 7.7: 10 Hz Dreieck-Scan eines Demonstrators SC4 im gesteuerten Betrieb, a) im Vergleich die Soll- zur mittels PSD gemessenen Ist-Auslenkung und b) die synthetisierten Spannungssignale nach [84]

zurück gegriffen wurde, lässt sich die Abweichung von bis zu ca. 12 % der gemessenen Auslenkung weiter reduzieren, wenn die Antriebskapazität über das 3D-Hybridmodell bzw. FEM-Rechnungen ermittelt wird. Bei den dynamischen Bauteileigenschaften wurde in Bezug auf die Spiegeldämfung eine größere Abweichung festgestellt, die im Widerspruch zur durchgeführten Modellvalidierung steht. Die zur Modellvalidierung verwendeten Teststrukturen verfügen im Vergleich zur Elektrodenfläche über eine geringe Spiegelfäche, so dass das fluidische Widerstandsmoment an den Elektrodenfingern maßgeblich zur Spiegeldämpfung beiträgt. Die simulierten Abklingkonstanten zeigen mit maximal 14 % Abweichung eine hohe Übereinstimmung mit der Messung. Bei den Demonstratoren hingegen ist die Spiegelplatte im Vergleich zu der Elektrodenfläche groß. Hier zeigt sich ein anderes Bild. Die simulierten Abklingkonstanten sind um ca. den Faktor $1/4$ kleiner als die aus der Messung ermittelten Werte. Es kann also davon ausgegangen werden, dass die Dämpfungseigenschaften der Spiegelplatte nicht vollständig bzw. nur in grober Näherung durch das Makromodell erfasst werden. Als Ursache kommt eine zusätzliche Einschränkung der Fluidbewegung infrage. So wird für die Dämpfungsmodelle der Spiegelplatte von einer frei stehenden Platte ausgegangen. Diese Randbedingung ist jedoch in der Realität nicht vollständig gegeben. Beispielsweise wird der Spiegel des neuartigen Bauteilkonzeptes durch den Chiprahmen in der mechanischen Ruhelage umspannt. Die Kavität des Deckels und der Rückseitengrube schränkt den Raum zusätzlich ein, so dass das Fluid in der freien Bewegung gehindert wird. Für besonders hohe Anforderungen an den Bauteilentwurf von Mikroscannern müssen bei großen bewegten Platten gegebenenfalls die Dämpfungsmodelle angepasst werden. Dies kann beispielsweise mit Hilfe von FEM-Strömungssimulationen oder durch empirische Korrekturfaktoren erfolgen.

# Kapitel 8

# Positionssteuerung und -Regelung

Im nachfolgenden Kapitel wird die quasistatische Steuer- bzw. Regelbarkeit der Spiegelposition für das neuartige Bauteilkonzept theoretisch untersucht. In Abschnitt 8.1 wird zunächst analysiert, wie die am Streckeneingang lokalisierte Nichtlinearität mit Hilfe einer exakten Linearisierung in Bezug auf den Streckenausgang neutralisiert werden kann. Hierbei wird auch der Frage nachgegangen, ob eine solche exakte Linearisierung technisch umsetzbar ist. Mit der Verwendung der inversen elektromechanischen Gleichgewichtskennlinie nach Abschnitt 8.2 wird eine Alternative zur Streckenlinearisierung aufgezeigt. Auf einer Linearisierung der Regelstrecke basierende Steuerungskonzepte werden in Abschnitt 8.3 eingeführt. Die geringe Spiegeldämpfung macht jedoch bei schnellen Sollwertänderungen eine Rückkopplung zur Unterdrückung des Überschwingens erforderlich. Entsprechende Regelungskonzepte werden in Abschnitt 8.4 entwickelt. In Abschnitt 8.5 wird dann auf das Folgeverhalten ausgewählter Regelungskonzepte eingegangen. Hierbei wird insbesondere die Systemantwort bei sägezahnförmiger Sollwerttrajektorie, die für Zielanwendung von Interesse ist, am Beispiel der Streckenparameter des Demonstrators SC3 untersucht.

## 8.1 Exakte Linearisierung

Die Regelstrecke der quasistatischen Antriebsachse des Demonstrators SC3 ist in Abb. 8.1 gezeigt. Charakteristisch für die als lineares Schwingungsglied zweiter Ordnung in einem Block-Modell realisierte Spiegelstrecke ist, dass eine Nichtlinearität am Streckeneingang vorliegt. Diese ist durch den elektrostatischen Antrieb gegeben. Sie ist bei der Regleranalyse und Synthese hinderlich. Möglichkeiten zur Linearisierung der Spiegelstrecke werden in [85] beschrieben. Durch Vorschalten eines Gliedes, das die Nichtlinearität des Antriebs durch Invertierung ausgleicht, kann eine exakte Linearisierung [86, 87, 85] erzielt werden. Das Streckenübertragungsverhalten wird linear.

Zur *exakte Linearisierung* (XL) der Strecke wird das elektrostatische Antriebsmoment $M_{\mathrm{el},i}$ des Antriebs mit Index $i$ als Stellgröße $v_i$ definiert:

$$M_{\mathrm{el},i}(\Theta, U_i) := v_i. \tag{8.1}$$

Die Elektrodenspannung $U_i$ ist die Steuergröße des Kamms $i$. Das elektrostatische Antriebsmoment des Kamms wird nach Gl. 4.124 beschrieben, so dass sich

$$v_i = \frac{1}{2} \cdot \frac{dC_i(\Theta)}{d\Theta} \cdot U_i^2 \tag{8.2}$$

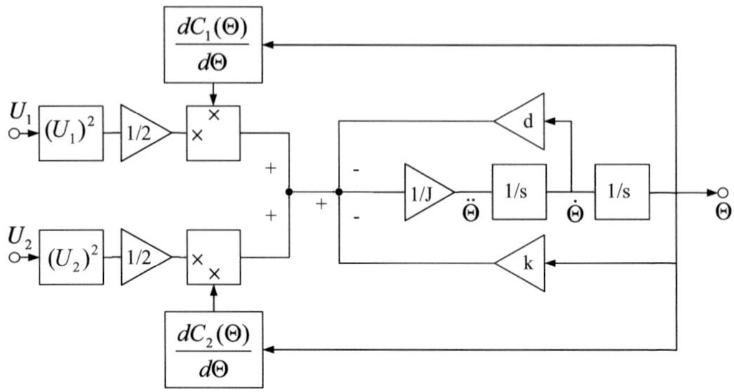


Abbildung 8.1: Blockschaltbild des Spiegelrahmens mit zwei unabhängig ansteuerbaren Elektrodenkämmen.

ergibt. Entsprechend lautet die Invertierung der Stellgröße-Funktion, die Steuergröße-Funktion:

$$U_i = \sqrt{\frac{2v_i}{\frac{dC_i(\Theta)}{d\Theta}}}. \tag{8.3}$$

Für die exakte Linearisierung des Streckeneingangs muss Gl. 8.2 in Gl. 8.3 und diese in Gl. 8.1 eingesetzt werden.

Soll die exakte Linearisierung im Zusammenhang mit einer Regelung bzw. Steuerung verwendet werden, so muss die Stellgröße $nu_i$ mit der Streckenausgangsgröße $\Theta$ korreliert werden. Ein Vergleich von Gl. 8.1 mit der inversen elektromechanischen Gleichgewichtskennlinie nach Gl. 2.16 zeigt, dass für $\Theta = \Theta_{EQ}$ die Stellgröße

$$v_i = k\Theta_{\mathrm{EQ}} \tag{8.4}$$

entspricht. Die Stellgröße $v_i$ kann also entsprechend Gl. 8.4 im elektromechanischen Gleichgewicht durch eine lineare Funktion des Auslenkungswinkels $\Theta_{\mathrm{EQ}}$ ersetzt werden. Hierbei ist $k$ die Federsteifigkeit der Spiegelaufhängung. So kann für ein Steuerungs- bzw. Regelungsgesetz, das als Ausgangsgröße einen geeigneten Steuerwinkel $\Theta_{\mathrm{steu}}$ bereitstellt,

$$v_i := k\Theta_{\mathrm{steu}} \tag{8.5}$$

gefordert werden. Dadurch wird der Steuerwinkel über die exakte Linearisierung in diejenige Steuerspannung $U_i$ überführt, welche als Eingangsgröße der Spiegelstrecke die Spiegelauslenkung in den Steuerwinkel überführt.

Abb. 8.2 a) zeigt die Umsetzung der exakten Linearisierung als Blockschaltbild. Die Implementierung der exakten Linearisierung in einen realen Regler macht jedoch erforderlich, dass der Kapazitätsgradient $\frac{dC(\Theta)}{d\Theta}$ der Elektrodenkonfiguration in Abhängigkeit der Spiegelverkippung $\Theta$ und die Federsteifigkeit $k$ explizit bekannt sind. Die messtechnische Erfassung des Kapazitätgradienten am realen System ist jedoch nicht direkt möglich. Aufgrund der geringen Elektrodenkapazität von wenigen pF ist eine Messung der Kapazitätskennlinie und anschließende Berechnung des Kapazitätsgradienten sehr aufwendig. Die exakte Linearisierung scheint daher für die Umsetzung in einem physikalischen Reglerkonzept wenig geeignet. Für die Realisierung realer Reglerstrukturen muss daher eine andere Möglichkeit zur Linearisierung gefunden werden.

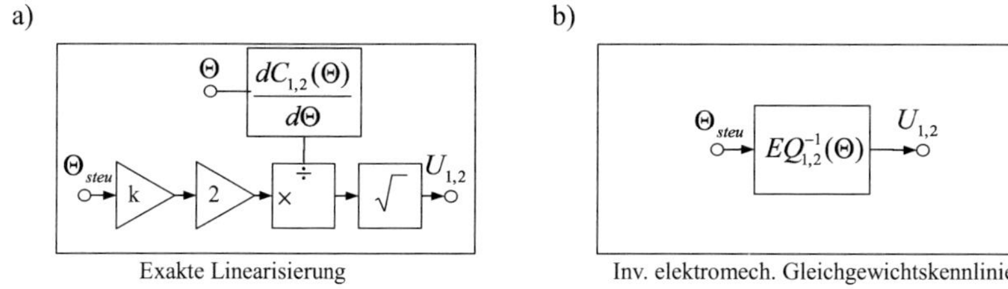


Abbildung 8.2: Varianten eines Linearisierungsblocks als a) exakte Linearisierung (XL) bzw. b) inverse elektromechanische Gleichgewichtskennlinie (EQInv) ausgeführt.

## 8.2 Linearisierung mittels invertierter Gleichgewichtskennlinie

Wird Gl. 8.4 in die Steuergrößenfunktion Gl. 8.3 eingesetzt, so folgt daraus die inverse elektromechanische Gleichgewichtskennlinie Gl.2.20. Diese besitzt als Eingangsgröße den Gleichgewichtswinkel $\Theta_{\mathrm{EQ}}$. Im elektrostatischen Gleichgewicht kann die exakte Linearisierung also über die inverse elektromechanische Gleichgewichtskennlinie realisiert werden. Die Umsetzung der Linearisierung mittels inverser elektromechanischer Gleichgewichtskennlinie (EQInv) in einem Blockmodell ist in Abb. 8.2 b) dargestellt. Der Verlauf der Funktion $EQ$ und somit von $EQ^{-1}$ ist, im Gegensatz zum Kapazitätsgradienten für die exakte Linearisierung, leicht durch Messung der Auslenkung pro Elektrodenspannung im eingeschwungenen Zustand des Spiegels zu ermitteln.

Nachteilig an diesem Vorgehen ist lediglich, dass die Linearisierung der Spiegelstrecke nur für $\Theta = \Theta_{\mathrm{EQ}}$ exakt ist. Für abweichende Auslenkungen resultiert eine Abweichung der Steuergröße $\Delta U_i$:

$$\Delta U_i = \sqrt{2k\Theta_{\mathrm{EQ}}} \cdot \left( \sqrt{\frac{d\Theta}{dC_i(\Theta)}} - \sqrt{\frac{d\Theta}{dC_i(\Theta_{\mathrm{EQ}})}} \right). \tag{8.6}$$

Die Auswirkung der Steuerabweichung $\Delta U_i$ auf das Steuer- bzw. Regelverhalten der Strecke wird in den nachfolgenden Abschnitten näher untersucht.

## 8.3 Positionssteuerung

Eine einfache Steuerung der Regelstrecke lässt sich direkt aus der exakten Linearisierung aufbauen. Hierzu wird die Definition der Stellgröße nach Gl. 8.5 verwendet. Der Sollwert der Spiegelauslenkung $\Theta_{\mathrm{soll}}$ wird über das Steuerungsgesetz

$$\Theta_{\mathrm{steu}} = \Theta_{\mathrm{soll}} \tag{8.7}$$

vorgegeben. Die Bewegungsdifferentialgleichung der Strecke mit *XL*-Steuerung ist durch Gl. 8.8 gegeben

$$J\ddot{\Theta} + d\dot{\Theta} + k\Theta = k\Theta_{\mathrm{soll}}. \tag{8.8}$$

Entsprechend den Streckenparametern $J, d, k$ aus Tabelle 7.3 ist das System schwingfähig und zeigt eine mechanische Resonanz bei einer Eigenkreisfrequenz von $f_0 = 141.9$ Hz. Abb. 8.4 zeigt das Steuerungskonzept mit der EQInv-Linearisierung in einem Blockmodell umgesetzt. Die Strecke überträgt Eingangssignale bei niedrigen

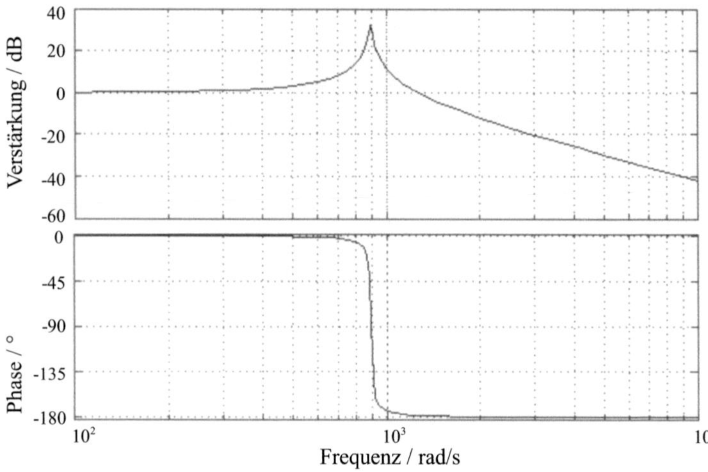


Abbildung 8.3: Bode-Diagramm der Strecke mit XL-Steuerung

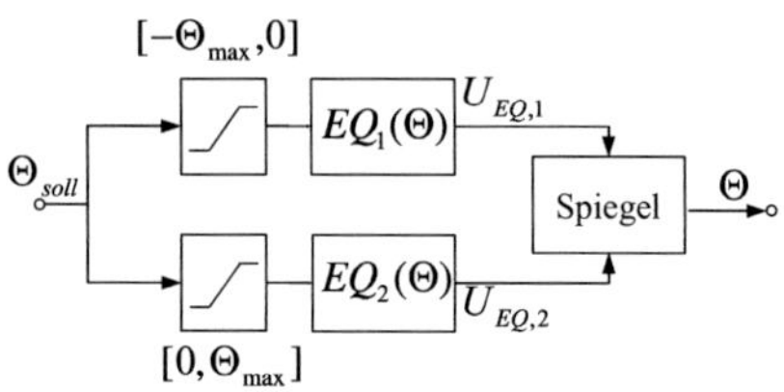


Abbildung 8.4: Blockmodell der Strecke mit direkter Steuerung auf Basis der EQInv-Linearisierung.

Erregerfrequenzen mit einer relativ großen Verstärkung (z.B. 2 dB bei 64 Hz). Die Eckfrequenz der Strecke liegt bei ca 220.4 Hz. Für die Spiegelpositionierung bzw. einen niederfrequenten Sägezahnscan ist dies von Nachteil. Abb. 8.5 zeigt den zeitlichen Verlauf des Streckenausgangs und der Steuerspannung auf einen Sprung der Sollauslenkung von $\Theta = [0°, 7.5°]$. Zur Reduzierung des Überschwingens haben *Milanovic* et al. [10] die Filterung

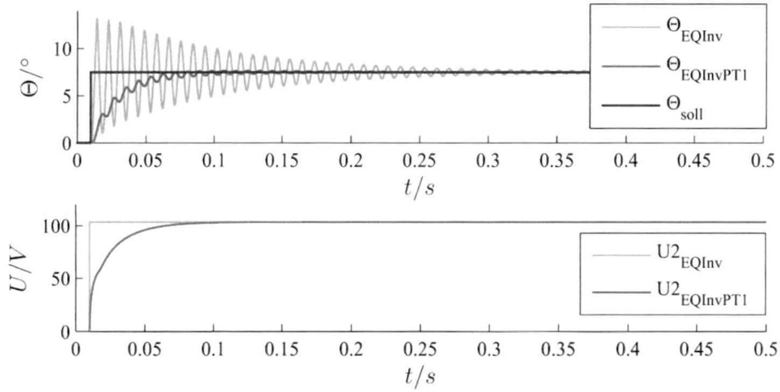


Abbildung 8.5: (oben) Simulation des Streckenausgangs bei einem Sollwertsprung von $\Theta = [0°, 7.5°]$ für eine direkte EQInv-Steuerung und bei Vorfilterung des Steuerwinkels mit einem Tiefpassglied (EQInvPT1). (unten) Zeitlicher Verlauf der Elektroden-Steuerspannung $U_2$.

des Streckeneingangs, wie in Abb. 8.6 als Blockmodell gezeigt, mit einem Tiefpass vorgeschlagen. Wie aus Abb.

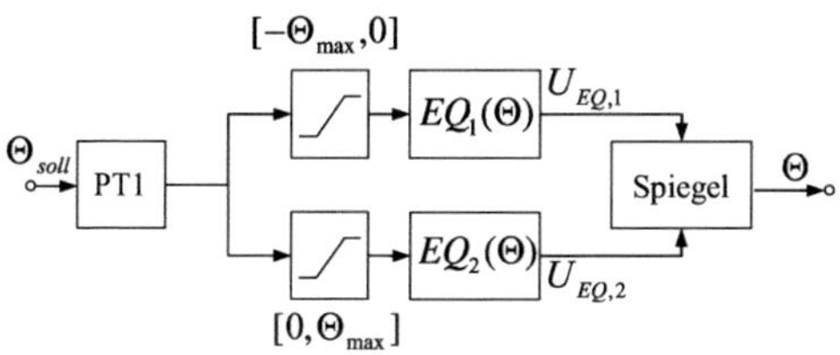


Abbildung 8.6: Blockschaltbild der direkten EQInv-Steuerung mit vorgeschaltetem PT1-Übertragungsglied.

8.5 ersichtlich, kann das Überschwingen durch Einsatz eines Tiefpass-Filters (PT1-Glied) reduziert werden. Die Streckenantwort wurde durch Parametrisierung des Tiefpassfilters mit der Verstärkung $k_1 = 1$ und der Zeitkonstante $T_1 = 0.02$ erzielt. Das Überschwingen kann durch Einstellen der Zeitkonstante des Tiefpasses verringert bzw. unterdrückt werden. Durch Reduktion des Überschwingens lässt sich folglich auch der Einschwingvorgang des Systems beschleunigen. Dabei sinkt die Amplitude des Überschwingvorgangs jedoch auch mit ansteigender Zeitkonstante, so dass ein geringes Überschwingen gegenüber geringen Einschwingzeiten bei der Optimierung des Tiefpassfilters abgewogen werden muss. Das Steuerungskonzept ist für die Zielanwendung aufgrund des trägen Folgeverhaltens und des relativ starken Überschwingens nicht geeignet. Es zeigt sich, dass der Einschwingvorgang selbst bei kurzen Zeitkonstanten des Tiefpasses und damit moderatem Überschwingen, einige hundert Millisekunden benötigt. Der Einschwingvorgang mit Tiefpassfilterung ist somit nur unwesentlich kürzer als ohne. Wie aus dem Bode-Diagramm Abb. 8.3 ersichtlich, kann ein Aufschwingen der Strecke nur bei niederfrequenten Sollwertänderungen vermieden werden. Aufschwingen, dass durch eine externe Erregung initiiert wird, kann wegen der fehlenden Rückkopplung nicht kompensiert werden. Diese Einschränkungen sind in Bezug auf die Zielanwendung inakzeptabel.

## 8.4 Positionsregelung

Zur Regelung elektrostatisch-quasistatischer Mikroscanner haben *Milanovic* et al. [10] einen PD-Regler zum Einsatz gebracht. Das Übertragungsverhalten der Strecke konnte jedoch bezüglich der Einschwingzeit nicht gegenüber der oben beschriebenen direkten Steuerung mit Tiefpassfilter verbessert werden. Aus diesem Grund werden nachfolgend weitere Regelungsansätze entwickelt und auf ihre Eignung untersucht.

Die in den vorangegangenen Abschnitten beschriebenen Möglichkeiten der Streckenlinearisierung ermöglichen die Anwendung linearer Regelgesetze auf die nichtlineare Spiegelstrecke. Hierzu muss die Stellgröße $v_i$ des Streckeneingangs lediglich als lineare Funktion des Reglerausgangs ausgedrückt werden.

### 8.4.1 Heuristische Differenzregelung (HD)

Ein auf der Regeldifferenz basierender heuristischer Regler wurde von *Kittan* in [85] präsentiert. Die zugrunde liegende Idee besteht darin, dass die Steuergröße des Reglers im eingeschwungenen Zustand dem Sollwert entsprechen sollte. Die Steuergröße muss jedoch langsam, mit schwindender Regeldifferenz an den Sollwert angepasst werden, um ein Überschwingen zu reduzieren. Dieses Angleichen erfolgt proportional zur Regeldifferenz $e = \Theta_{\text{soll}} - \Theta$ und wird mit einer Dämpfungskonstante $d_{\text{ctr}}$ eingestellt.

**HD-Regelgesetz:** Das Regelgesetz der *heuristischen Differenzregelung* (HD) lautet

$$\Theta_{\text{steu}} = \Theta_{\text{soll}} - d_{\text{ctr}} e. \tag{8.9}$$

Der Dämpfungsparameter $d_{\text{ctr}}$ des Regelgesetzes Gl. 8.9 kann analytisch, z.B. für den Fall aperiodischen Regelverhaltens, wie nachfolgend beschrieben, über die Bewegungsdifferentialgleichung der Strecke bestimmt werden. Abb.8.7 zeigt die Implementierung des geschlossenen HD-Regelkreises als Blockschaltbild.

**Bewegungsdifferentialgleichung des geschlossenen Regelkreises:** Unter Berücksichtigung der exakten Linearisierung und des HD-Regelgesetzes nach Gl. 8.9 lässt sich die Bewegungsdifferentialgleichung Gl. 4.125 der Strecke wie folgt umformen:

$$J\ddot{\Theta} + d\dot{\Theta} + k \cdot (1 - d_{\text{ctr}}) \cdot \Theta = k \cdot (1 - d_{\text{ctr}}) \cdot \Theta_{soll}. \tag{8.10}$$

Die lineare Differentialgleichung 2ter Ordnung mit konstantem Störterm lässt sich für konstante Sollwerte bzw. Sollwertsprünge lösen.

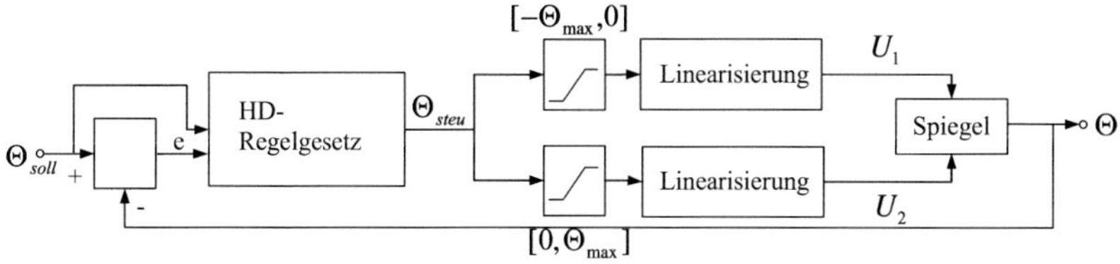


Abbildung 8.7: Blockschaltbild des geschlossenen Regelkreises mit HD-Regler und Linearisierung am Streckeneingang.

**Lösung der Bewegungsdifferentialgleichung für einen Sollwertsprung:** Zur analytischen Bestimmung des Dämpfungsparameters $d_{\text{ctr}}$ bei aperiodischem Streckenverhalten wird die DGL für einen Sollwertsprung gelöst. Die charakteristische Gleichung der DGL 8.10 lautet:

$$P(\lambda) = \lambda^2 + \underbrace{\frac{d}{J}}_{p} \cdot \lambda + \underbrace{k \cdot \frac{(1-d_{\text{ctr}})}{J}}_{q} = 0, \tag{8.11}$$

Die Lösung besitzt die Form:

$$\Theta = c_1 \cdot e^{\lambda_1 \cdot t} + c_2 \cdot e^{\lambda_2 \cdot t} + \Theta_{\text{soll}}. \tag{8.12}$$

Hierbei sind $\lambda_1$ und $\lambda_2$ die Eigenwerte der charakteristischen Gleichung $P(\lambda)$:

$$\lambda_{1/2} = \frac{-p \pm \sqrt{p^2 - 4q}}{2}. \tag{8.13}$$

Die Konstanten der $c_1$ und $c_2$ ergeben sich aus der Lösung Gl. 8.12 durch Einsetzen der Randwerte $\Theta(t=0) = \Theta_0$ und $\dot{\Theta}(t=0) = \dot{\Theta}_0$:

$$c_1 = (\Theta_0 - \Theta_{\text{soll}}) - \frac{(\dot{\Theta}_0 - (\Theta_0 - \Theta_{\text{soll}}) \cdot \lambda_1)}{\lambda_2 - \lambda_1}, \tag{8.14}$$

$$c_2 = \frac{(\dot{\Theta}_0 - (\Theta_0 - \Theta_{\text{soll}}) \cdot \lambda_1)}{\lambda_2 - \lambda_1}. \tag{8.15}$$

**Der Reglerparamter $d_{\text{ctr}}$:** Das Überschwingen wird von den Beträgen unter der Wurzel der Eigenwertterme nach Gl. 8.13 bestimmt. Ist der Betrag kleiner Null, so erfolgt der Einschwingvorgang **unterkritisch**, mit Überschwingen. Im aperiodischen Grenzfall gilt

$$p^2 - 4q = 0. \tag{8.16}$$

Die Regelgröße wird bei einem Sollwertsprung ohne Schwingung vom Istwert in die Sollwert überführt. Daraus folgt

$$d_{ctr,ap} = 1 - \frac{d^2}{4Jk}. \tag{8.17}$$

Abb. 8.8 zeigt das Bodediagramm bei einem für die Strecke aperiodisch eingestellten Reglerparamter von $d_{\text{ctr}} = 0.9998$. Das System reagiert träge auf Anregung. Die Eckfrequenz des Systems liegt bei ca. 0.7 Hz. Für $d_{\text{ctr,ap}} < d_{\text{ctr}}$ erfolgt der Übergang **überkritisch**. Wie aus der Bewegungsleichung Gl. 8.10 der Rahmenachse im geschlossenen Regelkreis deutlich wird, nimmt der Reglerparamter $d_{\text{ctr}}$ Einfluss auf die Steifigkeit des Schwingungsystems. Nach Gl. 4.153 wird damit die Schwingungsfrequenz des Systems beinflusst, nicht aber, wie aus Gl. 4.155 ersichtlich,

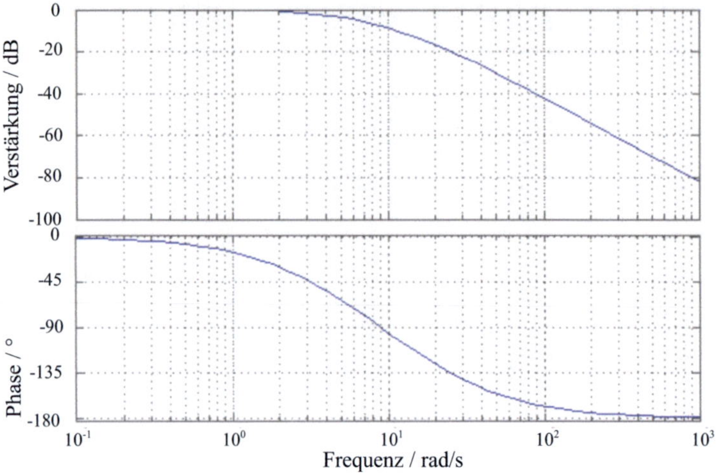


Abbildung 8.8: Bode-Diagramm der Strecke mit HD-Regler und exakter Linearisierung bei auf den aperiodischen Grenzfall eingestelltem Reglerparameter $d_{\text{ctr}}$.

die Abklingkonstante. Abb. 8.9 verdeutlicht, dass damit bei unterkritischer Dämpfung das Abklingverhalten der Schwingungsamplitude vom Reglerparameter $d_{\text{ctr}}$ unabhängig ist. Die Einhüllende der Schwingung und damit die Einschwingzeit bleiben unverändert. Aus diesem Grund eignet sich der HD-Regler zur Verminderung des

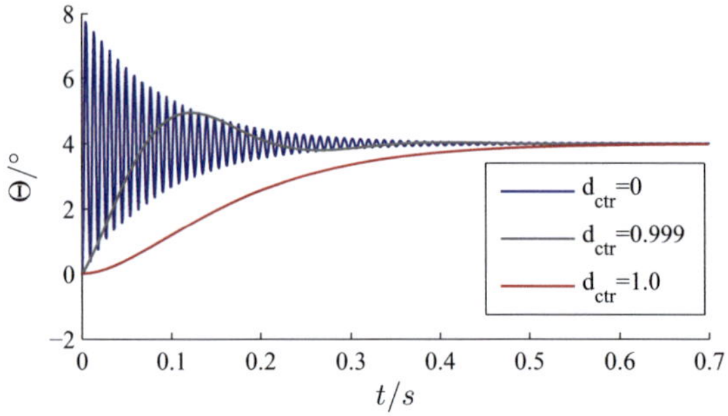


Abbildung 8.9: Sprungantwort der Regelstrecke mit HD-Regler bei einem Sollwertsprung von $\Theta_{\text{soll}} = [0, 4]^\circ$ aus dem Ruhezustand für verschiedene Werte des Regelparameters $d_{\text{ctr}}$

Überschwingens bei Sollwertänderungen, nicht jedoch zu einer Verkürzung der Einschwingzeit.

### 8.4.2 Heuristische Geschwindigkeitsregelung (HG)

Wie aus der Untersuchung des HD-Reglers deutlich wird, muss zur Verkürzung der Einschwingzeit die Systemdämpfung des geschlossenen Regelkreises erhöht werden. Zu diesem Zweck wird von einer Differenzregelung auf eine Geschwindigkeitsregelung übergegangen.

**HG-Regelgesetz:** Das Regelgesetz des HG-Reglers lautet

$$\Theta_{\text{steu}} = \Theta_{\text{soll}} - d_{\text{ctr}} \cdot \dot{\Theta}. \tag{8.18}$$

Die Implementierung des geschlossenen Regelkreises mit Linearisierung des Streckeneingangs ist in Abb. 8.10 gezeigt.

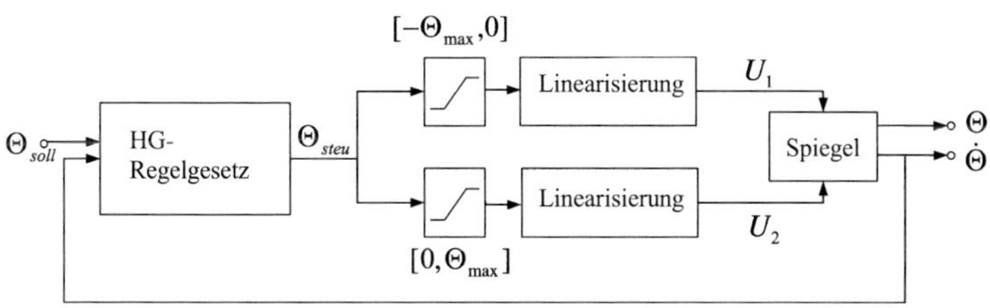


Abbildung 8.10: Blockschaltbild des geschlossenen Regelkreises mit HG-Regler.

**Bewegungsdifferentialgleichung des geschlossenen Regelkreises:** Die Bewegungsdifferentialgleichung der Regelstrecke mit HG-Regler kann mit Hilfe der exakten Linearisierung auf die Form

$$J\ddot{\Theta} + (d + kd_{\text{ctr}}) \cdot \dot{\Theta} + k\Theta = k\Theta_{soll}. \tag{8.19}$$

gebracht werden. Die charakteristische Gleichung des geschlossenen Regelkreises lautet:

$$\ddot{\Theta} + \underbrace{\frac{(d + kd_{\text{ctr}})}{J}}_{p} \cdot \dot{\Theta} + \underbrace{\frac{k}{J}}_{q} \cdot \Theta = \underbrace{\frac{k\Theta_{soll}}{J}}_{b_0} \tag{8.20}$$

Die Lösung der charakteristischen Gleichung der geschlossenen HG-Regelstrecke für einen Sollwertsprung kann analog zur Strecke des HD-Reglers erfolgen.

**Der Reglerparamter $d_{\text{ctr}}$:** Aus der Lösung der charakteristischen Gleichung für einen Sollwertsprung resultiert der Reglerparameter $d_{\text{ctr}}$ des HG-Reglers für den aperiodischen Grenzfall zu

$$d_{ctr,ap} = 2 \cdot \sqrt{\frac{J}{k}} - \frac{d}{k}. \tag{8.21}$$

Abb. 8.11 zeigt die Sprungantwort des Systems in Abhängigkeit des Reglerparameters. Die Dämpfung des ge-

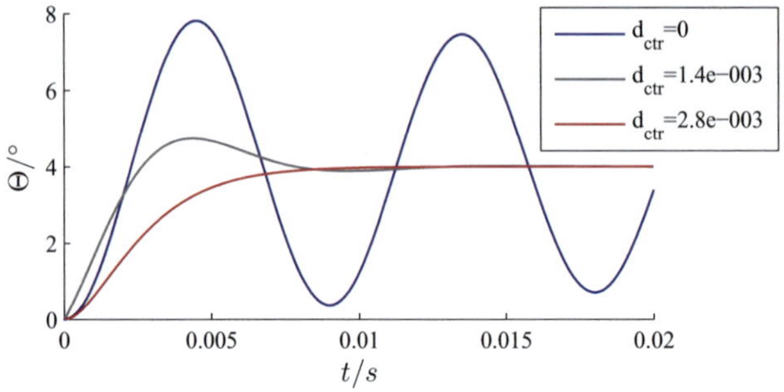


Abbildung 8.11: Sprungantwort des geschlossenen Regelkreises mit HG-Regler bei einem Sollwertsprung von $\Theta_{\text{soll}} = [0,4]^{\circ}$ aus dem ruhenden System heraus.

schlossenen Regelkreises geht entsprechend Gl. 4.155 mit

$$\delta = \frac{d + kd_{\text{ctr}}}{2J} \tag{8.22}$$

in die Abklingkonstante ein. Abb.8.12 zeigt das Bodediagramm der Strecke mit HG-Regler bei aperiodisch eingestelltem Reglerparameter $d_{\text{ctr}} = 0.0022$. Die Eckfrequenz des Systems liegt bei ca. 66 Hz.

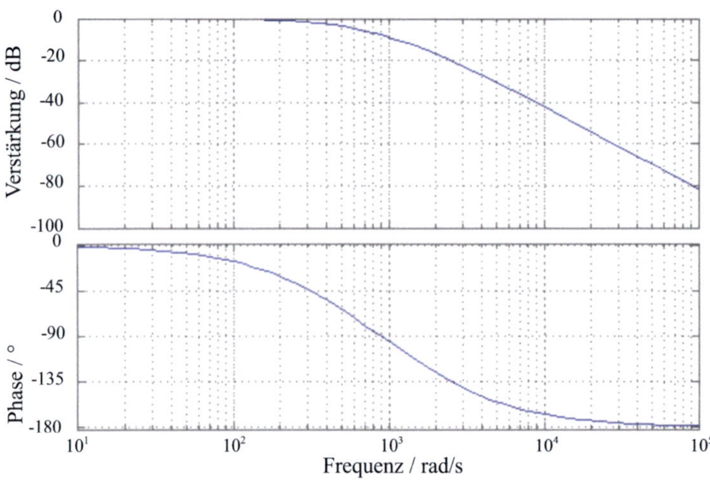


Abbildung 8.12: Bode-Diagramm der Strecke mit HG-Regler und exakter Linearisierung bei auf den aperiodischen Grenzfall eingestelltem Reglerparameter $d_{\text{ctr}}$.

### 8.4.3 Kompensationsregler mit Linearisierung des Streckeneingangs

Ein Kompensationsregler ist eine Struktur zur Regelung einer linearen Strecke mit Übertragungsfunktion $G$, so dass die Übertragungsfunktion des geschlossenen Regelkreises $K$, der Übertragungsfunktion $M$ eines Modellsystems entspricht [88]. Die Grundstruktur eines Kompensationsreglers ist in Abb. 8.13 gezeigt. Das Blockschaltbild des

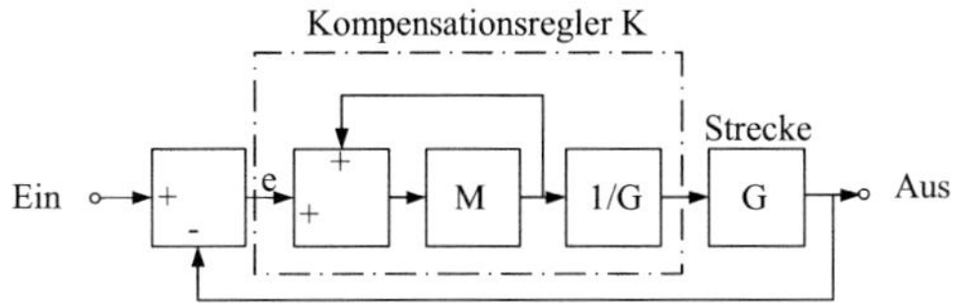


Abbildung 8.13: Struktur eines geschlossenen Regelkreises mit Kompensationsregelung.

Kompensationsreglers mit Linearisierung ist in Abb. 8.14 dargestellt.

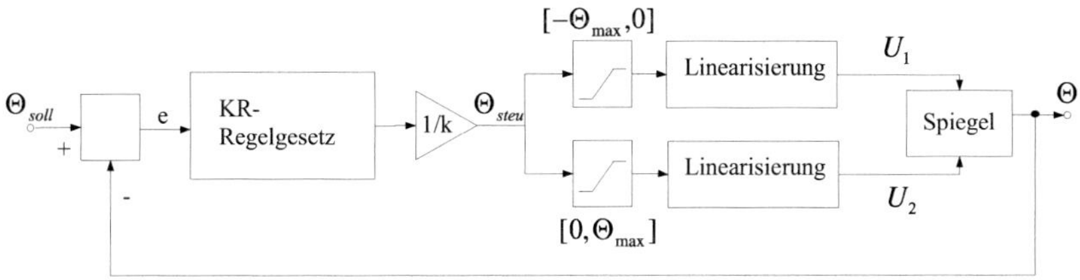


Abbildung 8.14: Blockschaltbild des geschlossenen Regelkreises mit Kompensationsregler.

**Modellverhalten:** Als Streckenmodell wurde von *Kittan* [85] ein PT2-Glied mit aperiodischem Streckenverhalten vorgeschlagen. Die Übertragungsfunktion des PT2-Gliedes im Frequenzbereich lautet:

$$M(s) = \frac{p_1 p_2}{(s-p_1)\cdot(s-p_2)}. \tag{8.23}$$

Hierbei bezeichnet $s$ die Systemvariable im Frequenzraum, und die Parameter $p_1$ und $p_2$ bezeichnen die Pole des Modells mit Übertragungsfunktion $M$. Die Übertragungsfunktion $K$ des geschlossenen Regelkreises lautet

$$K(s) = \frac{p_1 p_2 T_0^2 s^2 + p_1 p_2 2 D_S T_0 s + p_1 p_2}{V_S s^2 + V_S \cdot (-p_1 - p_2) s}. \tag{8.24}$$

Das Modellverhalten wird entsprechend über die Parametrisierung der Pole eingestellt. Die Streckenparameter des Reglers berechnen sich nach Tab. 8.1.

## 8.5 Folgeverhalten ausgewählter Regelungskonzepte

Im Weiteren wird das Folgeverhalten für KR-Regler und HG-Regler bei einem Sollwertsprung verglichen. Es wird dabei unterschieden, ob die Linearisierung der Strecke exakt oder mit Hilfe der inversen elektromechanischen

Tabelle 8.1: Streckenparameter des Kompensationsreglers

| $T_0$ | $D_s$ | $V_s$ |
|---|---|---|
| $\sqrt{\frac{J}{k}}$ | $\frac{d}{2\cdot\sqrt{J\cdot k}}$ | $\frac{1}{k}$ |

Gleichgewichtskennlinie erfolgt. Hierzu werden die in Anhang B.5 beschriebenen Gütekriterien verwendet. Anschließend wird das Folgeverhalten der Strecke bei sägezahnförmigem Sollwertverlauf untersucht und in Bezug auf die Zielanwendung bewertet.

Abb. 8.15 zeigt die Systemantwort des geschlossenen Regelkreises mit exakter Linearisierung für Kompensationsregler und HG-Regler bei einem Sollwertsprung. Es ergibt sich für beide Regler eine nahezu identisches

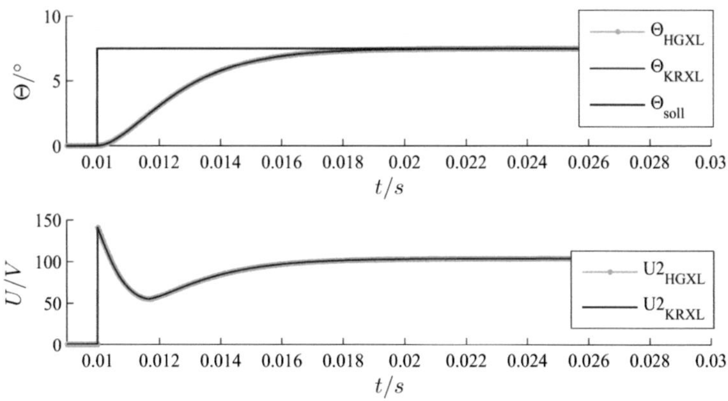


Abbildung 8.15: (oben) Antwortverhalten der Strecke auf einen Sollwertsprung von $\Theta_{\text{soll}} = [0°, 7.5°]$ für HG- und KRXL-Regler (unten) mit der Elektrodenspannung $U_2$

Antwortverhalten, was auch durch die Gütewerte entsprechend Tab. 8.2 belegt wird. Dieses Ergebnis war zu er-

Tabelle 8.2: Gütewerte bei Sollwertsprung von $\Theta_{\text{soll}} = [0°, 7.5°]$ mit exakter Linearisierung

| | HGXL | KRXL |
|---|---|---|
| $T_{\text{ein}}$ /s | 0.0215 | 0.0214 |
| *ISE* | -8.966 | -8.966 |
| *SE* | -1981 | -1981 |

warten. Unabhängig vom verwendeten Regler wird durch die exakte Linearisierung das Übertragungsverhalten des offenen Regelkreises auf ein lineares Schwingungsglied 2ter Ordnung zurückgeführt. Der KR- und der HG-Regler sind so eingestellt, dass die Systemdämpfung erhöht, und das Streckenübertragungsverhalten aperiodisch wird. Die Steuergröße $U_2$ hat entsprechend für die beide Reglerstrukturen einen identischen Verlauf. Wird die exakte Linearisierung jedoch durch die EQInv-Linearisierung ersetzt, so ergeben sich, wie Abb. 8.16 zeigt, im Folgeverhalten deutliche Unterschiede. Im Gegensatz zum HG-Regler schwingt der KR-Regler bei Sollwertänderung auf.

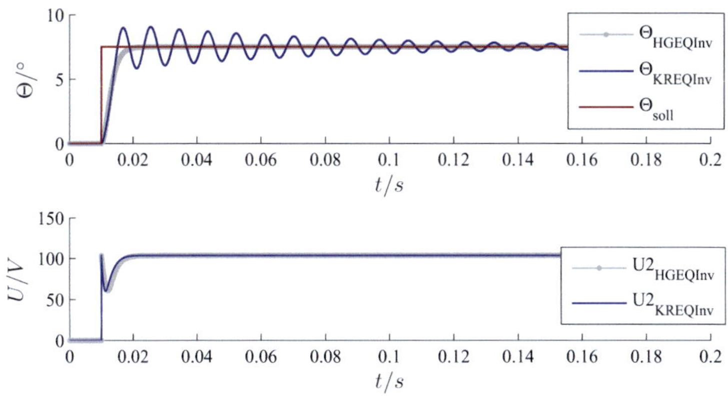


Abbildung 8.16: Vergleich des Antwortverhaltens der Strecke (oben) für HG- und KR-Regler auf einen Sollwertsprung von $\Theta_{soll} = [0°, 7.5°]$ mit der Elektrodenspannung $U2$ als Stellgröße (unten), wobei die exakte Linearisierung (XL) durch die inverse elektromechanische Kennlinie (EQInv) ersetzt wurde.

Im Vergleich mit der exakten Linearisierung liegen bei der EQInv-Linearisierung geringere Spannungswerte an der aktiven Kammelektrode an. Jedoch ist die Änderung der Spannung, wie Abb. 8.17 zeigt, zum Endwert hin geringer. Das Regelverhalten besitzt bei EQInv-Linearisierung daher einen weniger ballistischen Charakter als bei

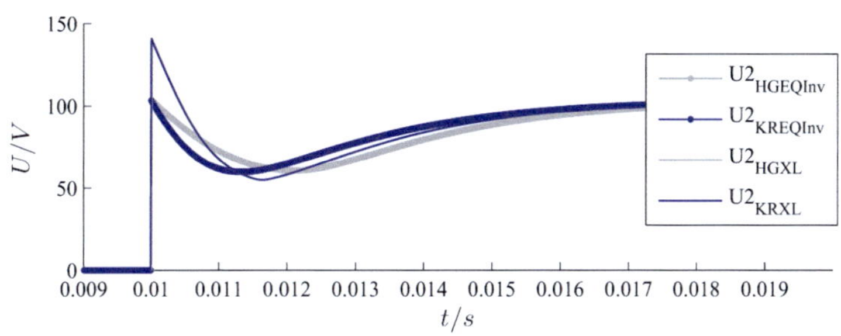


Abbildung 8.17: Verlauf der Steuergröße $U_2$ für KR- und HG-Regler-XL-Linearisierung im Vergleich mit EQInv-Linearisierung

exakter Linearisierung. Das veränderte Regelverhalten wird anhand der Gütewerte in Tab. 8.3 im Vergleich mit Tab. 8.2 quantitativ deutlich. Für den HG-Regler ergeben sich hierdurch keine Nachteile. Die quadratische Regelfläche bleibt für den HG-Regler unverändert. Die Stellenergie nimmt bei EQInv-Linearisierung sogar geringfügig ab, wodurch die Einschwingzeit des HG-Reglers von 0.0215 s auf 0.021 s verkürzt wird. Beim KR-Regler hingegen nehmen die quadratische Regelfläche, die Stellenergie und damit die Einschwingzeit zu. Die prinzipielle Eignung einer KR- bzw. HG-Regelung zur Folgeregelung der Spiegelstrecke bei einem Sollwertsprung wurde da-

Tabelle 8.3: Gütewerte bei Sollwertsprungs von $\Theta_{soll} = [0°, 7.5°]$ bei EQInv-Linearisierung

| | HG-Regler | KRXL |
|---|---|---|
| $T_{ein}$ /s | 0.021 | 0.311 |
| *ISE* | -8.966 | -23.671 |
| *SE* | -1976 | -5150 |

mit durch Simulation gezeigt. Es muss jedoch die Frage gestellt werden, ob sich das Übertragungsverhalten des geschlossenen Regelkreises in Bezug für die Zielapplikation eignet. Hierbei muss berücksichtigt werden wie sich die individuellen Eigenschaften von KR- und HG-Regelung, insbesondere bei der für die Praxis relevanten EQInv-Linearisierung, bei sägezahnförmigem Sollwertverlauf auswirken. Je größer die maximale Auslenkung während der linearen Scanphase des Sägezahnscans $\Theta_{lin} = \Theta_{max} - \Theta_{min}$, umso mehr Zeilen $N_z$ können im Winkelintervall geschrieben werden. Damit ist das wesentliche Kriterium für die Bewertung des Spiegelfolgeverhaltens gegeben. Das Verhältnis von Ist zu Soll des linear gescannten Auslenkungsbereichs:

$$\Delta\Theta_{lin} = \frac{\Theta_{lin,ist} - \Theta_{lin,soll}}{\Theta_{lin,soll}}. \tag{8.25}$$

Da die Anpassung der Regelgröße an eine Sollwertänderung theoretisch erst im Unendlichen abgeschlossen ist und somit keine ideal lineares Scannen erzielt werden kann, muss ein Fehlerkriterium definiert werden, bei dessen Unterschreitung der Streckenausgang als linear veränderlich betrachtet wird. Hierzu bietet die Ableitung der Regeldifferenz einen Ansatz

$$\dot{e} = \frac{\mathrm{d}(\Theta - \Theta_{soll})}{\mathrm{d}t}. \tag{8.26}$$

Durch Integration von $\dot{e}$ ergibt sich während der linearen Scanperiode $T_{lin} = t_1 - t_0$ eine Änderung der Regeldifferenz $\Delta e_{T_{lin}}$:

$$\Delta e_{T_{lin}} = \int_{t_0}^{t_1} \dot{e}\,\mathrm{d}t. \tag{8.27}$$

Diese führt beim Bildaufbau zu einer Zeilenverschiebung. Es kann also von einer linearen Scanphase der Regelstrecke ausgegangen werden, wenn die Regelabweichung $\Delta e_{T_{lin}}$ im Zeitraum $T_{lin}$ kleiner ist als eine durch die Anwendung definierte maximal erlaubte Zeilenverschiebung $e_{max,z}$:

$$e_{max,z} = \frac{\Theta_{lin} k_{ez}}{N_z}. \tag{8.28}$$

Gl. 8.28 ist gleichbedeutend mit der Annahme[1], dass während der linearen Scanphase $N_z$ Zeilen geschrieben werden und die erste Zeile nicht mehr als $k_{ez}$ des konstanten Zeilenabstands gegenüber der letzten Zeile verschoben werden darf. Der Startpunkt des linearen Scanintervalls ist definiert durch:

$$e_{max,z} \geq |\dot{e}(t_0) \cdot T|. \tag{8.29}$$

Der Endzeitpunkt des Scanintervalls ist entsprechend

$$e_{max,z} \leq |\dot{e}(t_1) \cdot T| \tag{8.30}$$

definiert.

Entsprechend dem Kriterium Gl. 8.28 wurde die Streckenantwort des geschlossenen Regelkreises für HG und KR mit EQInv-Linearisierung für eine Bildwiederholrate von 10 Hz und 60 Hz durch Simulation untersucht. Hierbei wurde für $e_{max,z}$ von $k_{ez} = 1/4$ und $N_z = 600$ ausgegangen. Dies entspricht der für den *SVGA*-Grafikstandard

[1] Annahme, da tatsächliches physiologisches Linearitätskriterium für Laserprojektionsanwendung nicht bekannt

erforderlichen Anzahl an Bildzeilen. Der lineare Scanwinkel wurde für die Simulation auf $\Theta_{\text{lin,soll}} = 15°$ festgesetzt. Abb. 8.18 zeigt den Verlauf der Regelgröße $\Theta$ mit den entsprechenden Antriebsspannungen $U_1$ und $U_2$. Es

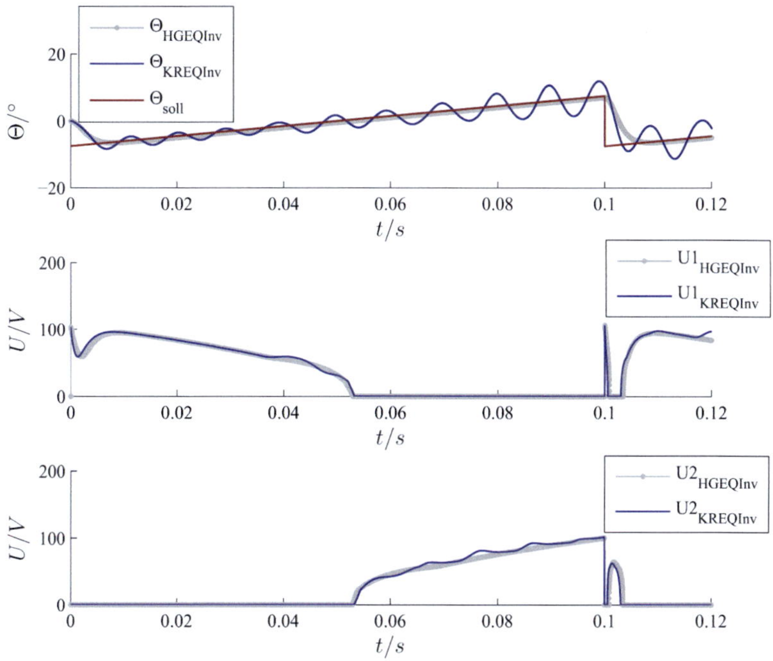


Abbildung 8.18: Simulation der Streckenantwort für KR- und HG-Regler mit EQInv-Linearisierung bei einem sägezahnförmigen Sollwertverlauf mit 10 Hz Wiederholrate.

zeigt sich, dass der KR während der linearen Scanperiode stark schwingt, so dass das Gütekriterium nach Gl. 8.28 nicht erfüllt werden kann. Für die HG-Regelung hingegen ergibt sich ein linearer Scanwinkel $\Theta_{\text{lin,ist}} = 13.4°$. Dieser ergibt sich direkt aus dem Produkt des linearen Scanwinkels des Sollwertsignals mit dem Service-Faktor:

$$\Theta_{\text{lin,ist}} = \Theta_{\text{lin,soll}} k_s \tag{8.31}$$

Dies bedeutet eine relative Abweichung des linearen Auslenkwinkels von ca. 11 %. Der Service-Faktor bei 10 Hz Wiederholrate beträgt ca. $k_s = 0.89$. Entsprechend können mit dem Demonstrator SC3 nach Tab. 7.1 nach Gl. A.3 ca. 3728 Zeilen während der linearen Scanphase geschrieben werden. Zwar werden für den *HDTV*-Grafikstandard lediglich 1080 Bildzeilen benötigt, jedoch sind 10 Hz Bildwiederholrate aus physiologischer Sicht zu gering und es werden mindestens 60 Hz benötigt [6]. Bei einer Wiederholrate von 60 Hz reduziert sich der lineare Scanwinkel der Strecke mit HG-Regelung und exakter Linearisierung auf ca. $\Theta_{\text{lin,ist}} = 5.4°$. Hier macht sich der Tiefpass-Charakter des geschlossenen Regelkreises deutlich bemerkbar, so dass nach Gl. A.3 nur noch ca. 279 Zeilen während der linearen Scanphase projiziert werden können. Dies ist für eine Auflösung, die knapp über dem *QVGA*-Grafikstandard

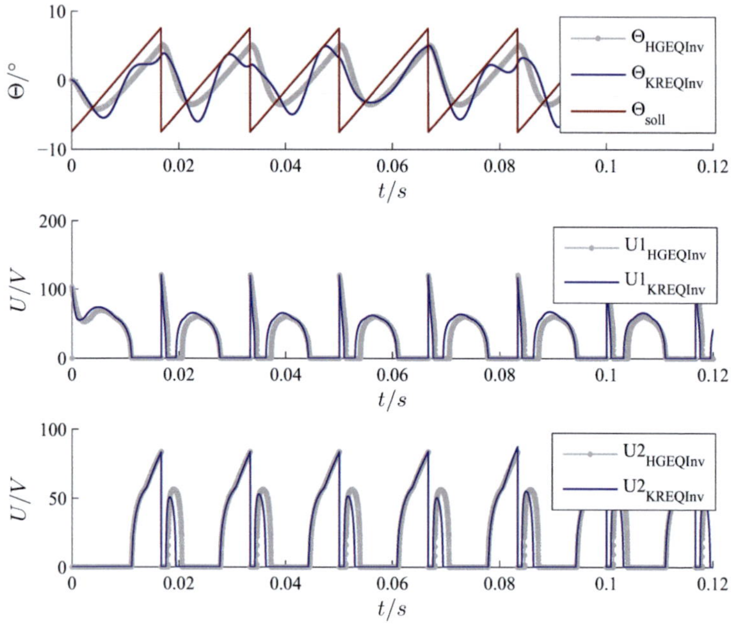


Abbildung 8.19: Simulation der Streckenantwort für KR- und HG-Regler mit EQInv-Linearisierung bei einem sägezahnförmigen Sollwertverlauf mit 60 Hz Wiederholrate.

liegt, ausreichend. Es wird deutlich, dass mit steigender Bildwiederholrate die lineare Scanphase der vorliegenden Strecke drastisch reduziert wird.

Soll der Demonstrator SC3 durch eine Designänderung so angepasst werden, dass Bilder bei 60 Hz Wiederholrate im *SVGA*-Grafikstandard dargestellt werden können, so muss dieser 600 Zeilen in der linearen Scanphase schreiben. Ausgehend von der im Demonstrator SC3 integrierten schnellen Achse, die eine Schwingfrequenz von 23.3 kHz aufweist, muss nach Gl. A.3 der Service-Faktor der langsamen Achse auf ca. $k_s = 0.8$ erhöht werden. Da der geschlossene Regelkreis bei der HG-Regelung mit exakter Linearisiserung über den Reglerparameter $d_{dctr}$ aperiodisch eingestellt wird, braucht die Systemdämpfung bei der Optimierung nicht weiter berücksichtigt zu werden. Die Systemdynamik wird ausschließlich über das Verhältnis von Feder- zu Trägheitsmomenten beeinflusst. Dabei steigt bei gegebener Bildwiederholrate die Service-Zeit mit zunehmender Eigenfrequenz der Strecke. Dieses Ergebnis ist bereits qualitativ aus Abschnitt 4.7 bekannt. In Gl. 4.142 wurde der Zusammenhang zwischen der Eigenfrequenz der quasistatischen Antriebsachse und der linearen Scanfrequenz für eine Momentenäquivalenzsteuerung des Antriebs hergestellt. Es ist jedoch zu beachten, dass die Strecke bei einer Momentenäquivalenzsteuerung schwingfähig ist und die Ergebnisse nicht direkt auf die aperiodisch eingestellte Strecke der HG-Regelung mit exakter Linearisierung übertragen werden können. Der geschlossene Regelkreis mit HG-Regelung und exakter Linearisierung reagiert im Vergleich träger auf eine Sollwertänderung.

Der gesuchte Zusammenhang zwischen der Eigenfrequenz und Service-Faktor $k_s$ bei sägezahnförmigem Sollwertverlauf und einer Bildwiederholrate von 60 Hz wird daher nachfolgend für den geschlossenen HG-Regelkreis durch Simulation ermittelt. Als Randbedingung wird davon ausgegangen, dass die Eigenfrequenz schrittweise durch Reduktion der Massenträgheit erhöht wird. Da der Demonstrator SC3 bei 1.2 mm Spiegeldurchmesser einen mit 4 mm Außendurchmesser überdimensionierten Rahmen aufweist, kann dieser aus Entwurfssicht auf ca. 2 mm Außendurchmesser reduziert werden. So kann die Eigenfrequenz der quasistatischen Antriebsachse auf ca. 740 Hz gesteigert und durch eine zusätzliche Verstärkung der Federaufhängung weiter angehoben werden. Das größere Federmoment muss dann jedoch im Betrieb durch Erhöhung der Elektrodenspannung bzw. im Design durch eine höhere Anzahl an Kammelektroden und damit vergrößerte effektive Elektrodenkapazität kompensiert werden. Dies führt jedoch zu größeren Bauteilabmaßen und ist, wie die Darstellung der Simulationsergebnisse in Abb. 8.20 zeigt, zur Optimierung des Demonstrators SC3 für den *SVGA*-Standard nicht notwendig. Entsprechend Abb. 8.20

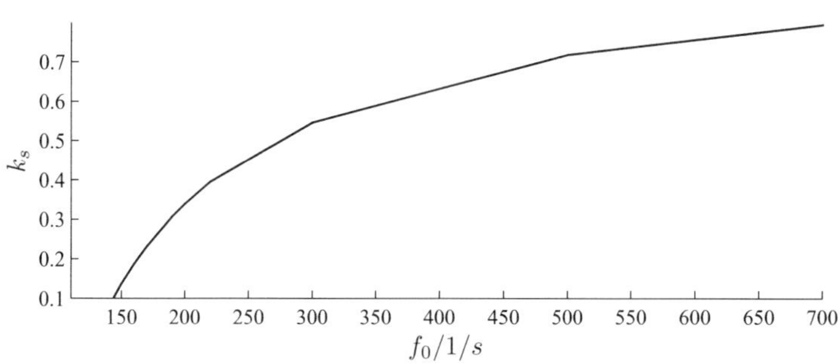


Abbildung 8.20: Simulierter Verlauf des Service-Faktors $k_s$ bei geschlossenem Regelkreis einer aperiodisch eingestellten HG-Regelung mit exakter Linearisierung und variierender Eigenfrequenz der Spiegelstrecke $f_0$ für einen sägezahnförmigen Sollwertverlauf bei einer Wiederholrate von $f_{lin} = 60$ Hz

ist bei einer Bildwiederholrate von $f_{\text{lin}} = 60$ Hz und einem Service-Faktor von $k_{\text{s}} = 0.8$ eine Eigenfrequenz der langsamen Achse von ca. 700 Hz erforderlich. Somit reicht die Reduktion des Rahmendurchmessers auf 2 mm als Optimierungsmaßnahme aus.

# Kapitel 9

# Zusammenfassung und Ausblick

In dieser Arbeit wurde ein neuartiges Bauteilkonzept zur Fertigung von 1D-Mikroscannern mit elektrostatisch-quasistatischem Antrieb und elektrostatischen 2D-Mikroscannern mit hybrid quasistatisch-resonantem Antrieb vorgestellt. Das Bauteilkonzept kann für vielfältige Applikationen, die eine zeitlich variierende Ablenkung von Licht erfordern, genutzt werden. In der Einleitung werden hoch miniaturisierte Laserprojektionsdisplays als Zielanwendung mit hohem wirtschaftlichen Potential genannt. Diese stellen, wie einleitend beschrieben, an die Eigenschaften des Mikroscanners hohe Anforderungen, die nach dem bisherigen Stand der Technik nicht vollständig erfüllt werden konnten.

Das in dieser Arbeit beschriebene neuartige Bauteilkonzept führt zu einer Verbesserung und bietet gegenüber dem Stand der Technik potentielle Vorteile. Eine wesentliche Neuerung ist die Kombination eines elektrostatisch-quasistatischen und eines elektrostatisch-resonanten Antriebs in einem monolithisch gefertigten 2D-Mikroscanner-Bauelement unter Verwendung einer kardanischen Achsenanordnung und auf die Betriebsart optimierte Elektrodengeometrien. Der Einsatz elektrostatischer Antriebe reduziert die Leistungsaufnahme gegenüber Mikroscannern mit magnetischen Antrieben um 2 - 3 Größenordnungen auf wenige Mikrowatt. Der quasistatische Antrieb der langsamen Achse ermöglicht bei 2D-Bauelementen im Vergleich zu doppelt resonanten Systemen das periodische Scannen mit linearer Scanphase und in der Kombination mit einer zweiten resonanten Scanachse zeilenweises Schreiben des Projektionsbildes für Displayanwendungen. Prinzipiell wird dadurch bei gleicher minimaler Liniendichte des Bildes die Scanfrequenz der schnellen Achse reduziert und der durch die dynamische Deformation limitierte Kontrast verbessert. Die kardanische Anordnung der Scanachsen führt gegenüber einer Anordnungen mit Kippgestänge zu einer besseren Trennbarkeit mechanischer Schwingungsmoden insbesondere bei mittleren und hohen Frequenzen wodurch die Auslegung einer hochfrequenten schnellen Scanachse erst ermöglicht wird. So kann bei kardanischer Achsenanordnung durch eine höhere Scangeschwindigkeit der schnellen Achse erzielt und damit in der zu dieser senkrechten Scanrichtung mehr Bildzeilen projiziert werden. Der monolithische Fertigungsansatz erlaubt außerdem die Fertigung sehr kompakter 2D-Mikroscanner. Im Vergleich zu 2D-Scannern, die hybrid aus 1D-Bauelementen aufgebaut werden, können damit zusätzliche, den Bildkontrast und die Auflösung reduzierende optische Nichlinearitäten im Strahlengang vermieden werden.

Das **neuartige Bauteilkonzept** wurde, wie in Kapitel 3 beschrieben, durch die Einführung neuer mechanischer Strukturelemente in das Design ermöglicht. Hierzu gehören der strukturierte Deckelwafer und die Festkörpermechanismen des Spiegelwafers. Dadurch konnten auf Substraten mit einer einzelnen volumenmikromechanisch strukturierten Schicht dreidimensional aus dieser hinausragende Elemente und damit auf vertikalen Kammantrieben basierende quasistatische Kippspiegelaktoren gefertigt werden. Dabei kann Struktur und Form der dreidimensionalen Strukturen durch Designänderung weitgehend frei eingestellt werden, ohne dass eine Änderung im Ablauf der Fertigungsprozesses erforderlich ist. Wie in dieser Arbeit gezeigt, können mit Hilfe der Festkörpermechanismen dreidimensionale Strukturen erzeugt werden, für die bei Fertigung mit üblichen planaren Fertigungsprozessen drei oder mehr Schichten notwendig wären. Außerdem lassen sich mit Hilfe eines Wafer-Bond-Apparates gekippte MEMS-Strukturen erzeugen, ohne dass hierzu manuelle Fertigungsschritte erforderlich wären. So wurden unter Einsatz dieser Technik neuartige CAVC-Kammantriebe in X-Konfiguration gefertigt.

Für den ingenieurstechnischen **Entwurf** wurden in Kapitel 4 die wesentlichen statischen und dynamischen Bauteileigenschaften modelliert. Hierbei konnten gegenüber dem Stand der Technik durch Einsatz von Makro- und Netzwerkmodellierungstechniken Fortschritte erzielt werden. Möglich wurde dieser Fortschritt durch die Entwicklung neuer Elektrodenfinger-Kapazitätsmodelle (verteilter 3D-Plattenkondesator, Hybrid-Modell), des fluidischen Elektrodenfinger-Dämpfungsmodells sowie des nichtlinearen, strukturmechanischen 3D-Trägerelements mit anisotropen Materialeigenschaften und die Verknüpfung dieser Teilmodelle durch Makro- bzw. 3D-Netzwerkmodellierungstechniken. So lassen sich mit den genannten Elektrodenfinger-Kapazitätsmodellen die an den Kammelektroden im dreidimensionalen Raum wirkenden elektrostatischen Kräfte und Momente effizient berechnen. Die Genauigkeit liegt hierbei deutlich höher als bei bekannten analytischen Modellen und ist für den Fall des Hybrid-Modells vergleichbar mit FEM-Rechnungen. Gleichzeitig kann im Vergleich zu diesen die Simulationsdauer für typische Anwendungsfälle um 3 Größenordnungen reduziert werden. Durch den Einsatz von Netzwerkmodellierungstechniken unter Verwendung der neuartigen Elektrodenfinger-Kapazitätsmodelle und des 3D-Trägerelements wurde so erstmalig die gesamte Spiegelmechanik inklusive komplexer 3D-Kammgeometrien und Festkörpermechanismen in einem elektromechanischen Netzwerkmodell erfasst und es konnte die Pull-In Spannung und die dabei auftretenden typischen Strukturverformungen der Spiegelmechanik berechnet werden. Die Anzahl der Iterationszyklen zur Optimierung der Antriebsstruktur konnte dadurch reduziert werden. Weiterhin konnte durch Verknüpfung der neuen Teilmodelle des Mikroscanners in einem auf den Freiheitsgrad der Spiegelkippbewegung reduzierten Makromodell sowie durch dessen weitere Vereinfachung zu einem Verhaltensmodell das dynamische Bauteilverhalten für typische Anwendungsfälle in sehr guter Näherung berechnet werden.

In Kapitel 5 wurden mit Hilfe der erweiterten Modellierungsmethodik dieser Arbeit Untersuchungen zu den **Eigenschaften vertikaler Kammantriebe** durchgeführt. So wurde gezeigt, dass Kammantriebe in X-Konfiguration im Vergleich zu Y-Konfigurationen eine höhere elektromechanische Stabilität aufweisen. Für die Fertigung von Bauteilen mit niedriger Eigenfrequenz ergibt sich damit ein erweiterter Designraum. Die in dieser Arbeit als neu eingeführten CAVC-Elektroden weisen außerdem gegenüber bekannten AVC- und SVC-Elektrodengeometrien einen größeren technisch nutzbaren Arbeitsbereich auf. Vorteilhaft für die Regel und Steuerbarkeit ist der im gesamten Arbeitsbereich nahezu konstante Momentenverlauf. Gegenüber SVC- und speziell AVC-Antrieben kann außerdem für sehr große Ablenkwinkel die Elektrodenspannung reduziert werden.

Für die **Fertigung** des neuartigen Bauteilkonzeptes wurde der in Kapitel 6 beschriebene und auf dem *Fraunhofer-IPMS-AME75*-Prozess basierende Fertigungsprozess entwickelt. Bei der Fertigung des neuartigen Bauteils werden zwei verschiedene Grundsubstrate parallel prozessiert und anschließend in einem Wafer-Bondprozess miteinander verbunden. Das erste Substrat wird mit dem *AME75*-Prozess aus einem BSOI-Wafer gefertigt und enthält den Spiegel, die bewegliche Spiegelmechanik, den Antrieb und alle elektrischen Komponenten. Das zweite Substrat, ein mit Stempelstrukturen und Öffnungen für den optischen Zugang zum Spiegel versehener Wafer aus einkristallinem Silizium dient zur Aktivierung der vertikalen Kammantriebe des Bauteils. Die Aktivierung erfolgt durch Ausrichtung der Wafer in einem Bondaligner, das anschließende Anpressen und stoffschlüssige Verbinden unter Verwendung von Benzocyclobuten als Adhäsiv in einem Wafer-Bonder. Durch das

Anpressen werden die stationären, jedoch beweglich auf dem Spiegelsubstrat gelagerten Kammelektroden vorausgelenkt und dann durch den Bondvorgang in dieser Position fixiert. So entsteht aus dem in Planartechnologie gefertigten Spiegel-Wafer ein Substrat mit 3D-Strukturen, den vertikalen Kammantrieben. Der an Teststrukturen und Demonstratoren gemessene, laterale Versatz der Elektrodenfinger betrug weniger als 0.5 $\mu$m. Die Strukturtreue der vertikalen Kammantriebe erwies sich dabei aus Anwendungssicht als ausreichend hoch. Somit ermöglicht der neuartige Fertigungsprozess allgemein die Integration dreidimensionaler Strukturen und speziell elektrostatisch-quasistatischer Antriebe auf planar prozessierten Substraten. Zur Verbindung von Deckel- und Spiegelwafer wurde ein adhäsiver Bondprozess auf Basis von Benzocyclobuten entwickelt und erfolgreich getestet. Als Besonderheit wurden 2 $\mu$m dicke Adhäsivschichten zu hochfesten Bondverbindungen mit Oberflächenenergien von mehr als 33 J/m$^2$ verarbeitet. Der Verbund erwies sich auch bei der Vereinzelung von Bauelementen aus dem Wafer-Verbund durch Sägen als ausreichend stabil. Anzeichen für Delamination konnten hierbei nicht beobachtet werden.

Das Technologie- und Bauteilkonzept wurde anhand von fünf verschiedenen Bauteil-Designs verifiziert. Die **Demonstratoren** und **charakteristischen Eigenschaften** sind in Kapitel 7 dargestellt. Mit den gefertigten Demonstratoren konnten im quasistatischen Betrieb große mechanische Ablenkwinkel von $\pm 7.4°$ bei niedrigen Antriebsspannungen von 110 V DC-Spannung erzielt werden. Die quasistatische Antriebsachse der Demonstratoren weist niedrige Eigenfrequenzen von 141 Hz bis 165 Hz auf. Aufgrund der geringen Abklingkonstanten von 11 $1/s$ - 14 $1/s$ ergeben sich bei Sollwertsprüngen der Spiegelauslenkung lange Einschwingzeiten von einigen hundert Millisekunden und starkes Überschwingen in der Größenordnung der Sollwertänderung. Auf Grundlage eines SC4-Demonstrators wurde durch *Erley* [84] die prinzipielle Eignung des neuartigen Bauteilkonzepts für lineares Scannen mit einem dreiecksförmigen Auslenkungsverlauf bei einer Wiederholfrequenz von 10 Hz im gesteuerten Betrieb mit synthetischen Spannungssignalen nachgewiesen. Die Scanfrequenz der resonanten schnellen Scanachse liegt bei dem vorgestellten 2D-Mikroscanner bei 23.5 kHz. Einen linearen Scan mit ca. 70% Service-Zeit und einer Bildwiederholrate der langsamen Achse von 60 Hz vorausgesetzt, kann so die für den SVGA-Grafikstandard benötigte Anzahl von 600 Bildzeilen im bidirektionalen Schreibmodus mit dem neuartigen Bauteilkonzept für Displayanwendungen realisiert werden.

Anhand theoretischer Untersuchungen zur **Steuerung und Regelung** der Antriebsstrecke des Demonstrators SC3 wurde in Kapitel 8 gezeigt, dass für sägezahnförmiges Scannen bei einer Wiederholrate von 60 Hz eine Regelung der Spiegelstrecke notwendig ist. Die gefertigten Demonstratoren weisen bei geschlossenem Regelkreis ein ausgeprägtes Tiefpassverhalten auf. Kritisch für den 60-Hz-Sägezahnscan ist hierbei die niedrige Eigenfrequenz der quasistatischen Scanachse. Sie führt bei 60 Hz zu einer deutlich verkürzten Service-Zeit (ca. 36 %) bzw. linearen Scanphase und einer Reduzierung der pro Periode projizierten Bildzeilen bei 2D-Bauelementen. Theoretisch kann bei 60 Hz Bildwiederholrate mit den gefertigten Demonstratoren daher nur der *QVGA*-Grafikstandard erzielt werden. Für eine lineare Scanphase von 80% der Gesamtperiode ist theoretisch, unter Verwendung der in dieser Arbeit angenommenen Linearitäts-Gütekriterien, eine Eigenfrequenz der quasistatischen Antriebsachse von ca. 700 Hz erforderlich. Gleichzeitig muss der quasistatisch aktuierbare Scanbereich des Antriebs mindestens $\pm 9.4°$ betragen, um einen linearen Scanwinkel von $\pm 7.5°$ zu erzielen. Unter Beibehaltung der aktuellen Antriebsstrukturen und Reduzierung des überdimensionierten beweglichen Spiegelrahmens, kann das dynamische Bauteilverhalten eines SC3-Demonstrators theoretisch so optimiert werden, dass die für den *SVGA*-Grafikstandard benötigte Anzahl an Bildzeilen zur Verfügung steht.

Die in der Einleitung beschriebenen Teilziele dieser Arbeit konnten vollständig erreicht werden. Mit Hinblick auf die Nutzung des Bauteils, z.B. in ultrakompakten Laserprojektoren, ergeben sich jedoch weitere Fragestellungen. So muss das neuartige Bauteilkonzept für den Einsatz in portablen Geräten in ein Systemkonzept eingebunden werden. Hierzu müssen beispielsweise eine entsprechende Positionssensorik, Regelung und Ansteuerelektronik sowie ein applikationsspezifisches, geeignetes Aufbau- und Verbindungskonzept entwickelt werden. Für die Regelung der quasistatischen Antriebsachse sind insbesondere Regler auf Basis der HG-Reglung mit EQInv-Linearisierung zu untersuchen. In Bezug auf die Eignung des neuartigen Bauteilkonzeptes für Laserprojektionsdisplays sind außerdem auf Systemebene die in dieser Arbeit getroffenen Annahmen bezüglich der Anforderungen an das lineare Scanverhalten des Bauteils zu prüfen.

# Abbildungsverzeichnis


1.1 a) Anwendungsbeispiele der Fa. *Lemoptix* für integrierte ultra kompakte Laserprojektionsdisplays [4], b) oben, am *Fraunhofer IPMS* gefertigter Demonstrator eines RGB-Laserprojektors und unten, der *Showwx* RGB-Laserprojektor der Fa. *Microvision Inc.* c) schematische Darstellung des optischen Moduls der Fa.*Lemoptix* [4] . . . . . 2

1.2 a) Schematische Darstellung eines am *Fraunhofer IPMS* gefertigten 2D-Mikroscanners und b) Foto eines elektrostatisch resonanten 2D-Mikroscanners [5] . . . . . 3

2.1 a) Schematische Darstellung eines 1D-Mikroscanners und b) Ausschnitt eines Chip-Fotos nach [5] 9

2.2 Schema einer Plattenkondensatorkonfiguration . . . . . 10

2.3 Spiegelschwingung und synchronisierte Elektrodenspannung nach [5] . . . . . 12

2.4 Prozessschema für die Fertigung resonanter Mikroscanner mit dem *AME75*-Prozess. a)-c) Fertigung vertikaler Siliziumdioxid-Mehrfachisolationsschichten. c)-e) Erzeugung metallischer Leitbahnen und der Bondpads, f) Aufbringen der Al-Verspiegelung, g) Ätzen der Rückseitengrube und h) Freisetzen der mechanischen Struktur. . . . . . 13

2.5 Grundschema einer quasistatischen Elektrodenkonfiguration . . . . . 15

2.6 Schema a) eines Elektrodenkamms mit vertikal b) translatorisch verschobenen SVC- und c) abgewinkelten AVC-Gegenelektroden. . . . . . 17

2.7 a) Schematische Darstellung eines Kammantriebs in der Aufsicht. Je nach Gestaltung kann dieser in Querschnitt ein b) x- bzw. c) y-Design aufweisen. Je nach Antriebsdesign ergibt sich für quasistatisch betriebene Spiegel mit zwei gegensinnig wirkenden Antrieben eine d) 2X- oder e) 2Y-Antriebskonfiguration. . . . . . 17

2.8 Auswahl an Mikrospiegeln mit vertikalen Kammantrieben. Technologiebeispiele für SVC- Antriebe in a)-b) [27], c) [28] und AVC-Antriebe in d) [29], e)-f) [30] so wie g)-i) [31] bzw. [32]. . . . . 18

3.1 Schematische Darstellung des Bauteilkonzeptes eines elektrostatisch, quasistatisch-resonanten 2D-Mikroscanners . . . . . 21

3.2 Schema zum Aufbau von Mikrospiegeln mit vertikalen Elektroden durch Bonden 2D-strukturierter Substrate . . . . . 23

3.3 Schematische Darstellung eines Einzelgetriebeglieds mit Drehgelenk a) in Seitenansicht und b) in der Aufsicht als Festkörpermechanismus zur Auslenkung von stationären abgewinkelten Elektrodenkämmen (AVC) umgesetzt . . . . . 23

3.4 Schematische Darstellung eines Viergelenkmechanismus a) in Seitenansicht und in der Aufsicht als Festkörpermechanismus b) zur Erzeugung von geschichteten (SVC) und c) zentrisch abgewinkelten (CAVC) stationären Elektroden umgesetzt . . . . . 24

4.1 Schema eines statischen elektrischen Potentialnetzes . . . . . 28

4.2 Schematische Aufsicht a) einer Kammelektrode mit periodischer Elektrodenfinger-Einheitszelle mit den Elektrodenflächen $a_{ij}$, b) 3D-Darstellung einer als MATLAB-Modell implementierten Elektroden-Einheitszelle . . . . . 30

4.3 a) 3D-Elektrodenfläche, b) Projektion assoziierter Elektrodenflächen . . . . . 31

4.4 Diamantgitter Einheitszelle, rechts mit Ebenen des kubischen Kristalls [5] . . . . . 32

4.5 Spezifischer Widerstand von Si in Abhängikeit der Dotierung [57] . . . . . 35

4.6 Parametrisierung eines vertikalen Elektrodenfingers für die formale Beschreibung der Kapazität mit einer analytischen Näherungslösung. a) Aufsicht auf eine Kammelektroden und Schnitt durch b) SVC- bzw. c) AVC-Elektrodenfinger. . . . . . 37

4.7 a) Geometrie einer halben Elektrodenfinger-Einheitszelle und b) FEM-Netz des umgebenden Raumvolumens in Elektrodennähe. c) ISO-Darstellung des elektrischen Potentialfeldes $\Phi$ im Schnitt A-A d) bzw. im Schnitt B-B . . . . . 38

4.8 Querschnitt einer mit Winkelgeschwindigkeit $\dot{\Theta}$ rotierenden Platte mit infinitesimalem Radialsegment $dr$. Die Platte wird orthogonal mit Relativgeschwindigkeit $\vec{v}(r) = r \cdot \dot{\Theta}$ angeströmt. . . . . . 43

4.9 Schematische Darstellung einer Kammelektrode a) in der Aufsicht und im Querschnitt bei Ausbildung b) einer *Couette*-Strömung (eingeschwenkte Elektrodenfinger) und c) *Poiseuille*-Strömung (ausgeschwenkte Elektrodenfinger) . . . . . 44

4.10 Mit Winkelgeschwindigkeit $\dot{\Theta}$ rotierende Polygonfläche. Infinitesimales Flächensegment d$A$ wird tangential zur Kreisbahn mit Geschwindigkeit $\vec{v}(r)$ angeströmt. . . . . . 44

4.11 Elektrodeneinheitszelle in der Aufsicht a) mit verzahnten und b) ausgeschwenkten Elektrodenfingern 46

4.12 Aufgetragen über den Auslenkungswinkel $\Theta$ ist das Widerstandsmoment pro Winkelgeschwindigkeit für exemplarische a) CAVC-, b) AVC- und c) SVC-Elektrodeneinheitszellen. . . . . . 47

4.13 a) Schlanker Träger ($b, h << l$) mit b) rechteckigem Querschnitt . . . . . 48

4.14 Eine a) Zugbelastung mit der Kraft $F_x$ führt b) im Querschnitt A-A zu einer homogen verteilten Normalspannungsverteilung $\sigma_{xx}$ . . . . . 48

4.15 Schema grundlegender Fälle der Balkenbiegung nach der *Bernoulli-Euler*-Theorie. Einseitig fest eingespannter Träger mit a) freiem Moment und b) einer Querkraft und Sperrung in Längsrichtung am gegenüberliegenden Trägerende. Verlauf des Biegemomentes $M_{\mathrm{B}}(x)$ . . . . . 49

4.16 Schematische Darstellung des aus dem Biegemoment $M_B(x)$ resultierenden Normalspannungsprofils 50

4.17 Qualitativer Verlauf der a) Schubspannungen, b) Zugspannungen im Bereich der Einspannung bei Verdrillung eines schlanken Trägers mit rechteckigem Querschnitt . . . . . . . . . . . . . . . . . 52

4.18 Schema a) eines mechanischen Trägerelements und b) eines aus zwei Trägerelementen bestehenden Netzwerks mit fester Einspannung an Knoten $N_1$ und einer äußeren Kraft an Knoten $N_3$ als Knotenrandbedingungen . . . . . . . . . . . . . . . . . . . . . . . . . . . . . . . . . . . . . . . 53

4.19 Links: MATLAB$^{TM}$-Darstellung einer Spiegeltopographie, die mit 3D-Trägerelementen und dem Netzwerksimulator SUGAR modelliert wurde. Rechts: Detail eines vorausgelenkten Festkörpermechanismus mit Kammelektroden. Die z-Auslenkung der Spiegelstruktur ist farblich kodiert; die Einheit lautet: $10^{-4}$ m. . . . . . . . . . . . . . . . . . . . . . . . . . . . . . . . . . . . . . . . 54

4.20 3D-Träger: a) Struktur mit 2 Knoten, b) daran angreifenden Knotenverschiebungs- und c) Lastkomponenten . . . . . . . . . . . . . . . . . . . . . . . . . . . . . . . . . . . . . . . . . . . 54

4.21 Schematische Netzwerk-Darstellung eines aus drei Trägern bestehenden Festkörpergetriebglieds a) in der Aufsicht, b) die Auswirkung einer starken Verdrillung der Elemente $T_1$ und $T_2$ mit dem Winkel $\alpha$ auf die Länge des Elements $T_3$ bei starrem und c) mit iterativ angepasstem Elementkoordinatensystem . . . . . . . . . . . . . . . . . . . . . . . . . . . . . . . . . . . . . . . . 56

4.22 Auf Trägerlänge $l$ normierte Verschiebung des Knotens $N_4$ durch Verdrillung von $T_1$ und $T_2$ mit dem Winkel $\alpha$ des mechanischen 3D-Trägernetzwerks bei vertikaler Knotenlast $F_z$ im Vergleich mit einer reinen Verdrehung des Elements $T_3$ um den Knotenpunkt $N_2$ bei nicht angepasster Steifigkeitsmatrix. . . . . . . . . . . . . . . . . . . . . . . . . . . . . . . . . . . . . . . . . . 57

4.23 Auf Trägerlänge $l$ normierte Verschiebung des Knotens $N_4$ durch Verdrillung von $T_1$ und $T_2$ mit dem Winkel $\alpha$ des mechanischen 3D-Trägernetzwerks bei vertikaler Knotenlast $F_z$ im Vergleich mit einer reinen Verdrehung des Elements $T_3$ um den Knotenpunkt $N_2$ bei angepasster Steifigkeitsmatrix unter Verwendung von Gl. 4.107 . . . . . . . . . . . . . . . . . . . . . . . . . . . . 58

4.24 Die ersten sechs Eigenmoden einer Beispiel-Spiegelstruktur mit vorausgelenkten Festkörperstrukturen (Prestress-Modalanalyse). Die z-Auslenkung der Spiegelstruktur ist farblich kodiert; die Einheit lautet: $10^{-4}$ m. . . . . . . . . . . . . . . . . . . . . . . . . . . . . . . . . . . . . . . 60

4.25 a) Geometrie eines trapezförmigen Elektrodenfingers b) am Pull-In Punkt . . . . . . . . . . . . . 61

4.26 Schema eines einfachen statischen elektromechanischen Netzes mit mechanischem und elektrischem Subnetz. Die Subnetze sind über ein Wandlerelement, eine Elektrodeneinheitszelle, die aus 3D-Plattenkondensatoren besteht, miteinander verbunden. . . . . . . . . . . . . . . . . . . . . 62

4.27 Darstellung einer Spiegeltopographie, die als elektromechnisches Netz in MATLAB$^{TM}$mit Hilfe der SUGAR-Toolbox modelliert wurde. Die z-Auslenkung der Spiegelstruktur ist farblich kodiert; die Einheit lautet: m. . . . . . . . . . . . . . . . . . . . . . . . . . . . . . . . . . . . . . . . . 63

4.28 Aufbau des physikalischen Makromodells der ersten Modellierungsstufe als Hierarchie von Strukturteilmodellen . . . . . . . . . . . . . . . . . . . . . . . . . . . . . . . . . . . . . . . . . . 64

4.29 Exemplarische Sprungantwort des Makromodells nach Vorauslenkung von $\Theta = 10°$ für die Dauer von a) 25 ms, b) 5 s . . . . . . . . . . . . . . . . . . . . . . . . . . . . . . . . . . . . . . . . 66

4.30 Periodischer Amplitudenverlauf mit in Teilen linearem, (oben) Sägezahn-, (unten) Dreiecksverlauf. 67

4.31 Koppelfaktoren für a) sägezahnförmiges und b) dreiecksförmiges Scannen mit Momentenäquivalenzsteuerung in Abhängigkeit des Service-Faktors $k_s$ . . . . . . . . . . . . . . . . . . . . . . . . 70

4.32 Rastelektronenmikroskopische Aufnahme von Teststrukturen mit einzelnem a) - b) AVC und c) - d) SVC-Antrieb. . . . . . . . . . . . . . . . . . . . . . . . . . . . . . . . . . . . . . . . . 71

4.33 Elektrodenspannung-Auslenkungskennlinie für die in Abb. 4.32 gezeigten a) AVC- und b) SVC-Teststrukturen. . . . . . . . . . . . . . . . . . . . . . . . . . . . . . . . . . . . . . . . 73

4.34 (links) Mittels PSD gemessene Abklingkurve einer AVC-Teststruktur bei reduziertem Atmosphärendruck von $P = 42$ Pa. (rechts) Aus den Einzelperioden der Abklingkurve berechnete Schwingfrequenzen. . . . . . . . . . . . . . . . . . . . . . . . . . . . . . . . . . . . . . . . . 75

4.35 Abklingkurve einer AVC-Teststruktur (links) simuliert und (rechts) mittels PSD gemessen. Der Spiegel wurde aus einer elektrostatisch aktuierten Ruhelage von $\Theta = 0.75°$ durch spontanes Abschalten der Antriebsspannung angeregt. . . . . . . . . . . . . . . . . . . . . . . . . . . . . 75

5.1 Oben: Elektrostatisches Antriebsmoment über der Elektrodenverkippung $\Theta$ für a) AVC-, b) CAVC- und c) SVC-Elektroden bei $U = 1V$. Unten: Seitenansicht der Elektrodeneinheitszellen bei einer Verkippung der beweglichen Elektroden von $\Theta = 0°$. . . . . . . . . . . . . . . . . . . . . . . 78

5.2 Über der Elektrodenauslenkung $\Theta$ aufgetragene parasitäre elektrostatische Kräfte der Elektrodengrundtypen AVC, CAVC und SVC in Elektrodenquerrichtung a)-c) und in Längsrichtung d)-f). . . 80

5.3 Schema eines einfachen Netzwerkmodells zur Untersuchung des elektromechanischen Pull-In-Verhaltens von a) Y- b) X-Antriebskonfigurationen. . . . . . . . . . . . . . . . . . . . . . . . 80

5.4 Auslenkungsspannungskennlinien der X-Antriebskonfiguration am Knoten $N_4$. . . . . . . . . . . 81

5.5 Auslenkungsspannungskennlinien der Y-Antriebskonfiguration am Knoten $N_4$. . . . . . . . . . . . 82

6.1 Lichtmikroskopische Aufnahmen Mikroscanner-Details auf einem mit dem *AME75*-Prozess gefertigten Spiegel-Wafer: a) 1D-Mikroscanner mit Viergelenk-Festkörpermechanismus zur Realisierung eines CAVC, b) 2D-Mikroscanner mit quasistatischem CAVC-Antrieb an der LA und resonantem Antrieb an der SNA, c) 2D-Mikroscanners mit Ausgleichsmassse (Tilger) zur Schwingungsentkopplung von SNA und LA d) Getriebeglied eines Festkörpermechanismus zur Erzeugung eines SVC-Antriebs. . . . . . . . . . . . . . . . . . . . . . . . . . . . . . . . . . . . . 84

6.2 Abgebrochene Silizium-Nadeln (*Black Silicon*) im Randbereich eines Spiegel-Wafers. . . . . . . . 85

6.3 Fertigungsschema für monolithische Si-Deckel-Wafer: a) Abscheidung von thermischem Oxid auf Vorder- und Rückseite, Aufbringen und Strukturierung einer Lackmaske auf der Rückseite für spätere TMAH-Ätzung der Deckel-Öffnung. b) Aufbringen und Strukturieren einer Lackmaske auf der Wafer-Vorderseite, DRIE-Ätzung der Stempelstrukturen, c) Bedeckung der Vorderseite mit PE-TEOS und d) TMAH-Ätzung der Apertur bis auf das Oxid der Vorderseite, Entfernung des Oxids mit BOE und erneuter thermischer Oxidation von Vorder- und Rückseite . . . . . . . . . . 86

6.4 a) Lichtmikroskopische Aufnahme einer Deckel-Vorderseite mit 75 $\mu$m Stempeln. Ausschnitt einer Stempelkante b) mit Fokus auf der Wafer-Oberfläche und c) auf Zieltiefe, d)-e) mit TMAH geätzte Deckel-Öffnungen und f) unterätzte konvexe Ecke einer Deckelöffnung mit darunter liegender SVC-SBM-Spiegelstruktur nach Durchführung des Wafer-zu-Wafer-Bondprozesses. . . . . . . . . 86

6.5 a) lichtmikroskopische Detailaufnahme b) REM-Detailaufnahme von flexibel gelagerten stationären AVC-Elektroden mit gleichmäßigen Spaltabständen nach Vorauslenkung und Fixierung durch den BCB-Waferbondprozess. . . . . . . . . . . . . . . . . . . . . . . . . . . . . . . . 89

7.1 Makroaufnahme eines 2D-Mikroscanners vom Typ SC3 in einem DIL20-Keramikgehäuse. Der SC3 verfügt über einen CAVC an der LA und einen planaren resonanten Kammantrieb an der SNA. 91

7.2 REM-Aufnahmen von Details des CAVC-Antriebs und der Spiegelaufhängung. a) SC1 mit CAVC und Festkörpermechanismus an der Spiegelaufhängung, b) CAVC ohne Festkörpermechanismus an der Spiegelaufhängung bei einem SC2. . . . . . . . . . . . . . . . . . . . . . . . . . . . 93

7.3 Optisch mittels Messskala gemessene elektromechanische Gleichgewichtskennlinie eines SC1 im Vergleich mit der simulierten Kennlinie. . . . . . . . . . . . . . . . . . . . . . . . . . . . 94

7.4 Optisch mittels Messskala gemessene elektromechanische Gleichgewichtskennlinie eines SC2-Samples im Vergleich mit einer simulierten Kennlinie. . . . . . . . . . . . . . . . . . . . . . 94

7.5 REM-Aufnahmen eines SC4-Samples, a) Ausschnitt eines SVC-Antriebs, b) Details eines Festkörpermechanismus . . . . . . . . . . . . . . . . . . . . . . . . . . . . . . . . . . . . . 95

7.6 Optisch mittels Messskala gemessene elektromechanische Gleichgewichtskennlinie eines SC4-Samples im Vergleich mit einer simulierten Kennlinie. . . . . . . . . . . . . . . . . . . . . . 96

7.7 10 Hz Dreieck-Scan eines Demonstrators SC4 im gesteuerten Betrieb, a) im Vergleich die Soll- zur mittels PSD gemessenen Ist-Auslenkung und b) die synthetisierten Spannungssignale nach [84] 98

8.1 Blockschaltbild des Spiegelrahmens mit zwei unabhängig ansteuerbaren Elektrodenkämmen. . . . 100

8.2 Varianten eines Linearisierungsblocks als a) exakte Linearisierung (XL) bzw. b) inverse elektromechanische Gleichgewichtskennlinie (EQInv) ausgeführt. . . . . . . . . . . . . . . . . . . . 101

8.3 Bode-Diagramm der Strecke mit XL-Steuerung . . . . . . . . . . . . . . . . . . . . . . . . . 102

8.4 Blockmodell der Strecke mit direkter Steuerung auf Basis der EQInv-Linearisierung. . . . . . . . 102

8.5 (oben) Simulation des Streckenausgangs bei einem Sollwertsprung von $\Theta = [0^\circ, 7.5^\circ]$ für eine direkte EQInv-Steuerung und bei Vorfilterung des Steuerwinkels mit einem Tiefpassglied (EQInv-PT1). (unten) Zeitlicher Verlauf der Elektroden-Steuerspannung $U_2$. . . . . . . . . . . . . . . . 103

8.6 Blockschaltbild der direkten EQInv-Steuerung mit vorgeschaltetem PT1-Übertragungsglied. . . . 103

8.7 Blockschaltbild des geschlossenen Regelkreises mit HD-Regler und Linearisierung am Streckeneingang. . . . . . . . . . . . . . . . . . . . . . . . . . . . . . . . . . . . . . . . . . . 105

8.8 Bode-Diagramm der Strecke mit HD-Regler und exakter Linearisierung bei auf den aperiodischen Grenzfall eingestelltem Reglerparameter $d_{ctr}$. . . . . . . . . . . . . . . . . . . . . . . . . . . 106

8.9 Sprungantwort der Regelstrecke mit HD-Regler bei einem Sollwertsprung von $\Theta_{soll} = [0,4]^\circ$ aus dem Ruhezustand für verschiedene Werte des Regelparameters $d_{ctr}$ . . . 106

8.10 Blockschaltbild des geschlossenen Regelkreises mit HG-Regler. . . . 107

8.11 Sprungantwort des geschlossenen Regelkreises mit HG-Regler bei einem Sollwertsprung von $\Theta_{soll} = [0,4]^\circ$ aus dem ruhenden System heraus. . . . 108

8.12 Bode-Diagramm der Strecke mit HG-Regler und exakter Linearisierung bei auf den aperiodischen Grenzfall eingestelltem Reglerparameter $d_{ctr}$. . . . 108

8.13 Struktur eines geschlossenen Regelkreises mit Kompensationsregelung. . . . 109

8.14 Blockschaltbild des geschlossenen Regelkreises mit Kompensationsregler. . . . 109

8.15 (oben) Antwortverhalten der Strecke auf einen Sollwertsprung von $\Theta_{soll} = [0^\circ, 7.5^\circ]$ für HG- und KRXL-Regler (unten) mit der Elektrodenspannung $U_2$ . . . 110

8.16 Vergleich des Antwortverhaltens der Strecke (oben) für HG- und KR-Regler auf einen Sollwertsprung von $\Theta_{soll} = [0^\circ, 7.5^\circ]$ mit der Elektrodenspannung $U2$ als Stellgröße (unten), wobei die exakte Linearisierung (XL) durch die inverse elektromechanische Kennlinie (EQInv) ersetzt wurde. 111

8.17 Verlauf der Steuergröße $U_2$ für KR- und HG-Regler-XL-Linearisierung im Vergleich mit EQInv-Linearisierung . . . 111

8.18 Simulation der Streckenantwort für KR- und HG-Regler mit EQInv-Linearisierung bei einem sägezahnförmigen Sollwertverlauf mit 10 Hz Wiederholrate. . . . 113

8.19 Simulation der Streckenantwort für KR- und HG-Regler mit EQInv-Linearisierung bei einem sägezahnförmigen Sollwertverlauf mit 60 Hz Wiederholrate. . . . 114

8.20 Simulierter Verlauf des Service-Faktors $k_s$ bei geschlossenem Regelkreis einer aperiodisch eingestellten HG-Regelung mit exakter Linearisierung und variierender Eigenfrequenz der Spiegelstrecke $f_0$ für einen sägezahnförmigen Sollwertverlauf bei einer Wiederholrate von $f_{lin} = 60$ Hz . . . 115

A.1 Links: Sägezahn-Scan y-Achsen mit $f_y = 60$ Hz, Mitte: Sinus-Scan x-Achsen mit $f_x = 900$ Hz, rechts: Resultierendes Projektionsmuster während des Bildaufbaus (durchgezogene Linie) und des Bildrücklaufs (Punkt-Linie)(mit Service-Faktor $k_s = 0.8$, $n = 3$ und $R_y = 24$). . . . 136

# Tabellenverzeichnis


4.1 *Voigt*sche Notation . . . . . 33

4.2 *Hooke*sche Konstanten von Silizium [48] . . . . . 34

4.3 Mechanische Konstanten und Koeffizienten von einkristallinem Si für $T = 293$ K [49] . . . . . 34

4.4 Geometrieparameter vertikaler Kammelektroden . . . . . 36

4.5 Widerstandsbeiwerte normal angeströmter rechteckiger Platten [58] . . . . . 43

4.6 Abweichung $\Delta e$ bei Approximation des polaren Flächeträgheitsmomentes $I_\text{p}$ durch den *Steiner*-Anteil $r_\text{s}^2 A$ für eine rechteckige Fläche $A = lh$ mit $h = l/3$. . . . . . 45

5.1 Elektrodenparameter der für den Antriebsvergleich genutzten Elektroden-Grundtypen CAVC, AVC, und SVC . . . . . 77

5.2 Antriebskennzahlen der Testgeometrien . . . . . 79

5.3 Maximalwerte parasitärer elektrostatischer Kräfte der Elektroden-Testgeometrien . . . . . 80

5.4 Geometrieparameter des Netzwerkmodells einer X- bzw. Y-Antriebskonfiguration . . . . . 81

5.5 Bedingungen für einen elektromechanischen Pull-In der untersuchten X- und Y-Antriebskonfigurationen . . . . . 82

6.1 Parameterkombinationen des BCB-Bondversuchs und nach [83] berechnete Oberflächenenergien. 88

7.1 Tabellarische Übersicht gefertigter Demonstratoren. . . . . . 92

7.2 CAVC-Geometriedaten der Demonstratoren SC1, SC2 und SC3 . . . . . 93

7.3 Streckenparameter des dynamischen Verhaltensmodells für die Demonstratoren SC1, SC2 und SC3 95

7.4 SVC-Geometriedaten der Demonstratoren SC4 und SC5 . . . . . 96

7.5 Streckenparameter des dynamischen Verhaltensmodells für SC4 und SC5 . . . . . 97

8.1 Streckenparameter des Kompensationsreglers . . . . . 110

8.2 Gütewerte bei Sollwertsprung von $\Theta_{soll} = [0^\circ, 7.5^\circ]$ mit exakter Linearisierung . . . . . . . . . . . 110

8.3 Gütewerte bei Sollwertsprungs von $\Theta_{soll} = [0^\circ, 7.5^\circ]$ bei EQInv-Linearisierung . . . . . . . . . . 112

A.1 Minimale Wiederholrate $f_x$ in Abhängigkeit üblicher Grafikstandards. Für die Berechnung wurde eine Bildwiederholrate von $f_{ref} = 60$ Hz und ein Service-Faktor von $k_s = 0.8$ angenommen. . . . . 136

B.1 Axiale Flächenträgheitsmomente 2. Grades . . . . . . . . . . . . . . . . . . . . . . . . . . . . . 141

# Literaturverzeichnis


[1] YOLE DEVELOPPEMENT, ELMP MEETING: From industrial and automotive applications to comsumer markets: Status of MEMS Industry. 2006. – Forschungsbericht

[2] WICHT, Henning ; BOUCHAUD, Jeremie ; DIXON, Richard ; HEEREN, Henne van ; FATATRY, Ayman E. ; GÖTZ, Friedrich: Market Analysis for MEMS and Mikrosystems III 2005-2009 / NEXUS Task Force. 2005. – Forschungsbericht

[3] YOLE DEVELOPPEMENT: MEMS4Display. March2006. – Forschungsbericht

[4] `http://www.lemoptix.com/`

[5] SCHENK, H.: *Siliziumbasierte mikrooptische Modulatoren.* BTU Cottbus, Habilitationsschrift, 2007

[6] FARRELL, Joyce E. ; CASSON, Evanne J. ; HAYNIE, Carl R. ; BENSON, Brian L.: Designing flicker-free video display terminals. In: *Displays* 9 (1988), July, Nr. 3, S. 115–122

[7] UREY, Hakan: Torsional MEMS scanner design for high-resolution display systems. In: *Optical Scanning II, Proc. SPIE* 4773 (2002), July, S. 27–37

[8] UREY, H.: MEMS Scanners for Display and Imaging Applications. In: YOSHITADA, Katagiri (Hrsg.): *Optomechatronic Micro/Nano Components* Bd. 5604, Proceedings of the SPIE, Volume, 2004, S. 218–229

[9] SCHOLLES, Michael ; BRÄUER, Andreas ; FROMMHAGEN, Klaus ; GERWIG, Christian ; LAKNER, Hubert ; SCHENK, Harald ; SCHWARZENBERG, Markus: Ultracompact laser projection systems based on two-dimensional resonant microscanning mirrors. In: *J. Micro/Nanolith. MEMS MOEMS* 7(2) (Apr.-Jun. 2008), S. 021001 1–11

[10] MILANOVIC, Veljko ; CASTELINO, Kenneth: Sub-100 $\mu s$ Settling Time and Low Voltage Operation for Gimbal-less Two-Axis Scanners. In: *IEEE/LEOS Optical MEMS* Takamatsu, Japan, Aug. 2004

[11] UREY, Hakan ; YALCINKAYA, Arda D. ; MONTAGUE, Tom ; BROWN, Dean ; SPRAGUE, Randy ; ANAC, Ozan ; ATAMAN, Caglar ; BASDOGAN, Ipek: Two-axis MEMS Scanner for Display and Imaging Applications. In: *IEEE-LEOS Optical MEMS Conference*, 2005, S. 17 – 18

[12] MILANOVIC, Veljko ; MATUS, Gabriel A. ; MCCORMICK, Daniel T.: Gimbal-Less Monolithic Silicon actuators for Tip-Tilt-Piston Micromirror Applications. In: *IEEE JOURNAL OF SELECTED TOPICS IN QUANTUM ELECTRONICS* 10 (2004), S. 462–471

[13] MILANOVIC, V. ; MATUS, G. A. ; CHENG, T. ; CAGDASER, B.: Monolithic high aspect ratio two-axis optical scanners in SOI. In: *Micro Electro Mechanical Systems* (2003), Jan., S. 255–258

[14] SCHENK, H.: *Ein neuartiger Mikroaktor zur ein- und zweidimensionalen Ablenkung von Licht*, Gerhard-Mercator-Universität-Gesamthochschule-Duisburg, Diss., 2000

[15] KLOSE, Thomas: Modellierung und Entwurf von resonanten Mikroaktoren mit elektrostatischem Antrieb / Fraunhofer IPMS. 2009. – Forschungsbericht

[16] SANDERS, René ; LIEROP, Diederik van ; JONG, Boudewijn de ; SOEMERS, Hermann: Design and fabrication of a MEMS mirror for miniature laser projection. In: *MOEMS and Miniaturized Systems VIII, Proceedings of the SPIE* 7208 (2009), February, S. 72080R–13

[17] KOA, Young-Chul ; CHO, Jin-Woo ; MUNA, Yong-Kweun ; JEONGA, Hyun-Gu ; CHOIC, Won-Kyoung ; LEEA, Ju-Hyun ; KIMA, Jeong-Woo ; YOOD, Ji-Beom ; LEEA, Jin-Ho: Eye-type scanning mirror with dual vertical combs for laser display. In: *MOEMS Display and Imaging Systems III, Proc. of SPIE* 5721 (2005), S. 14–22

[18] WINTER, C. ; FABRE, L. ; CONTE, F. L. ; KILCHER, L. ; KECHANA, F. ; ABELÉ, N. ; KAYAL, M.: Microbeamer based on MEMS micro-mirrors and laser light source. In: *Proceedings of the Eurosensors XXIII conference* Bd. 1, 2009, S. 1311–1314

[19] RABOUDA, D. ; BARRASA, T. ; CONTEA, F. L. ; FABREA, L. ; KILCHERB, L. ; KECHANAB, F. ; ABELÉB, N. ; KAYA, M.: MEMS based color-VGA micro-projector system. In: *Proc. Eurosensors XXIV* Bd. 5, 2010, S. 260–263

[20] YALCINKAYA, Arda D. ; UREY, Hakan ; BROWN, Dean ; MONTAGUE, Tom ; SPRAGUE, Randy: Two-Axis Electromagnetic Microscanner for High Resolution Displays. In: *JOURNAL OF ELECTROMECHANICAL SYSTEMS* 15 (2006), August, Nr. 4, S. 786–794

[21] WOLTER, Alexander ; KLOSE, Thomas ; HSU, Shu-Ting ; SCHENK, Harald ; LAKNER, Hubert: Scanning 2D micromirror with enhanced flatness at high frequency. In: UREY, Hakan (Hrsg.) ; DICKENSHEETS, David L. (Hrsg.): *Proceedings of SPIE, MOEMS Display, Imaging and Miniaturized Microsystems* Bd. 6114, SPIE, 2006, S. 0L1–8

[22] ATAMAN, C.: *Design, Modeling and Characterization of Electrostatically Actuated Microscaners*, Koc University Istanbul, Diplomarbeit, 2004

[23] ATAMAN, C. ; UREY, H.: Modeling and characterization of comb actuated resonant microscanners. In: *Journal of Micromechanics and Microengineering* 16 (2006), S. 9–16

[24] ATAMAN, C. ; KAYA, O.: Analyses of Parametric Resonances in Comb-Driven Microscanners. In: *Proc. of SPIE*, 2004

[25] ARGYRIS, J. ; FAUST, G. ; HAASE, M: *Die Erforschung des Chaos*. Vieweg & Sohn Verlagsgesellschaft mbH, 1994

[26] KIESSLING: *Quasistatisch auslenkbarer Kippspiegel zur Ablenkung von Licht*, Technische Universität Dresden, Diss., 2007

[27] CARLEN, Edwin T. ; HENG, Khee-Hang: High-Aspect Ratio Vertical Comb-Drive Actuator With Small Self-Aligned Finger Gaps. In: *Journal of Microelectromechanical Systems* 5 (October 2005), S. 1144–1155

[28] HAH, Dooyoung ; CHOI, Chang-Auck ; KIM, Chang-Kyu ; JUN, Chi-Hoon: A self-aligned vertical comb-drive actuator on a SOI wafer for a 2D scanning micromirror. In: *JOURNAL OF MICROMECHANICS AND MICROENGINEERING* 14 (2004), S. 1148 1156

[29] KIM, Jongbaeg ; CHOO, Hyuck ; LIN, Liwei ; MULLER, Richard S.: Microfabricated Torsional Actuators Using Self-Aligned Plastic Deformation. In: *JOURNAL OF MICROELECTROMECHANICAL SYSTEMS* 15 (2006), S. 553 – 561

[30] HAH, Dooyoung ; PATTERSON, Pamela R. ; NGUYEN, Hung D. ; TOSHIYOSHI, Hroshi ; WU, Ming C.: Theory and Experiments of Angular Vertical Comb-Drive Actuators for Scanning Micromirrors. In: *Journal of Selected Topics in quantum Electronics* 10 (2004), S. 505 – 513

[31] PIYAWATTANAMETHA, W. ; PATTERSON, P.R. ; HAH, Dooyoung ; TOSHIYOSHI, H. ; WU, M.C.: A 2D scanner by surface and bulk micromachined vertical comb actuators. In: *Optical MEMS* EEE/LEOS International Conference on, 2003 (93-94)

[32] PIYAWATTANAMETHA, Wibool ; PATTERSON, Pamela R.: Surface- and Bulk- Micromachined Two-Dimensional Scanner Driven by Angular Vertical Comb Actuators. In: *Journal of Microelectromechnical Systems* 14 (December, 2005), S. 1329–1338

[33] SANDNER, Thilo ; SCHMIDT, Jan U. ; SCHENK, Harald ; LAKNER, Huber ; YANG, Minghong ; GATTO, Anlexandre ; KAISER, Norbert ; BRAUN, Stefan ; FOLTYN, Thomas ; LESON, Andreas: Highly Reflective Optical Coatings for High Power Applications of Micro Scanning Mirrors in the UV-VIS-NIR Spectral Region. In: *MOEMS Display, Imaging and Miniaturized Microsystems IV* Bd. 6114 Proc of SPIE, 2006, S. 61140H 1 – 15

[34] SANDNER, Thilo ; SCHMIDT, Jan U. ; SCHENK, Harald ; LAKNER, Huber ; YANG, Minghong ; GATTO, Anlexander ; KAISER, Norbert ; BRAUN, Stefan ; FOLTYN, Thomas ; LESON, Andreas: Highly Reflective Thin Film Coatings for High Power Applications of MicroScanning Mirrors in the NIR-VIS-UV Spectral Region. In: *Advanced Optical Thin Films II* Bd. 5963 Proc. of SPIE, 2005, S. 596314 1 – 12

[35] FUJINO, Makoto ; PATTERSON, Pamela R. ; NGUYEN, Hung ; PIYAWATTANAMETHA, Wibool ; WU, Ming C.: Monolithical Cascaded Micromirror Pair Driven by Angular Vertical Combs for Two-Axis Scanning. In: *Journal of Selected Topics in Quantum Electronics* 10 (MAY/JUNE 2004), S. 492 – 497

[36] LEE, Sangwoo ; CHO, Jaeyoong ; NAJAFI, Khalil: Fabrication of Vertical Comb Electrodes Using Selective Anodic Bonding. In: *MEMS*. Kobe, Japan, 2007, S. 349 – 352

[37] MALLIK, Asok K.: *Kinamatic Analysis and Synthesis of Mechanisms*. CrC Pr Inc., 1994

[38] PELESKO, John A. ; BERNSTEIN, David H.: *Modeling MEMS and NEMS*. Chapman & Hall/CRC, 2003

[39] `http://www.ansys.com`

[40] BALLAS, Rüdiger G. ; PFEIFER, Günther ; WERTSCHÜTZKY, Roland: *Elektromechanische Systeme in Mikrotechnik und Mechatronik*. Springer, 2009 (2)

[41] MATHWORKS: *Matlab-The Language of Technical Computing*. `http://www.mathworks.com/products/matlab`. Version: 1994-2009

[42] CENTER, Berkley Sensor & A.: *SUGAR project documentation*. `http://wwwbsac.eecs.berkeley.edu/programs/sugar.html`

[43] `http://www-ee.eng.hawaii.edu/~garmire/sugar/`

[44] DELAUNAY, B. N.: Sur la sphere vide. In: *Bulletin of Academy of Sciences of the USSR* 7 6 (1934), S. 793 – 800

[45] BARBER, C. ; HUHDANPAA, B. H.: The Quickhull algorithm for Convex Hulls. In: *ACM Transactions on Mathematical Software* 22, S. 469 – 483

[46] ALEXANDER, H. ; HAASEN, P.: Dislocations and Plastic Flow in the Diamond Structure. In: *Solid State Physics* 22 (1968), S. 27 – 158

[47] FROST, H. ; ASHBY, M. F.: *Deformation-Mechanism Maps: The Plasticity and Creep of Metals and Ceramics*. Pergamon Press, 1982

[48] *Properties of Silicon*. The Institution of Electrical Engineers, London, 1988

[49] MESCHEDER, Ulrich: *Mikrosystemtechnik*. 2. Teubner Verlag

[50] NAMAZU, T. ; Y.ISONO ; TANAKA, T.: Evaluation of Size Effect on Mechanical Properties of Single Crystal Silicon by Nanoscale Bending Test Using AFM. In: *Journal of Microelectromechanical Systems* 9 (2000), Nr. 4, S. 450 – 459

[51] DUBOIS, S. M.-M. ; RIGANESE, G.-M. ; PARDOEN, T. ; CHARLIER, J.-C.: Ideal strength of silicon: An ab initio study. In: *Phys. Rev. B* 74 (2006), Nr. 23, S. 1 – 7

[52] WIKIPEDIA: *Vergleichsspannung*. `http://de.wikipedia.org/wiki/Vergleichsspannung`. – Online, Stand 18 März 2009

[53] GROTE, K.-H. (Hrsg.) ; FELDHUSEN, J. (Hrsg.): *DUBBEL: Taschenbuch für den Maschinenbau*. 21. Springer, 2005

[54] KHAN, H. ; CHEN, L. ; BALLARINI, R. ; A. H, Heuer: Mechanical fatigue of polysilicon: Effects of mean stress and stress amplitude. In: *Acta Materialia* 54 (2006), S. 667–678

[55] PIERRON, O. N. ; MUHLSTEIN, C. L.: *The role of debris-induced cantilever effects in cyclic fatigue of micron-scale silicon films*. Penn State Univ, Dept Mat Sci & Engn, University Pk, PA 16802 USA, 2007. – 57 – 63 S.

[56] HSU, Shu-Ting ; WOLTER, Alexander ; OWE, Wolf-Dietrich ; SCHENK, Harald: Fracture strength of SOI springs in MEMS micromirrors. In: DICKENSHEETS, David L. (Hrsg.) ; GOGOI, Bishnu P. (Hrsg.) ; SCHENK, Harald (Hrsg.): *MOEMS and Miniaturized Systems IV* Bd. 6466, Proc. of SPIE, 2007, S. 64660E1–64660E9

[57] BENEKING, H.: *Halbleiter Technologie*. B.G. Teubner, 1991

[58] TRUCKENBRODT, Erich: *Fluidmechanik I*. Springer Verlag GmbH, 1995

[59] TRUCKENBRODT, Erich: *Fluidmechanik II*. Springer Verlag GmbH, 1998

[60] HAK, Mohamed G. (Hrsg.): *The MEMS Handbook*. CRC Press, 2003

[61] VEIJOLA, T. ; KUISMA, H. ; LAHDENPERÄ, L ; RYHÄNEN, T.: Equivalent-circuit model of the squeezed gas film in a silicon accelerometer. In: *Sensors and Actuators* A 48 (1995), S. 239 – 248

[62] SANDNER, Thilo ; KLOSE, Thomas ; WOLTER, Alexander ; SCHENK, Harald ; LAKNER, Hubert: Damping analysis and measurement for comb-drive scanning mirror. In: ÜREY, Hakan (Hrsg.) ; EL-TATATRY, Ayman (Hrsg.): *MEMS, MOEMS, and Micromachining* Bd. 5455 Proc. of SPIE, 2004, S. 147 – 158

[63] KLOSE, Thomas ; CONRAD, Holger ; ; SANDNER, Thilo ; SCHENK, Harald: Fluidmechanical Damping Analyses of Resonant Driven Micromirrors with Out-of-plane Comb Drive. In: *COMSOL Conference, Hannover* FEMLAB, 2008

[64] TIMOSHENKO, S.P. ; GOODIER, J. N.: *Theory of Elasticity*. 3rd. McGRAW Hill Book Company (Engineering Mechanics)

[65] MEHNER, Jan: *Entwurf in der Mikrosystemtechnik*. Dresden Univ. Press, 1999

[66] LEKHNITSKII, S. G.: *Theory of Elasticity of an Anisotropic Body*. MIR Publishers Moscow, 1981

[67] CLARK, J.V. ; ZHOU, N. ; BINDEL, D.: 3D MEMS Simulation Using Modified Nodal Analysis Mechanics and Measurement Symposium, Proceedings of Microscale Systems, June 8 2000, S. 68 – 75

[68] CLARK, J.V. ; ZHOU, N. ; PISTER, K.S.J.: Modified Nodal Analysis for MEMS with Multi-Energy Domains. In: *Technical Proceedings of the 2000 International Conference on Modeling and Simulation of Microsystems* NSTI, 2000, S. 471 – 474

[69] BAI, Z. ; BINDEL, D. ; CLARK, J. ; DEMMEL, J. ; PISTER, K. ; ZHOU, N.: New Numerical Techniques and Tools in SUGAR for 3D MEMS Simulation. In: *Technical Proceedings of the 2001 International Conference on Modeling and Simulation of Microsystems* NSTI, 2001, S. 638 – 641

[70] NINGNING ZHOU, Jason Vaughn C. ; PISTER, K. S. J.: *Nodal Analysis for MEMS Design Using Sugar v05*. Berkeley Sensor and Actuator Center, Santa Clara CA, April 6-8 1998

[71] CLARK, Jason V. ; ZHOU, Nighning ; PISTER, K. S. J.: MEMS Simulation Using SUGAR v0.5, 1998, S. 191 – 196

[72] CLARK, J. V. ; BINDEL, D. ; ZHOU, N. ; S. BHAVE, Z. B. ; DEMMEL, J. ; PISTER, K. S. J.: Sugar: Advancements in a 3D Multi-Domain Simulation Package for MEMS. In: *Proceedings of the Microscale Systems: Mechanics and Measurements Symposium*, June 4, 2001

[73] DRESIG, H. ; HOLZWEISSIG, F.: *Maschinendynamik*. 6. Springer, 2005

[74] PAZ, M.: *Structural Dynamics Theory and Computation*. Litton Education Publishing Inc., 1980

[75] STOER, Josef ; BULIRSCH, Roland: *Introduction to Numerical Analysis*. 3. Springer, 2002

[76] LANCZOS, Cornelius: An Iteration Method for the Solution of the Eigenvalue Problem of Linear Differential and Integral Operators. In: *Journal of research of the National Bureau of Standards* 45 (1951), S. 255–282

[77] ARNOLDI, W. E.: The Principle of Minimized Iterations in the Solution of the Matrix Eigenvalue Problem. In: *Quarterly of Applied Mathematics* 9 (1951), S. 17 – 29

[78] JACOBI, C. G. J.: Über eine neue Auflösungsart der bei der Methode der kleinsten Quadrate vorkommenden linearen Gleichungen. In: *Astr. Nachr* 22 (1845), S. 297 – 306

[79] ZIMMER, Fabian ; NIKLAUS, Frank ; LAPISA, Martin ; LUDEWIG, Thomas ; BRING, Martin ; BAKKE, Thor ; SCHENK, Harald ; WIJNGAART, Wouter van d.: Fabrication of large-scale mono crystalline silicon micromirror arrays using adhesive wafer transfer bonding. In: *MOEMS and Miniaturized Systems VIII* Bd. 7208 Proc. of SPIE, 2009, S. 720807, 1 – 9

[80] WEILAND, D. ; CHAEHOI, A. ; S. RAY, S D. O. ; BEGBIE, M. ; CHANGHAI, Wang: BCB-based wafer-level packaging of integrated CMOS/SOI piezoresistive MEMS sensors. In: *Microelectronics and Packaging Conference (EPMC)*, 2009, S. 1 – 5

[81] ZHANG, Qingxin ; ZHANG, Jing ; YU, Mingbin ; TAN, Chee W. ; LO, Guo-Qiang ; KWONG, Dim-Lee: A Two-Wafer Approach for Integration of Optical MEMS and Photonics on Silicon Substrate. In: *Photonics Technology Letters, IEEE* 22 Issue:5 (2010), S. 269 – 271

[82] HYEON, Ik-Jae ; CHUNG, Jinwoo ; LIM, Sungjoon ; KIM, Jong-Man ; BAEK, Chang-Wook: Polarization switching antenna integrated with RF-MEMS switches using silicon-on-quartz and BCB packaging platform. In: *IEEE 23rd International Conference on Micro Electro Mechanical Systems (MEMS)*, 2010, S. 755 – 758

[83] MASZARA, W. P. ; GOETZ, G. ; CAVIGLIA, A. ; MCKITTERICK, J.B.: Bonding of silicon wafers for silicon-on-insulator. In: *J. Appl. Phys.* 64 (1988), S. 4943 – 4950

[84] ERLEY, Georg ; SANDNER, Thilo: Anleitung zum gesteuerten Betrieb der LinScan-Bauelemente SC4 / SC5 / Fraunhofer IPMS. 2011. – Forschungsbericht

[85] KITTAN, Stefan: *Positionsregelung von Kippspiegeln mit vertikalen Kammantrieben*, Hochschule Zittau/Görlitz (FH), Diplomarbeit, 2009

[86] FÖLLINGER, Otto: *Nichtlineare Regelungen II*. Oldenbourg Verlag, 1980

[87] ADAMY, Jürgen: *Nichtlineare Regelung*. Springer, 2009

[88] WOLLOWICH, William A.: *Automatic Control Systems: Basic Analysis and Design*. Oxford University Press, 1993

# Anhang A

# Bildaufbau im Sägezahn-Sinus Scan-Modus

Erfolgt die Lichtablenkung eines MOEMS-basierten Laserprojektors mit einem quasistatisch-resonanten 2D-Kippspiegel, so lässt sich die Bewegungsform der Achse mit quasistatischem Antrieb innerhalb technischer Grenzen beeinflussen. Dies macht es beispielsweise möglich, die Schwingung der quasistatischen Achse im Arbeitsbereich zu linearisieren. Wird das Bild während der **Service-Phase** (engl.: service phase, SP) geschrieben, so wird der vom 2D-Mikrospiegel reflektierte Laserstrahl mit sinusförmigem Amplitudenverlauf vertikal über das Bildfeld geführt. In der **Rücklauf-Phase** (engl: duty-phase, DP) wird der Laserstrahl ausgeschaltet und der Spiegel in die Startposition der nachfolgenden Service-Phase zurückgeführt. Ist die Wiederholrate der resonanten Achse viel höher als die der quasistatischen Achse, so werden die Linien immer dichter zusammengestaucht, bis sie nahezu parallel der Pixel-Zeilen liegen. Das Pixelraster wird dann lediglich durch den Zeilenabstand begrenzt. Die Gesamtperiode $T$ der linearisierten Schwingung setzt sich aus der Dauer der Service-Phase $t_s$ und der Dauer der Rücklauf-Phase $t_d$ zu $T = t_s + t_d$ zusammen. Für das Schreiben des Bildes steht die Zeit $t_s = Tk_s$ zur Verfügung. Der Faktor $k_s$ wird als Service-Faktor bezeichnet.

Ein Realisierungsbeispiel einer linearisierten Schwingung ist ein sägezahnförmiger Amplitudenverlauf. Abb A.1 zeigt beispielhaft die horizontale (x-Achse) und vertikale (y-Achse) Schwingungsamplitude $A$ eines 2D-Kippspiegels für die Achsenfrequenzen $f_x = 0.9$ kHz und $f_y = 60$ Hz. Für die weiteren Betrachtungen soll gelten, dass $f_x > f_y$ ist und $f_y$ über einen quasistatischen Antrieb verfügt, der ein sägezahnförmiges Amplitudenprofil ermöglicht. In diesem Fall ist die Wiederholrate der quasistatischen Achse die Bildwiederholfrequenz $f_y = f_{\text{ref}}$.

**Minimaler Pixelabstand:** Ist $f_x > f_y$, so liegen die Amplitudenflanken der x-Achse nahezu parallel und es können pro Schwingungsperiode zwei Zeilen geschrieben werden. Um einen konstanten Zeilenabstand einzuhalten, wird das Bild nur während der Service-Phase der y-Achse geschrieben. Sei die Service-Phase im Winkelintervall $\hat{\Theta}_y = [\Theta_{y,min}, \Theta_{y,max}]$ definiert, so ergibt sich der vertikale Pixelabstand $d_{c,y}$ für eine Anzahl $R_y$ Pixeln zu:

$$d_{c,y} = \frac{|\hat{\Theta}_y|}{R_y}. \tag{A.1}$$

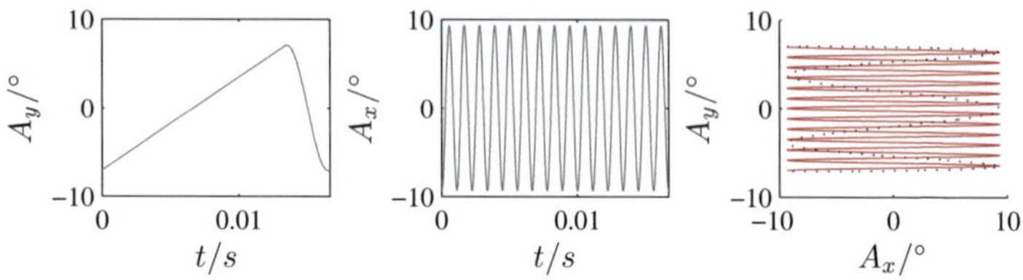


Abbildung A.1: Links: Sägezahn-Scan y-Achsen mit $f_y = 60$ Hz, Mitte: Sinus-Scan x-Achsen mit $f_x = 900$ Hz, rechts: Resultierendes Projektionsmuster während des Bildaufbaus (durchgezogene Linie) und des Bildrücklaufs (Punkt-Linie)(mit Service-Faktor $k_s = 0.8$, $n = 3$ und $R_y = 24$).

**Minimale Wiederholrate:** Die Anzahl vertikaler Pixel $R_y$ ist dann über:

$$f_x = \frac{R_y}{2t_s} \tag{A.2}$$

mit der Horizontalfrequenz korreliert. Mit dem Service-Faktor $k_s$ ergibt sich der Zusammenhang mit der Bildwiederholrate $f_{\text{ref}}$:

$$f_x = \frac{R_y}{2} \cdot \frac{f_{\text{ref}}}{k_s}. \tag{A.3}$$

Wird angenommen, dass die Bildwiederholrate $f_{\text{ref}} = 60$ Hz beträgt und die Service-Phase der quasistatischen Spiegelachse 80 % beträgt, so ergeben sich für übliche Grafikstandards die in Tab. A.1 aufgeführten Frequenzen $f_x$ der schnellen Spiegelachse.

Tabelle A.1: Minimale Wiederholrate $f_x$ in Abhängigkeit üblicher Grafikstandards. Für die Berechnung wurde eine Bildwiederholrate von $f_{\text{ref}} = 60$ Hz und ein Service-Faktor von $k_s = 0.8$ angenommen.

| Grafikstandard | QVGA | VGA | SVGA | HDTV |
|---|---|---|---|---|
| $f_x$ kHz | 9 | 18 | 22.5 | 40.5 |

Soll der Bildaufbau zu Beginn einer jeden Periode $T_y$ immer mit dem gleichen Pixel beginnen, so muss außerdem für $n \in \mathbb{N}$ ganzzahlige Schwingungsperioden der Dauer $T_x$ die Bedingung:

$$t_d = T_x \cdot n \tag{A.4}$$

erfüllt sein. Mit der Definition der Periodendauer $T$ und des Service-Faktors $k_s$ lässt sich unter Verwendung von Gl. A.4 für die Horizontalfrequenz $f_x$ zusätzlich fordern:

$$f_x = n \cdot \frac{f_{\text{ref}}}{1 - k_s}. \tag{A.5}$$

Aus Gl. A.3 und A.5 folgt das gesuchte $n$ in Abhängigkeit von $R_y$ und $k_s$:

$$n = \frac{R_y \cdot (1 - k_s)}{2k_s}. \tag{A.6}$$

Ist die Randbedingung eines ganzzahligen $n$ bei eingeschränktem $k_s$ nur durch signifikantes Erhöhen der vertikalen Pixel (bzw. horizontalen Frequenz) erzielbar, so können auch ungerade $n$ akzeptiert werden, sofern $R_y > R_{min}$. Auf diese Art und Weise in der Trajektorie entstehende unvollständige oder nicht benötigte Zeilen können dann im Bildaufbau weggelassen werden. Soll die vertikale Skalierung der geschriebenen Zeilen des Projektionsmusters beibehalten werden, ist für den vertikalen Scan mit $R_y = R_{min} + \Delta R$ eine Amplitudenreserve von

$$\Delta A_y = (\frac{R_{min} + \Delta R}{R_{min}} - 1) \cdot A_y \tag{A.7}$$

vorzusehen.

**Minimale Pixelverweildauer:** Im Sägezahn-Sinus-Modus werden die Zeilen des Projektionsmusters durch harmonische Schwingung erzeugt. Dementsprechend ist die Winkelgeschwindigkeit der Spiegelachse um die Amplituden-Null-Lage am größten. Die Pixel mit der kürzesten Verweildauer $t_{\mathrm{c,px}}$ liegen bei resonanter horizontaler Schwingung auf der das Bildfeld halbierenden Vertikalen:

$$t_{\mathrm{c,px}} \approx \frac{2k_{\mathrm{s}}}{\pi R_x R_y f_{\mathrm{ref}}}. \tag{A.8}$$

# Anhang B

# Mathematischer Anhang

## B.1 Koordinatentransformationen

Eine Drehmatrix beschreibt in einem euklidischen Raum eine Drehung. Es wird zwischen aktiver und passiver Drehung unterschieden.

### B.1.1 Aktive Drehung

Die Drehmatrix $\mathbf{R}$ ist mathematisch positiv definiert und beschreibt eine Drehung, so dass der Vektor $\vec{p}$ auf Vektor $\vec{p}'$ zu liegen kommt

$$\vec{p}' = \mathbf{R}\vec{p}. \tag{B.1}$$

### B.1.2 Passive Drehung

Die Drehmatrix $\mathbf{R}$ ist mathematisch positiv definiert und beschreibt die Koordinaten $\vec{k}'$ eines gedrehten Koordinatensystems mit den Koordinaten $k$:

$$\vec{k}' = \mathbf{R}^{-1}\vec{k}. \tag{B.2}$$

### B.1.3 Elementare Drehungen im $R^3$

In einem kartesischen Koordinatensystem des $R^3$ existieren die elementaren Drehungen $\alpha$, $\beta$ und $\gamma$ respektive der Achsen $x$, $y$ und $z$. Die zugehörigen Drehmatrizen $\mathbf{R}_x(\alpha)$, $\mathbf{R}_y(\beta)$ und $\mathbf{R}_z(\gamma)$ lauten:

$$\mathbf{R}_x(\alpha) = \begin{pmatrix} 1 & 0 & 0 \\ 0 & \cos(\alpha) & -\sin(\alpha) \\ 0 & \sin(\alpha) & \cos(\alpha) \end{pmatrix}, \tag{B.3}$$

$$\mathbf{R}_y(\beta) = \begin{pmatrix} \cos(\beta) & 0 & \sin(\beta) \\ 0 & 1 & 0 \\ -\sin(\beta) & 0 & \cos(\beta) \end{pmatrix}, \quad \text{(B.4)}$$

$$\mathbf{R}_z(\gamma) = \begin{pmatrix} \cos(\gamma) & -\sin(\gamma) & 0 \\ \sin(\gamma) & \cos(\gamma) & 0 \\ 0 & 0 & 1 \end{pmatrix}. \quad \text{(B.5)}$$

### B.1.4 Drehmatrizen des 3D-Träger-Elements

Die Drehmatrizen $\mathbf{R}_{\text{gl},x}(\alpha)$, $\mathbf{R}_{\text{gl},y}(\beta)$ und $\mathbf{R}_{\text{gl},z}(\gamma)$ drehen einen $12,1$-Beschreibungsvektor des 3D-Trägerelements aus dem globalen Koordinatensystem in das lokale Elementkoordinatensystem. Hierbei sind $\alpha$, $\beta$ und $\gamma$ die elementaren Drehungen des $R^3$. $\mathbf{R}_x(\alpha)$, $\mathbf{R}_y(\beta)$ und $\mathbf{R}_z(\gamma)$ nach unter Verwendung von Gl. B.3,B.4 und B.5 berechnet:

$$\mathbf{R}_{\text{gl},x}(\alpha) = \begin{pmatrix} \mathbf{R}_x(\alpha) & & & \\ & \mathbf{R}_x(\alpha) & & \\ & & \mathbf{R}_x(\alpha) & \\ & & & \mathbf{R}_x(\alpha) \end{pmatrix}, \quad \text{(B.6)}$$

$$\mathbf{R}_{\text{gl},y}(\beta) = \begin{pmatrix} \mathbf{R}_y(\beta) & & & \\ & \mathbf{R}_y(\beta) & & \\ & & \mathbf{R}_y(\beta) & \\ & & & \mathbf{R}_y(\beta) \end{pmatrix}, \quad \text{(B.7)}$$

$$\mathbf{R}_{\text{gl},z}(\gamma) = \begin{pmatrix} \mathbf{R}_z(\gamma) & & & \\ & \mathbf{R}_z(\gamma) & & \\ & & \mathbf{R}_z(\gamma) & \\ & & & \mathbf{R}_z(\gamma) \end{pmatrix}. \quad \text{(B.8)}$$

Die Elementdrehmatrix $\mathbf{R}_{\text{gl}}$ ergibt sich dann zu:

$$\mathbf{R}_{\text{gl}}(\alpha,\beta,\gamma) = \mathbf{R}_{\text{gl},z}(\gamma) \cdot \mathbf{R}_{\text{gl},y}(\beta) \cdot \mathbf{R}_{\text{gl},x}(\alpha). \quad \text{(B.9)}$$

## B.2 Flächenträgheitsmomente

### B.2.1 Axiales Flächenträgheitsmoment

Die axialen Flächenträgeheitsmomente für eine Fläche $A$, zu der die x-Achse senkrecht steht, lauten für die y-Achse,

$$I_y = \int_A z^2 dA \quad \text{(B.10)}$$

und

$$I_z \int_A y^2 dA \quad \text{(B.11)}$$

für die z-Achse. Soll das axiale Flächenträgheitsmoment bezüglich der Achsen eines Koordinatensystems $(x', y', z')$ berechnet werden, das um $y_s$ bzw. $z_s$ zum ursprünglichen Koordinatensystem verschoben ist, so können die Flächenträgheitsmomente nach dem Satz von *Steiner* wie folgt berechnet werden:

$$I'_y = I_y + z_s^2 A \tag{B.12}$$

und

$$I'_z = I_z + y_s^2 A. \tag{B.13}$$

Hierbei sind $z_s^2 A$ bzw. $y_s^2 A$ die axialen Komponenten des *Steiner*schen Anteils $r_s^2 A$ mit $r_s^2 = y_s^2 + z_s^2$.

### B.2.2 Axiales Flächenträgheitsmoment bei rechteckiger Fläche

Flächenträgheitsmomente einer rechteckigen Fläche bezüglich ihrer Hauptträgheitsachsen ($y$, $z$). Die Höhe $h$ der rechteckigen Fläche ist parallel der $z$-Achse und die Breite $b$ parallel der $y$-Achse orientiert.

Tabelle B.1: Axiale Flächenträgheitsmomente 2. Grades

| Querschnitt | $I_y$ | $I_z$ |
|---|---|---|
| Rechteck | $\frac{bh^3}{12}$ | $\frac{hb^3}{12}$ |

### B.2.3 Polares Flächenträgheitsmoment

Das polare Flächenträgheitsmoment ist:

$$I_p = I_y + I_z. \tag{B.14}$$

## B.3 Massenträgheitsmoment

Das Massenträgheitsmoment eines um die x-Achse gedrehten massebehafteten Volumenkörper lautet:

$$J = \int_V \rho \vec{r}^2 dV. \tag{B.15}$$

Wird das Massenträgheitsmoment $J_s$ bezüglich eines Koordinatensystems $(x', y', z')$ gesucht, welches um $r_s^2 = y_s^2 + z_s^2$ vom ursprünglichen Koordinatensystem verschoben liegt, so berechnet sich $J_s$ zu

$$J_s = J + mr_s^2. \tag{B.16}$$

Hierbei ist $m$ die Masse des Körpers. Der Term $mr_s^2$ wird als *Steiner*-Anteil des Massenträgheitsmoments bezeichnet.

### B.3.1 Massenträgheitsmoment ausgewählter Plattengeometrien

Tab. B.3.1 enthält die Massenträgheitsmomente für rechteckige, elliptische und kreisrunde Platten bezüglich einer Hauptträgheitsachse. Die Drehachse ist so orientiert, dass die Plattenbreite $b$ und -höhe $h$ senkrecht und Plattenlänge $l$ parallel zur Drehachse liegen. $r$ ist der Radius der Kreisplatte und $\rho$ die Dichte des Plattenmaterials.

| **Form** | **Massenträgheitsmoment** $J$ |
|---|---|
| **Rechteck** | $J_{\text{rtck}} = \frac{1}{2}\rho bhl(b^2+h^2)$ |
| **Ellipse** | $J_{\text{ell}} = \frac{1}{48}\rho\pi\frac{blh}{4}(3b^2+h^2)$ |
| **Kreisscheibe** | $J_{\text{krs}} = \frac{1}{48}\rho\pi\frac{r^2}{4}(3r^2+h^2)$ |

## B.4 Geometrie

### B.4.1 Flächenschwerpunkt $S_k$ der Projektionsfläche $A_k$

Der Flächenschwerpunkt der in Dreiecke zerlegten polygonen Projektionsfläche wird aus den Flächenschwerpunkten der Einzeldreiecke berechnet:

$$S_{k,1} = \frac{\sum_{v=1}^{m} A_{k,1,v}\frac{(e_{k,1,v,1}+e_{k,1,v,2}+e_{k,1,v,3})}{3}}{\sum_{v=1}^{m} A_{k,1,v}}. \tag{B.17}$$

### B.4.2 Mittlerer Flächenabstand $d_k$ der Projektionsfläche $A_k$

Ist $S_{k,1}(\vec{q}_k)$ der Schwerpunkt des Schnittflächenpolygons $A_{k,1}(\vec{q}_k)$ und $SP_{k,2}(\vec{q}_k)$ der Schnittpunkt des in $S_{k,1}(\vec{q}_k)$ auf $E_{k,1}(\vec{q}_{k,1})$ stehenden Orthonormalvektors $\vec{n}_{k,1}$, so ist der mittlere Flächenabstand

$$d_{k,1}(\vec{q}_k) = ||SP_{k,2}(\vec{q}_k) - S_{k,1}(\vec{q}_k)||. \tag{B.18}$$

## B.5 Gütekriterien

Gütekriterien für die Beurteilung einer Folgewertregelung.

### B.5.1 Einschwingzeit $T_{\text{ein}}$

Die Einschwingzeit $T_{\text{ein}}$ ist die Zeitspanne, die nach Erregung eines Systems mit einer Sprungfunktion vergeht, bis die Systemausgangsgröße $\Theta$ einen definiertes Werteintervall um den Endwert $\Theta_\infty$ nicht mehr verlässt:

$$\Theta \in [\Theta_\infty - \Delta\Theta_{\text{ein}}, \Theta_\infty + \Delta\Theta_{\text{ein}}]. \tag{B.19}$$

Die maximale Abweichung $\Delta\Theta_{\text{ein}}$ vom Endwert $\Theta_\infty$ wird im Rahmen diese Arbeit mit

$$\Delta\Theta_{\text{ein}} = \frac{\Theta_{\max} - \Theta_{\min}}{1000} \tag{B.20}$$

definiert. Hierbei sind $\Theta_{\max}$ bzw. $\Theta_{\min}$ die maximale bzw. minimale quasistatische Spiegelauslenkung. Die im Text angegebenen Werte für die Einschwingzeit $T_{\text{ein}}$ beziehen sich auf einen Auslenkungsbereich von $[\Theta_{mathrmmin}, \Theta_{mathrmmax}] = [-7.5°, 7.5°]$.

### B.5.2 Quadratische Regelfläche ISE

Quadratische Regelfläche (ISE: Integral of Squared value of Error):

$$\mathrm{ISE} = \int_0^\infty (\Theta_\infty - \Theta(t))^2\, dt. \tag{B.21}$$

$\Theta$ ist der Auslenkwinkel und $t$ die Zeit.

### B.5.3 Stellenergie SE

Stellenergie (SE):

$$\mathrm{SE} = \int_0^\infty (U_\infty - U(t))^2\, dt. \tag{B.22}$$

$U$ ist die Steuergröße und $t$ die Zeit.